山东典型铜铅锌银钼矿床标本及光薄片图册

SHANDONG DIANXING TONG QIAN XIN YIN MU KUANGCHUANG BIAOBEN JI GUANGBAOPIAN TUCE

高明波　马　明　常洪华　高继雷　李亚东
李志民　李　洁　冯园园　渠　涛　李　宁　等著

内容简介

本书简述了山东省铜铅锌银钼矿共21个典型矿床的矿区地质特征、矿体特征、矿石特征、共伴生矿产评价、矿体围岩和夹石、成因模式，系统描述了典型铜铅锌银钼矿床的选录标本及其镜下鉴定特征等内容。共选录了105张标本照片和199张镜下鉴定照片，对矿床不同构造位置特征有较为直观的反映。

本书图文配合，图件清晰美观，文字简明扼要，可供岩矿鉴定工作者和从事铜铅锌银钼矿地质矿产勘查及研究的人员参考使用。

图书在版编目(CIP)数据

山东典型铜铅锌银钼矿床标本及光薄片图册/高明波等著．—武汉：中国地质大学出版社，2022.9
ISBN 978-7-5625-5309-0

Ⅰ.①山… Ⅱ.①高… Ⅲ.①铜矿物-矿物标本-山东-图集 ②铅矿物-矿物标本-山东-图集 ③锌矿物-矿物标本-山东-图集 ④银矿物-矿物标本-山东-图集 Ⅳ.①P578-64

中国版本图书馆CIP数据核字(2022)第104683号

山东典型铜铅锌银钼矿床标本及光薄片图册 　　高明波　**等著**

责任编辑：方　焱　胡珞兰　　选题策划：毕克成　段　勇　　责任校对：张咏梅　武慧君

出版发行：中国地质大学出版社（武汉市洪山区鲁磨路388号）　　邮政编码：430074
电　话：(027)67883511　　传　真：(027)67883580　　E-mail：cbb@cug.edu.cn
经　销：全国新华书店　　http://cugp.cug.edu.cn

开本：880毫米×1230毫米 1/16　　字数：372千字　印张：11.75
版次：2022年9月第1版　　印次：2022年9月第1次印刷
印刷：湖北新华印务有限公司

ISBN 978-7-5625-5309-0　　定价：198.00元

前言

铜铅锌银钼矿是人类开发利用历史悠久的矿产资源，广泛应用于工业、军事、民用等领域。山东省铜铅锌银钼矿资源不多，探明资源储量少，但矿床（点）分布广，赋存在多种地质背景条件下，成因类型多。山东省铜铅锌银钼矿地质勘查程度较高，经过广大地质工作者70余年的矿产勘查工作，基本查明了铜铅锌银钼矿的分布、储量、成因和类型，为山东有色工业的发展提供了资源保障。

山东省地质矿产勘查开发局第一地质大队（山东省第一地质矿产勘查院）是山东多金属地质勘查工作的主力军，自建队以来，勘查评价了邹平王家庄、荣成伟德山、荣成夼北、莱芜铁铜沟、历城桃科、栖霞虎鹿夼等多个多金属矿床，共探明了80多万吨铜铅锌银钼矿资源储量，相继开展了山东省邹平火山岩盆地铜矿地质特征及找矿方向研究、山东省栖霞地区金银成矿规律及找矿方向研究、铜冶店-孙祖断裂金-铁-铜成矿带早白垩世岩浆作用过程及成矿特征研究等科研工作，积累了丰富的多金属矿地质勘查和科学研究成果，为本书的编写提供了很好的基础条件。典型铜铅锌银钼矿床的标本采集、光薄片鉴定及矿床研究工作均由山东省第一地质矿产勘查院技术骨干完成。我们拟通过图册的形式，将山东省21个代表性强、资料丰富的典型铜铅锌银钼矿床标本及其相应的薄片或光片（简称光薄片）等图文并茂地展现出来，充分展示其所蕴含的地质信息，供岩矿鉴定工作者和从事铜铅锌银钼矿地质矿产勘查及研究的人员、社会科普活动参考使用。

《山东典型铜铅锌银钼矿床标本及光薄片图册》共分4章。第一章第一节由高明波编写，第二节由李亚东编写，第三节由冯启伟、郭中编写，第四节由牛志祥编写，第五节由马明、郭中编写，第六节由赵宝聚、渠涛编写；第二章第一节由高明波编写，第二节由付厚起编写，第三节由宋波、管宏梓编写，第四节由宋波、裴伦培编写；第三章由高继雷、李大兜、刘文龙编写；第四章由高继雷、李宁、王威编写。典型金矿床标本由马明、郭中、李大兜、王荣柱、卢文东、董辰、李建、郝晓丰、李亚东、耿安凯、王威、陈珂、张振飞、李志强、张鼎、王辉、吴涛、于超、孙晓涛采集；光薄片由李洁、孙爽、郭嘉、刘文龙、牛志祥鉴定；插图由冯园园、付伟、江睿、刘文心、王妍绘制；全书由高明波、马明统撰定稿。

山东省自然资源厅、山东省地质矿产勘查开发局、山东省自然资源资料档案馆、烟台市自然资源和规划局、威海市自然资源和规划局、泰安市自然资源和规划局、潍坊市自然资源和规划局、临沂市自然资源和规划局、莱州市自然资源和规划局、招远市自然资源和规划局、栖霞市自然资源和规划局、乳山市自然资源局、烟台市牟平区自然资源局、烟台市福山区自然资源局、临朐县自然资源和规划局、山东省第六地质矿产勘查院、山东省第八地质矿产勘查院、山东省鲁南地质工程勘察院、山东黄金矿业（沂南）有限公司等单位的领导和有关人员对本书的编写给予了大力支持，在此表示衷心的感谢。

由于笔者水平有限，本书难免存在疏漏和不足之处，敬请读者批评指正。

笔　者

2022年5月

目　录

第一章　山东典型铜矿床标本及光薄片 …… 1

第一节　山东铜矿概况 …… 1

一、山东铜矿的分布 …… 1

二、山东铜矿床类型 …… 1

第二节　斑岩(细脉浸染)型铜矿床 …… 3

第三节　似层状热液交代型铜矿床 …… 8

一、福山王家庄铜矿 …… 9

二、莱芜铜山铜矿 …… 15

三、荣成伟德山雨夼铜矿 …… 21

第四节　潜火山热液型铜矿床 …… 28

第五节　接触交代(矽卡岩)型铜矿床 …… 36

一、沂南铜井铜矿 …… 36

二、荣成夼北铜矿 …… 47

三、莱芜铁铜沟铜矿 …… 54

第六节　岩浆熔离型(桃科式)铜镍矿床 …… 62

一、历城桃科铜镍矿 …… 62

二、泗水北孙徐铜矿 …… 71

第二章　山东典型铅锌矿床标本及光薄片 …… 78

第一节　山东铅锌矿概况 …… 78

一、山东铅锌矿的分布 …… 78

二、山东铅锌矿床类型 …… 78

第二节　矽卡岩型(香夼式)铅锌矿床 …… 79

第三节　层控热液型(金家山式)铅锌矿床 …… 90

第四节　热液充填脉型(白石岭式)铅锌矿床 …… 99

一、安丘白石岭铅锌矿 …… 99

二、安丘担山铅锌矿 …… 107

三、胶南七宝山铅锌矿 …… 112

第三章　山东典型银矿床标本及光薄片 …… 121
第一节　山东银矿概况 …… 121
一、山东银矿的分布 …… 121
二、山东银矿床类型 …… 121
第二节　栖霞虎鹿夼银矿 …… 122
第三节　荣成同家庄银矿 …… 131
第四节　临朐新升银矿 …… 141
第四章　山东典型钼矿床标本及光薄片 …… 147
第一节　山东钼矿概况 …… 147
一、山东钼矿的分布 …… 147
二、山东钼矿床类型 …… 147
第二节　矽卡岩型(邢家山式)钼矿床 …… 147
一、福山邢家山钼矿 …… 148
二、莱山金马山钼矿 …… 156
第三节　斑岩型(尚家庄式)钼矿 …… 166
主要参考文献 …… 179

第一章　山东典型铜矿床标本及光薄片

第一节　山东铜矿概况

一、山东铜矿的分布

山东铜矿床及矿点较多，规模一般较小，分布范围较广，在鲁东和鲁西地区均有分布。鲁东地区以热液充填交代型矿床为主，鲁西地区以斑岩型、矽卡岩型矿床为主，主要集中分布在海阳—乳山—荣成地区、莱州—招远—栖霞地区、五莲及邹平地区、淄博金岭—莱芜地区和沂南及兰陵地区。

山东省目前所发现的铜矿，除福山王家庄铜矿、栖霞香夼铅锌矿共生铜矿、五莲七宝山金矿共生铜矿及莱芜张家洼铁矿伴生铜矿4处矿床达到中型规模，其余的矿床均为小型。山东省属铜矿资源短缺省份，成矿条件较差，探明资源储量少。已有的非伴生铜矿矿区因经济效益不好、开采条件差、资源耗竭等多已停产。

二、山东铜矿床类型

山东铜矿虽然资源量不多，但矿床(点)分布广，赋存在多种地质背景条件下，成因类型较多，主要可分为4个大类。

(一)岩浆期后热液充填交代型铜矿床

此类矿床产地多，分布范围广，又可分为4个亚类。

1. 斑岩(细脉浸染)型铜矿床

属于该类矿床的有邹平王家庄、栖霞香夼及尚家庄等铜矿，发育在早白垩世火山岩盆地中或其边缘与早前寒武纪古隆起相接地带。邹平地区以中性岩为主，栖霞香夼地区以酸性岩为主。斑岩型铜矿在时间、空间、成因上均与潜火山岩或晚期侵入体有关，矿体一般产于斑岩体内，部分赋存于外接触带的围岩中。

2. 似层状热液交代型铜矿床

此类矿床为中生代岩浆期后热液对围岩进行选择交代作用所形成的铜矿床，矿体呈似层状赋存于层状岩系(主要为变质层状岩系)中，主要产地为福山王家庄。此外，莱芜铜冶店铜矿也属于该类型，但规模很小。

3. 热液裂隙充填脉型铜矿床

该类矿床是山东省内分布最为广泛的一种铜矿类型，主要分布在胶东的海阳、乳山、荣成、栖霞、安丘及鲁西地区的莒县、沂南、临朐、昌乐等地。该类型铜矿矿床规模很小，资源储量多在百吨以下，主要发育在大的断裂破碎带和邻近的次级断裂构造和裂隙带内。

4. 潜火山热液型铜矿床

此类矿床的形成与中生代火山岩盆地的潜火山热液活动有关，发育在火山机构中，主要产地为五莲七宝山（为铜金共生矿床），胶南上沟（铁橛山）铜矿也应归属于此类。

（二）接触交代（矽卡岩）型铜矿床

此类矿床为中生代燕山期中基性—中酸性岩浆岩与碳酸盐岩（早古生代沉积岩系及古元古代变质岩系中的碳酸盐岩）发生接触交代作用形成的铁矿床中的伴生铜矿及与金铁共生的铜矿。该类矿床主要分布在鲁西地区沂南铜井—金厂、莱芜铁铜沟、临朐铁寨、兰陵龙宝山，以及鲁东地区的孔辛头、冶头和荣成夼北等地，矿床规模一般较小，其中以沂南铜井—金厂地区铜金矿床规模较大。

（三）岩浆熔离型铜矿床

此类矿床发育在鲁西地区的新太古代阜平期辉长岩类岩体中，为岩浆晚期与岩浆熔离作用有关的热液型铜矿床（与镍共生）。该类型矿床有历城桃科和泗水北孙徐两处，矿床规模很小。

（四）共伴生铜矿

1. 铁矿伴生铜矿

铁矿伴生铜矿主要分布在莱芜、淄博金岭和济南 3 个地区。如莱芜铁矿张家洼矿区、马庄矿区、顾家台矿区、淄博金岭铁矿北金召矿区、王旺庄矿区等。与河北邯邢式铁矿的成矿地质条件和矿床地质特征类似，在这些矿床中常伴生有铜、钴。此类铁矿床主要形成于中生代燕山晚期闪长岩类、印支期辉长岩类与奥陶纪马家沟群灰岩的接触带上。

2. 金矿伴生铜矿

金矿伴生铜矿主要分布于三山岛、焦家、招远平度 3 个金成矿带内，以新城金矿和玲珑金矿为代表。矿体受控于焦家断裂、招平断裂、金牛山断裂等金矿控矿断裂及其次级构造，可进一步划分为含金石英脉型和含金蚀变岩型，伴生铜含量一般为 0.13%～0.22%。

3. 与铅锌矿共伴生铜矿

与铅锌矿共伴生铜矿以栖霞香夼铅锌矿为代表，矿床类型属于矽卡型铅锌矿共生铜矿。

4. 与钼矿共伴生铜矿

与钼矿共伴生铜矿以烟台牟平孔辛头铜钼矿（又名金马山铜钼矿）为代表。矿区分布的地层为古元古代荆山群野头组和白垩纪莱阳群，侵入岩主要为中生代燕山晚期二长花岗岩，与荆山群大理岩的接触带多形成矽卡岩或矽卡岩化岩石，铜钼矿体赋存于其中。

第二节 斑岩(细脉浸染)型铜矿床

此类型铜矿床发育在早白垩世火山岩盆地中或其边缘与早前寒武纪古隆起相接地带，在时间、空间、成因上均与潜火山岩或晚期侵入体有关，矿体一般产于斑岩体内，部分赋存于外接触带的围岩中。典型矿床为邹平王家庄铜矿。

一、邹平王家庄铜矿

邹平王家庄铜矿位于滨州邹平市城西约3km的王家庄附近，行政区划隶属于邹平市黛溪街道办事处，大地构造位置位于华北板块(Ⅰ)鲁西隆起区(Ⅱ)鲁中隆起区(Ⅲ)鲁山-邹平断隆(Ⅳ)邹平-周村凹陷(Ⅴ)的邹平火山岩盆地内。该矿床位于邹平火山岩盆地的中偏北部，是会仙山破火山口的中心部位，矿体处于破火山口的火山通道中，赋存于王家庄岩体内。矿床累计查明铜金属量约17 483t，矿床规模属小型。

1. 矿区地质特征

区内大部为第四系覆盖，西南侧有白垩系出露(图1-1)。根据钻孔资料，隐伏地层为青山群八亩地组粗安岩、粗安质角砾熔岩，偶见凝灰岩夹层。凝灰岩层理清楚，地层总体产状倾向北北东，局部倾向北、北北西，倾角37°～70°，一般40°～45°，地层总厚度172.30m，与下伏岩系为整合接触关系。

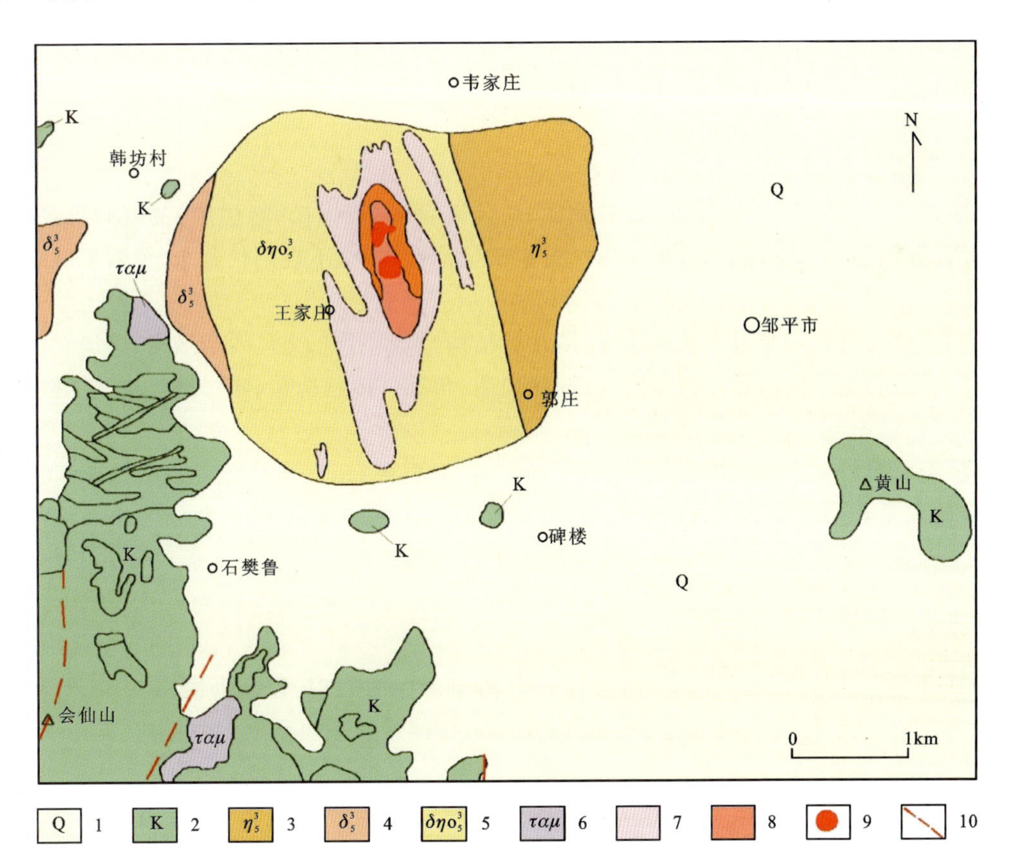

1. 第四系；2. 白垩系；3. 燕山晚期二长岩；4. 燕山晚期闪长岩；5. 燕山晚期石英二长闪长岩；6. 粗安玢岩；7. 钾化蚀变带；8. 钾化硅化蚀变带；9. 铜钼矿体；10. 断层

图1-1 邹平王家庄铜矿区域地质简图(据沈昆等，2018)

区内主要构造为火山通道构造、辐射状断裂构造，呈北北西向构造。火山通道构造是区内主要的控岩控矿构造之一，主要反映在王家庄岩体本身，它是会仙山破火山口演化到晚期，火山通道被岩浆多次侵入、冷凝、堵塞而成的岩栓，现已全部被第四系覆盖；辐射状断裂构造有唐李庵断层、铜崮子断层、孙家峪断层、牛山断层、印台山断层等，它们辐射中心汇集于王家庄岩体。在这些断裂及其次级断裂中不同程度地含有小矿体或铜金矿化；隐爆角砾岩筒构造底大上小，呈葫芦状，向南陡倾。岩筒以下为强钾硅化带，由大石英脉、黑云母脉、花岗伟晶岩等组成。

区内岩浆岩主要为充填于会仙山破火山口中心通道中的王家庄杂岩体。岩体隐伏于第四系之下，平面形态为东西略长的近圆形，东西长 3.5km，南北长 2.5km，面积约 7km^2，为一岩株。岩体由 3 次不同成分侵入岩体组成，西侧为第一次侵入的闪长岩，呈南北向的弯月形；东侧为第二次侵入的二长岩，北宽南窄，略呈三角形；中间为第三次侵入的石英闪长岩，分内部相（石英正长闪长岩）和外部相（石英闪长岩），近等轴状。

2. 矿体特征

邹平王家庄铜矿赋存于王家庄石英二长（闪长）岩中（图 1－2），已发现大小矿体 44 个，因受岩体内部的原生节理裂隙控制，分布范围主要集中于钾硅化—强钾硅化带内，围绕南、北两个矿体中心呈雁行排列。矿体形态比较简单，以透镜状、长透镜状为主，次有板状、枝杈状、似脉状和蝌蚪状等。

铜矿带走向 355°，长 1000m，带宽 200～400m。矿体均为中小型，一般长 100～350m，最长 370m，宽 50～200m，最宽 240m，厚 2～35m，最厚 55m。除 XⅦ 号矿体外，其他矿体产状均向西南陡倾，倾角在 55°～65°之间。矿体厚度变化较大，品位变化较小，多数矿体品位较低，属细脉浸染状低品位矿体。XⅦ 号矿体埋藏较浅，产状平缓（近水平），厚度较大，最厚达 55m，品位特富，平均品位为 4.19％，最高达 17.03％，储量较大，是矿区中工业意义最大的矿体。

3. 矿石特征

矿石金属矿物为黄铜矿、砷黝铜矿、硫砷铜矿、块硫砷铜矿、斑铜矿、辉钼矿、黄铁矿等；脉石矿物主要有石英、钾长石、斜长石、绿泥石、方解石等。黄铜矿呈他形粒状、不规则状分布，黄铜矿的含量低于黄铁矿的含量。

矿石结构主要为他形—半自形粒状结构、鳞片状结构、填隙结构、交代残余结构、碎斑结构及固溶体分离结构等。矿石构造主要为伟晶状构造、晶洞状构造、角砾—砂状构造、团块斑状构造、细脉浸染状构造等。

矿石自然类型按容矿岩石类型划分为含铜石英二长岩型矿石、含铜蚀变岩型矿石和含铜角砾岩型矿石；按矿石的主要有用组分划分为铜矿石、钼矿石和铜钼矿石；按矿石构造划分为伟晶状含金富铜矿矿石和细脉浸染状铜矿矿石。矿石工业类型为原生矿石和氧化矿石。

4. 共伴生矿产评价

矿体中有益伴生组分较多。铜矿体内已达综合利用指标的有钼、硫、金、银，其中共生钼平均品位 0.2％，伴生铜平均品位 0.44％，伴生金平均品位 0.23g/t，伴生银平均品位 4.28g/t。

5. 矿体围岩和夹石

矿体围岩为石英正长闪长岩，部分为隐爆角砾岩（XⅦ 号矿体顶板围岩）。

矿体中夹石不多，平均夹石率为 8.3％，夹石平均品位为 0.20％，可以作为贫矿石进行粗选。

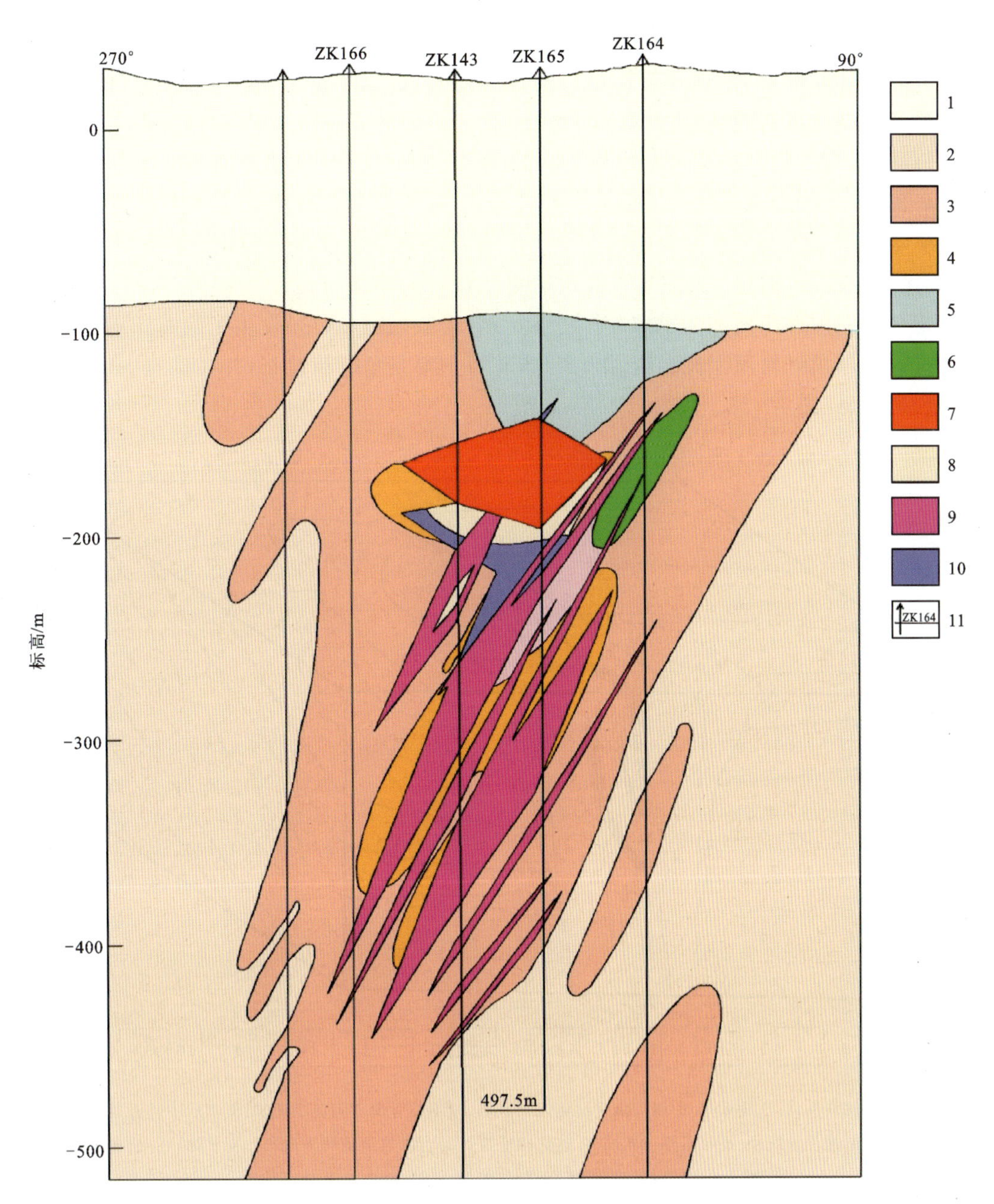

1.第四系；2.钾化石英二长闪长岩；3.钾化硅化石英二长闪长岩；4.强钾化硅化石英二长闪长岩；5.高岭土化石英二长闪长岩；6.绿泥石化石英二长闪长岩；7.绢英岩化石英二长闪长岩；8.伟晶状含金富铜矿体；9.斑岩铜矿体；10.钼矿体；11.钻孔及编号

图 1-2　邹平王家庄铜矿 15 勘查线地质剖面简图(据沈昆等,2018)

6.成因模式

邹平王家庄铜矿的形成发展是多阶段、多期次火山运动及构造运动的结果，经历了一个漫长的地质历史过程，这也决定了火山岩盆地内铜矿类型的多样性和其成矿模式的复杂性。

三叠纪晚期，扬子与华北古板块开始发生全面碰撞，伴随大陆深俯冲，增厚的岩石圈和下地壳因密度大而发生拆沉作用，热的软流圈地幔物质上涌；到白垩纪，陆陆碰撞由挤压转变为伸展，华北板块构造体制由碰撞期挤压转变为后碰撞期拉张，地幔减压发生部分熔融，产生的地幔岩浆上升到壳幔边界附近和下地壳中，发生底侵作用，改变了地壳的热状态，导致新生地壳的部分熔融。此时华北板块东南部的邹平地区连续经历了3次火山作用和间歇性岩浆侵入。

在火山和岩浆活动晚期，伴有石英二长岩质岩浆侵入，形成了富碱、准铝质的石英二长质岩浆岩。石英二长岩质岩浆结晶成岩晚期，富碱质岩浆热液对已结晶的石英二长质岩石进行交代，形成强钾硅化、钾硅化、钾化、绿泥石化和绢英岩化的面型蚀变；在交代和蚀变过程中产生了物质间交换，形成了早期含铜的成矿流体，当构造减压和大气降水混入时，成矿流体发生沸腾作用，使成矿物质发生沉淀，形成了王家庄铜矿早期矿化较弱的岩浆晚期热液交代作用的浅成低品位斑岩型铜(金)矿床，矿石主要是浸染状、脉状和网脉-浸染状矿石。在早期低品位斑岩型铜(金)矿床形成后，残余在岩浆通道(管道)内的剩余含铜岩浆热液在内外压差和地质构造作用下，沿着岩浆通道(管道)发生了隐爆作用，形成了王家庄晚期品位较富的隐爆角砾岩筒型斑岩铜(钼)矿床，矿石主要是角砾状矿石，并在矿石中可见早期低品位斑岩型铜(金)矿角砾(图1-3)。

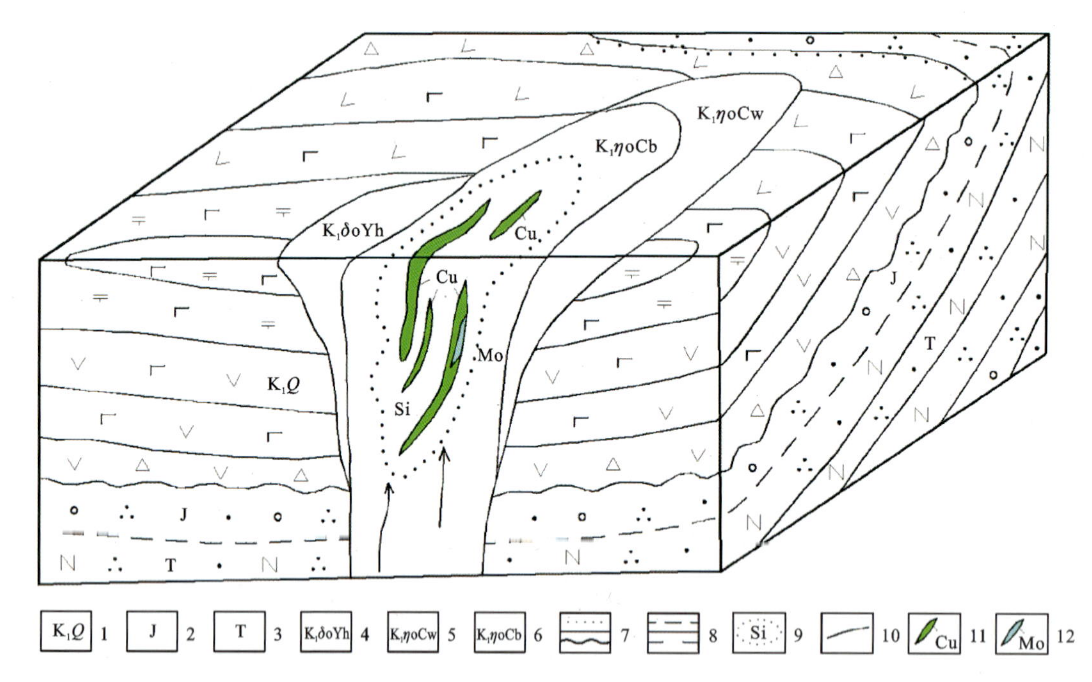

1. 青山群；2. 侏罗系；3. 三叠系；4. 中细粒角闪石英闪长岩；5. 中细粒含辉石石英二长岩；6. 斑状中粒石英二长岩；7. 角度不整合界线；8. 平行不整合界线；9. 硅化蚀变带；10. 含矿热液运移方向；11. 铜矿体；12. 钼矿体

图1-3 邹平王家庄铜矿成矿模式图(据倪振平等，2013)

7. 矿床系列标本简述

本次标本采自邹平王家庄铜矿床矿石堆，采集标本2块，岩性分别为肉红色钾长石化石英二长岩铜矿石、似斑状角闪石英正长岩(表1-1)。

表1-1 邹平王家庄铜矿床采集标本一览表

序号	标本编号	光薄片编号	标本名称	标本类型
1	WJZ-B1	WJZ-g1/WJZ-b1	肉红色钾长石化石英二长岩铜矿石	矿石
2	WJZ-B2	WJZ-b2	似斑状角闪石英正长岩	围岩

注：WJZ-B代表王家庄矿床标本，WJZ-g代表该标本光片编号，WJZ-b代表该标本薄片编号。

8. 图版

(1)标本照片及其特征描述

WJZ - B1

肉红色钾长石化石英二长岩铜矿石。岩石呈铜黄色—肉红色,块状构造。主要成分为钾长石、黄铜矿、石英。钾长石:肉红色,半自形粒状,粒径1.0～2.0mm,含量约65%。黄铜矿:铜黄色,金属光泽,脉状及不规则粒状,脉宽约2.0cm,粒径约1.0mm,含量约20%。石英:无色,他形粒状或脉状,油脂光泽,脉宽约2.0mm,粒径<1.0mm,含量约15%。

WJZ - B2

似斑状角闪石英正长岩。岩石呈肉红色,块状构造。主要成分为正长石、角闪石、石英,其次为黑云母,可见金属矿物。正长石:肉红色,半自形粒状,粒径1.0～2.0mm,含量约55%。角闪石:灰绿色,呈半自形柱状,粒径约1.0mm,含量约25%。石英:无色,油脂光泽,他形粒状或脉状,脉宽约2.0mm,粒径<1.0mm,含量约15%。黑云母:褐色,片状,粒径约1.0mm,含量约5%。

(2)标本镜下鉴定照片及其特征描述

WJZ - g1

肉红色钾长石化石英二长岩铜矿石。他形粒状结构,脉状构造。金属矿物为黄铜矿(Cp)、辉铜矿(Cc)。黄铜矿:铜黄色,他形粒状及脉状,显均质性,无内反射,较易磨光;颗粒多呈团块状集合体或脉状,脉宽>10mm,可见辉铜矿交代脉状黄铜矿及其颗粒,粒径0.2～1.0mm,含量约30%。辉铜矿:灰白色微带蓝色调,不规则粒状,弱非均质性,不显内反射,易磨光;可见辉铜矿颗粒交代黄铜矿,局部形成交代残余结构,粒径0.2～0.6mm,含量约5%。

矿石矿物生成顺序:黄铜矿→辉铜矿。

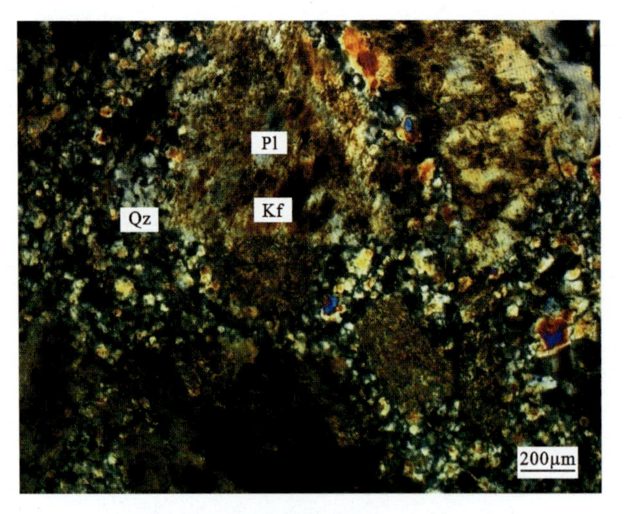

WJZ－b1

黄铜矿化钾长石化石英二长岩。他形—半自形粒状变晶结构。主要成分为钾长石（Kf）、斜长石（Pl）、石英（Qz），其次为角闪石（Hb）、金属矿物。钾长石强烈交代斜长石，形成交代残余结构。钾长石：无色，板状及半自形粒状，负低突起，干涉色一级灰白，表面常有分解物呈尘土状混浊，呈红褐色，可见卡式双晶；钾长石强烈交代斜长石，部分可见残留斜长石颗粒，粒度变化较大，粒径0.1～1.5mm，含量60%～65%。斜长石：无色，短柱状或不规则粒状，负低突起，干涉色一级灰白，表面呈尘土状，可见聚片双晶，斜长石多呈残余结构，粒径0.2～1.0mm，含量10%～15%。石英：无色，他形粒状，正低突起，表面光洁，无解理，一级黄白干涉色，粒径约0.1mm，含量10%～15%。角闪石：绿褐色，半自形长柱状，正中突起，有较强的多色性和吸收性，可见两组解理，干涉色为二级，粒径0.1～0.2mm，含量约5%。金属矿物：黑色，半自形粒状，显均质性，多交代透明矿物，局部呈脉状，手标本及镜下判断其为黄铜矿（Cp），含量约5%。

WJZ－b2

似斑状角闪石英正长岩。似斑状结构。主要成分为正长石（Or）、角闪石（Hb）、石英（Qz），其次为黑云母（Bi）、金属矿物。斑晶主要为正长石、角闪石。正长石：无色，板状及半自形粒状，负低突起，干涉色一级灰白，表面常有分解物呈尘土状混浊，呈红褐色，可见卡式双晶，粒径0.5～1.5mm，含量35%～40%。角闪石：灰绿色，半自形长柱状为主，多色性明显，可见两组解理，干涉色为二级，矿物颗粒可见绿泥石化蚀变，粒径0.4～1.0mm，含量15%～20%。基质主要为正长石、石英、角闪石、黑云母。正长石：无色，他形粒状，负低突起，干涉色一级，粒径约0.1mm，含量10%～15%。石英：无色，他形粒状，正低突起，一级黄白干涉色，粒径0.1～0.2mm，含量10%～15%。角闪石：绿褐色，半自形长柱状，正中突起，有较强的多色性和吸收性，可见两组解理，干涉色为二级，粒径0.1～0.2mm，含量约5%。黑云母：褐色，多为自形片状，正中突起，具明显的多色性，可见一组极完全解理，干涉色被自身颜色所掩盖，粒径0.4～0.8mm，含量约5%。

第三节　似层状热液交代型铜矿床

此类铜矿床为中生代岩浆期后热液对围岩进行交代作用所形成，矿体呈似层状赋存于层状岩系（主要为变质层状岩系）中。典型矿床为福山王家庄、莱芜铜冶店铜矿。

一、福山王家庄铜矿

福山王家庄铜矿位于烟台市福山区城西侧4km的王家庄村一带，隶属于福山区高疃镇，大地构造位置位于华北板块(Ⅰ)鲁东隆起(Ⅱ)胶北隆起区(Ⅲ)烟台凸起(Ⅳ)的北部。矿区累计查明铜金属量25万t，矿床规模属中型。

1. 矿区地质特征

区内出露地层为古元古代粉子山群巨屯组、岗嵛组及新生代第四系(图1-4)。地层总体呈近东西向展布，倾向北，倾角10°～45°。巨屯组一段岩性为含石墨黑云变粒岩、黑云片岩夹硅化含石墨大理岩；二段岩性以硅化含石墨大理岩为主，夹含石墨黑云变粒岩、黑云片岩，是区内铜及多金属的主要赋矿层位。岗嵛组一段岩性为二云片岩夹黑云变粒岩、透闪大理岩，该组透闪大理岩中常见铜矿化分布，局部构成工业矿体，是仅次于巨屯组二段的赋矿层位。

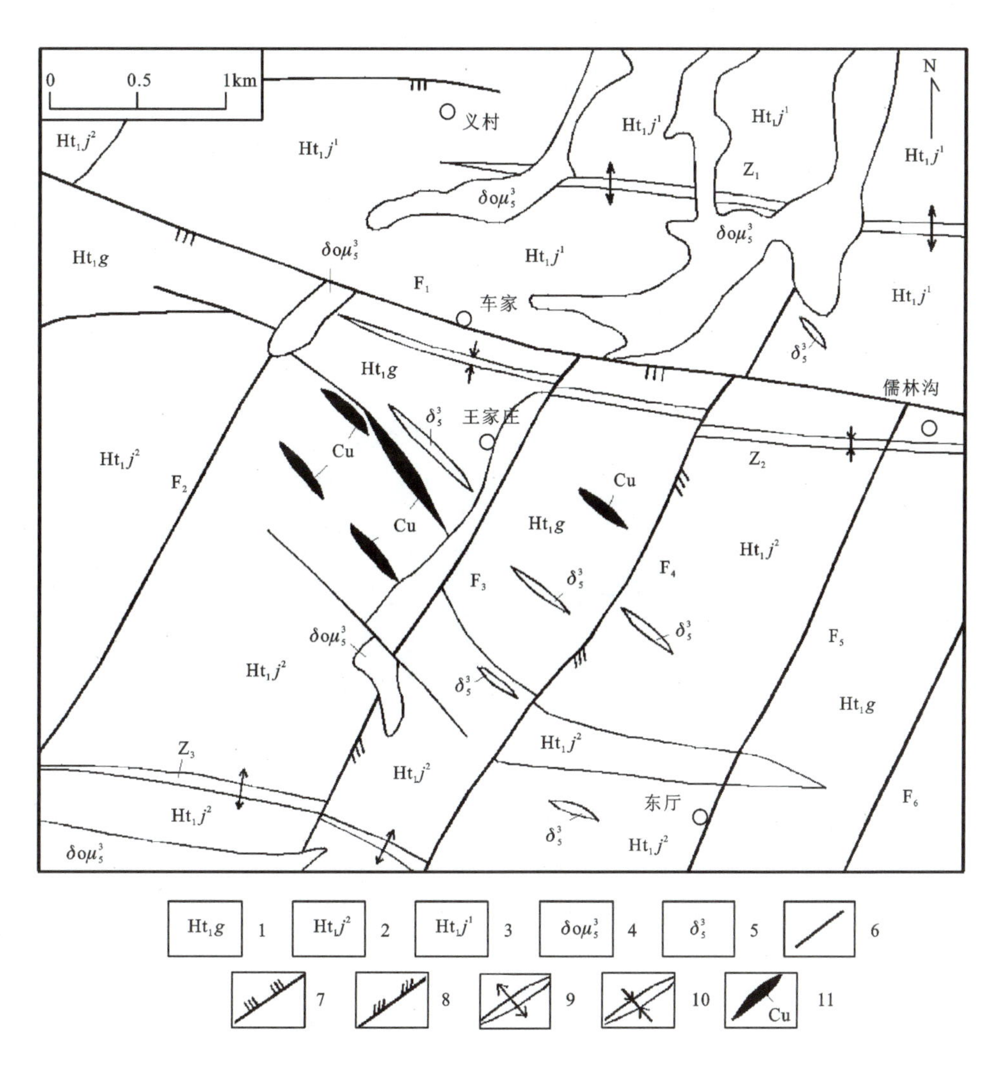

1.粉子山群岗嵛组；2.粉子山群巨屯组二段；3.粉子山群巨屯组一段；4.燕山期石英闪长玢岩；5.燕山期闪长岩；6.性质不明断裂；7.压性断裂；8.压扭性断裂；9.背斜构造；10.向斜构造；11.铜矿体。F_1.吴阳泉断裂；F_2.营咀西断裂；F_3.丁家夼断裂；F_4.玉石山断裂；F_5.东厅断裂；F_6.桃园断裂；Z_1.钟家庄背斜；Z_2.车家向斜；Z_3.厚磁沟背斜

图1-4 福山王家庄铜矿地质简图(据于学峰等,2015)

矿区位于吴阳泉断裂和福山-门楼断裂交会处之西侧，褶皱和断裂发育，大致分为东西向构造和北东向构造，二者均具长期多次活动的特点。东西向构造为褶皱构造和断裂构造，构造线总体方向约为280°；北东向构造为在中生代晚期南北向力偶的作用下形成的，主要为断裂构造。区内北东向断裂主要为义井断裂、丁家夼断裂、玉石山断裂、东厅断裂、桃园断裂，早期表现为以压性为主的压扭性，晚期表现为张扭性。

区内岩浆岩主要为中生代燕山晚期伟德山序列营盘单元含斑中细粒二长花岗岩和雨山序列王家庄单元石英闪长玢岩。营盘单元和王家庄单元与有色金属矿产的成矿关系密切，营盘单元为成矿母岩，王家庄单元破坏矿体。脉岩主要为闪长岩、石英闪长玢岩，次为少量的伟晶岩和石英脉等。

2. 矿体特征

区内矿体主要赋存于粉子山群巨屯组二段和岗嵛组一段不纯糜棱岩化大理岩中。丁家夼断裂将矿床分割成两个矿段，断裂以西为一矿段，以东为二矿段。在长 2.3km、宽 700～1400m、总厚度 500m 的空间范围内分布有 20 多个含矿层，每个含矿层由数个至 10 余个矿体组成，全区共有 226 个矿体，工业矿体 40 余个。

矿体呈似层状、透镜状，与地层产状基本一致。矿体埋深主要集中分布在－100～－200m、－250～－400m、－400m 标高以下。两个集中区之间，矿体变薄或者尖灭。矿体常具分支复合、膨胀夹缩特点（图 1－5）。

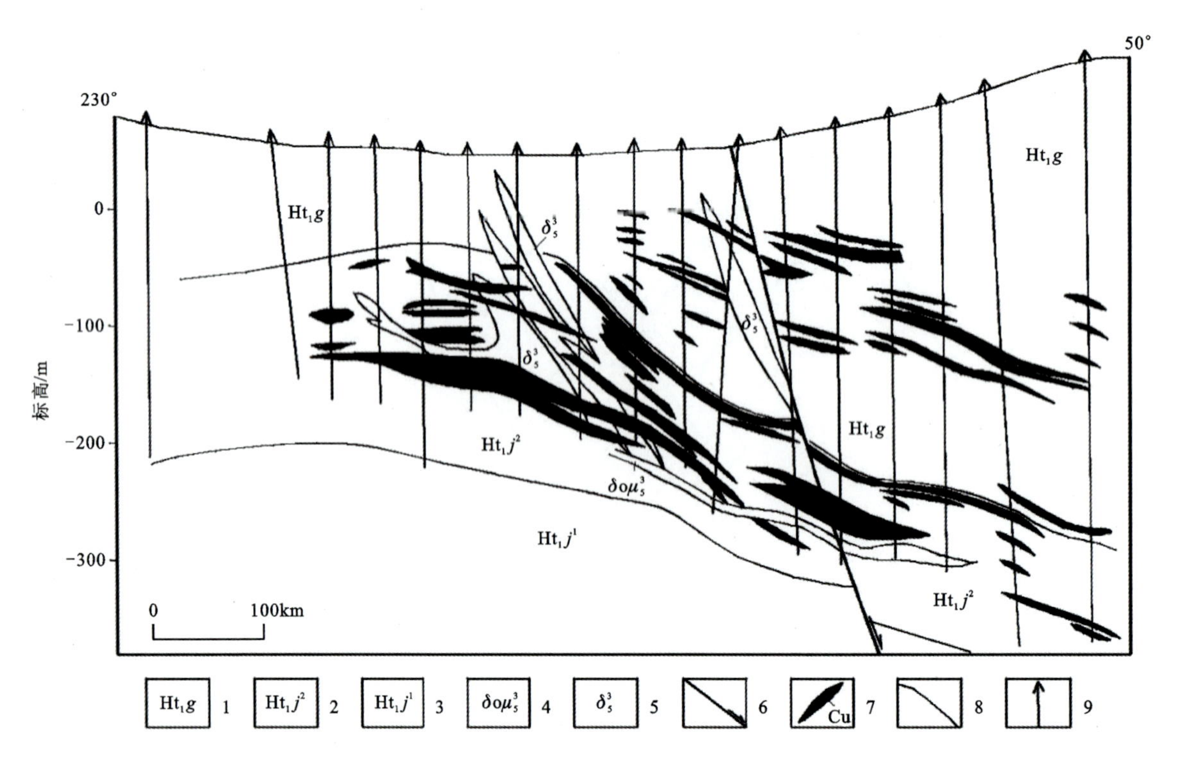

1. 粉子山群岗嵛组；2. 粉子山群巨屯组二段；3. 粉子山群巨屯组一段；4. 燕山晚期石英闪长玢岩；5. 燕山晚期闪长岩；6. 断层；7. 铜矿体；8. 地质界线；9. 钻孔

图 1－5　福山王家庄铜矿 18 线地质剖面图（据于学峰等，2018）

矿体走向主要为北西-南东向，倾向 40°～50°，向东和深部变为向北北东或北北西倾。矿体形态总体较简单，厚度、品位变化大，两者无消长关系。矿体厚度一般 1～5m，最厚 30 余米，各矿体的厚度变化系数为 42.16%～130.26%。矿体长、宽几十米至几百米，最长超过 115m，最宽 490m。

3. 矿石特征

矿石金属矿物主要为黄铜矿、铁闪锌矿、黄铁矿，次为磁黄铁矿、白铁矿，偶见方铅矿、毒砂，还有微量辉硒银矿、胶黄铁矿、碲铅矿等。非金属矿物主要为石英、绢云母、方解石、透闪石、透辉石、斜长石、白云母、黑云母、石墨，次为钾长石、普通角闪石、阳起石、绿帘石、钠长石、绿泥石；有时可见石榴子石、磷灰石、榍石、锆石、电气石等。

矿石结构主要为自形—他形晶粒状结构、包含结构、乳滴状结构、交代结构、压碎结构等。矿石构造主要为细脉浸染状构造、星点浸染状构造，次为块状构造、条带状构造，而角砾状构造、晶洞构造则少见。

矿石自然类型为硫化矿石(即原生矿)。矿石工业类型主要为铜锌矿石和少量铜矿石、锌矿石。

4. 共伴生矿产评价

矿床共生锌金属量约 23.61 万 t，平均品位 0.85%。同时，矿床伴生银、镉、硒、碲、铟、硫、金、钴、铁、锰、铅、镓、锡等有益元素，其中金平均品位 0.15g/t、银平均品位 13.7g/t、硫平均品位 2.56%、镉平均品位 0.009%、镓平均品位 0.001 1%，均达到了综合利用指标。

5. 矿体围岩和夹石

矿体围岩主要为古元古代粉子山群巨屯组和岗嵛组石墨大理岩、透闪大理岩以及闪长岩等。围岩蚀变主要有硅化、钾化、绢云母化、碳酸盐化、绿泥石化等，其中硅化、绢云母化与矿化关系密切。

由于矿化不很均匀，夹石较多。夹石以大理岩类为主，其次为片岩、变粒岩、蚀变闪长岩等。矿体夹石率为 10%左右，对矿体完整性的影响程度不大。

6. 成因模式

王家庄矿床矿体走向与所处部位的地层走向并不完全一致，尤其是深部矿体，且各矿体侧偏角也并不一致，矿体这些产状特征反映出热液型矿床的矿体产状特点。矿区内多呈顺层分布的燕山期闪长岩与其围岩粉子山群岗嵛组和巨屯组的片岩、变粒岩及石墨大理岩同为铜矿化岩石，表明铜矿化应发生在闪长岩形成之后或同期较晚阶段。此外，矿区内闪长岩型铜矿石与石墨大理岩型铜矿石中黄铜矿单矿物组分数据的相似性，表明赋存在二者中的铜等金属组分是同源的。其次，矿体分布严格受控于层间构造，矿体多集中分布在岩层转折端部位，只要存在着易于发生交代作用的岩性，就易形成厚度较大的矿体，反映出热液充填交代金属矿床的一般赋矿规律。综上认为矿床成因类型属似层状岩浆热液交代型矿床。

7. 矿床系列标本简述

本次标本采自福山王家庄铜矿区渣石堆。共采集标本 3 块，岩性分别为黄褐色蜂窝状褐铁矿化硅化蚀变岩铜矿石、灰黄色石英闪长玢岩铜矿石、花岗闪长玢岩(表 1-2)。

表 1-2　福山王家庄铜矿采集标本一览表

序号	标本编号	光薄片编号	标本名称	标本类型
1	FWJZ-B1	FWJZ-g1/ FWJZ-b1	黄褐色蜂窝状褐铁矿化硅化蚀变岩铜矿石	矿石
2	FWJZ-B2	FWJZ-g2/ FWJZ-b2	灰黄色石英闪长玢岩铜矿石	矿石
3	FWJZ-B3	FWJZ-b3	花岗闪长玢岩	围岩

注：FWJZ-B 代表福山王家庄铜矿标本，FWJZ-g 代表该标本光片编号，FWJZ-b 代表该标本薄片编号。

8. 图版

(1)标本照片及其特征描述

FWJZ－B1

黄褐色蜂窝状褐铁矿化硅化蚀变岩铜矿石。岩石呈黄褐色，块状构造。主要成分为褐铁矿、石英、赤铁矿、黄铁矿。褐铁矿：红褐色，致密块状，半金属光泽，条痕为红褐色，粒径＞1.0mm，含量约40％。石英：无色，多为致密状，油脂光泽，粒径＜1.0mm，含量约25％。赤铁矿：砖红色，致密块状，半金属光泽，条痕为樱红色，粒径＞1.0mm，含量约25％。黄铁矿：浅铜黄色，半自形粒状，金属光泽，粒径约1.0mm，含量约10％。

FWJZ－B2

灰黄色石英闪长玢岩铜矿石。岩石新鲜面呈灰黄色，斑状结构，块状构造。斑晶主要为角闪石、斜长石。角闪石：灰绿色—褐色，长柱状自形晶，粒径＜1.0mm，含量约20％。斜长石：灰白色，自形板状，粒径＜1.0mm，偶尔可见粒径＞2.0mm的斜长石斑晶，含量约15％。基质主要为斜长石、角闪石、石英。斜长石呈白色，角闪石呈灰绿色，石英为无色，均为他形粒状，微粒结构，粒径均＜1.0mm，含量分别为25％、20％、20％。

FWJZ－B3

花岗闪长玢岩。岩石呈灰白色，斑状结构，块状构造。斑晶由斜长石、石英、黑云母组成。斜长石：灰白色，半自形板状，白色条痕，玻璃光泽，粒径＜3.0mm，含量约45％。石英：灰白色，他形粒状，玻璃光泽，粒径＜1.0mm，含量约10％。黑云母：半自形片状，玻璃光泽，具褪色现象，粒径＜1.0mm，含量约10％。基质由细小的斜长石、石英构成，呈显微晶质结构，含量约35％。

(2)标本镜下鉴定照片及特征描述

FWJZ - g1

蜂窝状褐铁矿化硅化蚀变岩铜矿石。半自形—他形粒状结构。金属矿物为针铁矿(Go)、赤铁矿(Hm)、黄铁矿(Py)。针铁矿:灰色微带淡蓝色,呈板状及片状晶体,弱非均质性,较易磨光,可见黄褐色内反射色,与纤铁矿共生,交代赤铁矿;粒径0.1~0.4mm,含量约20%。赤铁矿:灰白色微带蓝色,呈细粒集合体,强非均质性,磨光性较差,可见深红色内反射色,赤铁矿多为黄铁矿氧化而成,局部可见残留的黄铁矿颗粒,可见赤铁矿交代少量透明矿物,粒径0.2~0.6mm,含量约15%。黄铁矿:浅铜黄色,细粒状,也可见较大的粒状集合体,具高反射率,硬度较高,不易磨光,黄铁矿颗粒较为破碎,粒径0.1~1.0mm,含量约10%。

矿石矿物生成顺序:黄铁矿→赤铁矿→针铁矿。

FWJZ - g2

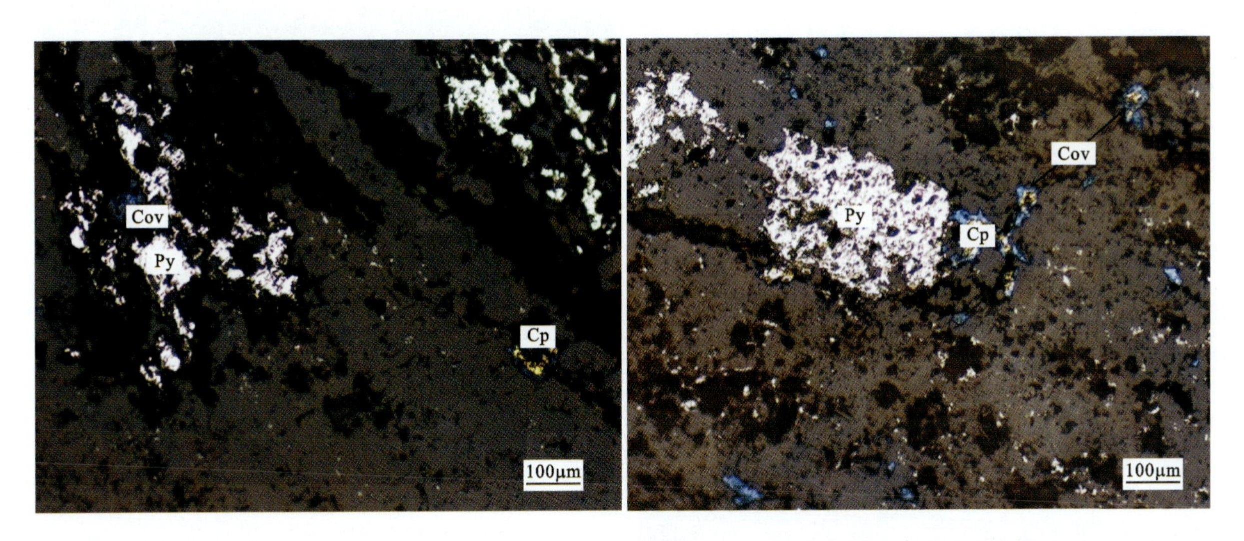

石英闪长玢岩铜矿石。自形—半自形粒状结构。金属矿物为黄铁矿(Py)、黄铜矿(Cp)、铜蓝(Cov)。黄铁矿:浅黄色—黄白色,半自形晶粒状,具高反射率,硬度较高,不易磨光,粒径0.1~0.3mm,含量约5%。黄铜矿:铜黄色,他形粒状,显均质性,较易磨光,黄铜矿颗粒多呈细小他形粒状零星分布,可见黄铜矿交代黄铁矿颗粒,粒径0.05~0.1mm,含量约2%。铜蓝:深蓝色,他形粒状,显多色性及非均质性,为黄铜矿氧化作用产物,粒径0.05~0.1mm,含量约1%。

矿石矿物生成顺序:黄铁矿→黄铜矿→铜蓝。

FWJZ－b1

蜂窝状褐铁矿化硅化蚀变岩。半自形—他形粒状变晶结构。该岩石普遍遭受较强的硅化、褐铁矿化等蚀变作用，原岩已无法恢复。主要成分为石英(Qz)、金属矿物。石英：无色，半自形板条状、他形粒状，表面光洁，推测为硅化作用形成的，粒径细小，镜下颗粒界线不明显，局部可见石英细脉穿插分布，粒径0.02～0.4mm，含量65%～70%。金属矿物：褐色，隐晶质，呈团块状分布在石英之间，推测为褐铁矿(Lm)，含量30%～35%。

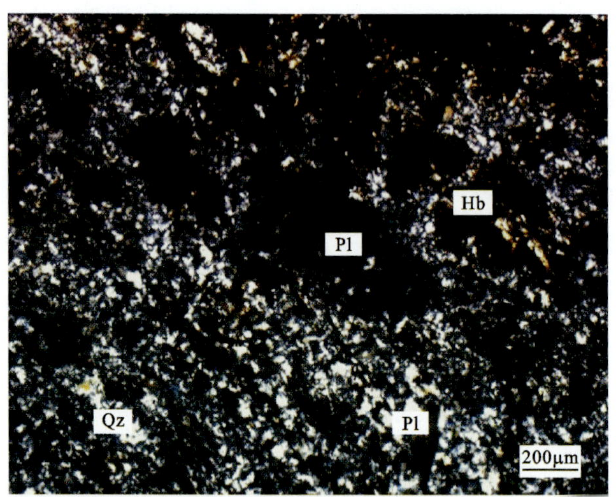

FWJZ－b2

石英闪长玢岩。斑状结构。岩石主要由斑晶(约35%)和基质(约65%)组成，石英与斜长石构成显微文象结构，角闪石中可见绿泥石化蚀变。斑晶主要成分为斜长石(Pl)、角闪石(Hb)。斜长石：无色，多呈自形板状，负低突起，一级灰白干涉色，偶见双晶，颗粒较为破碎，多见绿泥石化蚀变，粒径0.2～0.6mm，偶尔可见粒径>1.0mm的斑晶，含量15%～20%。角闪石：褐色，多呈半自形粒状或柱状，正中突起，可见多色性及吸收性，最高干涉色为二级，干涉色多被自身颜色所掩盖，部分角闪石受到蚀变作用变成绿泥石(Chl)，粒径0.2～0.6mm，含量15%～20%。基质主要成分为斜长石(Pl)、角闪石(Hb)、石英(Qz)，粒径多小于0.1mm，为微粒结构。斜长石：无色，多呈他形，负低突起，颗粒细小，粒径<0.1mm，含量20%～25%。角闪石：褐色，多呈他形粒状，正中突起，粒径<0.1mm，含量15%～20%。石英：无色，他形粒状，正低突起，表面光洁，粒径<0.1mm，含量15%～20%。

FWJZ－b3

花岗闪长玢岩。斑状结构，基质为显微晶质结构。主要成分为斜长石(Pl)、石英(Qz)，其次为黑云母(Bi)、金属矿物。斑晶(含量60%～70%)，主要由斜长石、石英、黑云母组成。斜长石：无色，半自形板状，表面发育强绢云母化蚀变，一级灰白干涉色，聚片双晶发育，粒径0.6～3.2mm，含量40%～45%。石英：无色，滚圆粒状，表面光洁，一级黄白干涉色，粒径0.2～1.0mm，含量10%～13%。黑云母：半自形片状，表面具碳酸盐化蚀变，或具褪色现象，粒径0.4～0.8mm，含量10%～12%。基质(含量30%～40%)主要由斜长石、石英组成，二者含量相当，构成显微晶质结构，粒径一般<0.2mm，另有少量金属矿物。金属矿物：黑色，自形—半自形粒状，零星分布于基质中，粒径0.05～0.20mm，含量较少。

二、莱芜铜山铜矿

铜山铜矿位于济南市莱城区东北部约15km的铜山村一带，行政区划隶属于莱城区苗山镇，大地构造位置位于华北板块（Ⅰ）鲁西隆起区（Ⅱ）鲁中隆起（Ⅲ）新甫山-莱芜断隆（Ⅳ）泰莱凹陷（Ⅴ）东北部。矿区查明铜金属量1.1万t，矿床规模属小型。

1.矿区地质特征

区内出露地层主要为寒武系、奥陶系，局部有第四系、古近系。其中，寒武纪馒头组下页岩段紫红色泥质白云岩与铜山铜矿成矿关系密切。

区内构造以断裂构造为主，主要有北西向、北东向、近东西向3组，其中北西向断裂规模较大。铜冶店断裂为区内主干断裂，主要形成于燕山晚期，表现为张性。喜马拉雅早期断裂继续活动，表现为压性。区内次一级平行断裂较发育，主要有南明苗山断裂（图1-6）。

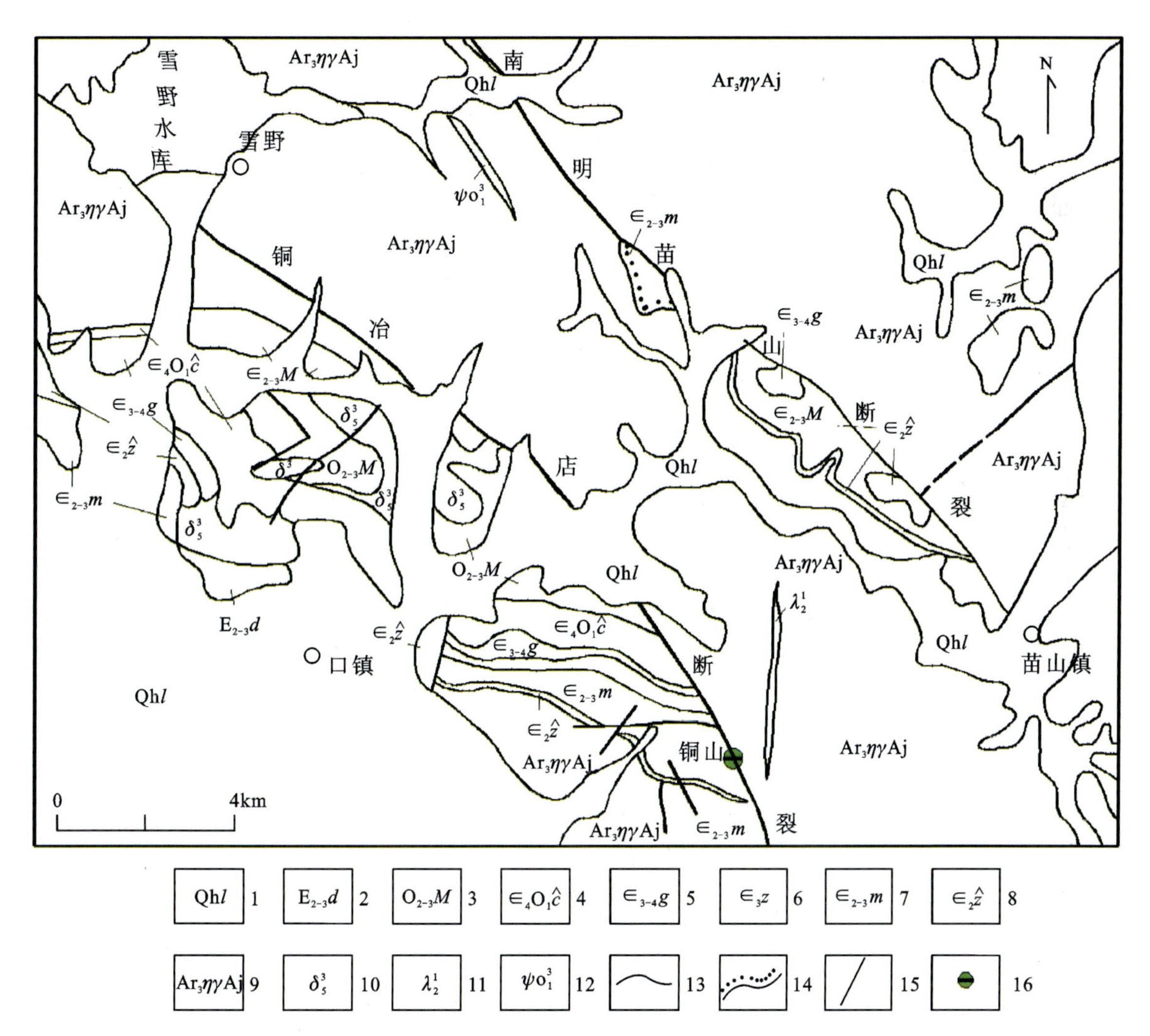

1.全新世临沂组；2.古近纪大汶口组；3.奥陶纪马家沟群；4.寒武纪—奥陶纪炒米店组；5.寒武纪崮山组；6.寒武纪张夏组；7.寒武纪馒头组；8.寒武纪朱砂洞组；9.新太古代蒋峪单元二长花岗岩；10.中生代燕山晚期闪长岩；11.古元古代细晶岩；12.新太古代角闪石岩；13.地质界线；14.不整合界线；15.断层；16.铜矿床

图1-6　铜山铜矿床区域地质简图（据郝建军等，2001）

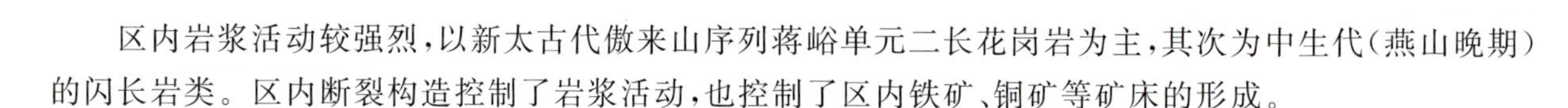

区内岩浆活动较强烈，以新太古代傲来山序列蒋峪单元二长花岗岩为主，其次为中生代（燕山晚期）的闪长岩类。区内断裂构造控制了岩浆活动，也控制了区内铁矿、铜矿等矿床的形成。

2. 矿体特征

矿区内共有8个矿层，自下而上编号分别为Ⅰ、Ⅱ、Ⅲ、Ⅳ、Ⅴ、Ⅵ、Ⅶ、Ⅷ（图1-7），规模较大的为Ⅰ号、Ⅱ号、Ⅴ号矿层。

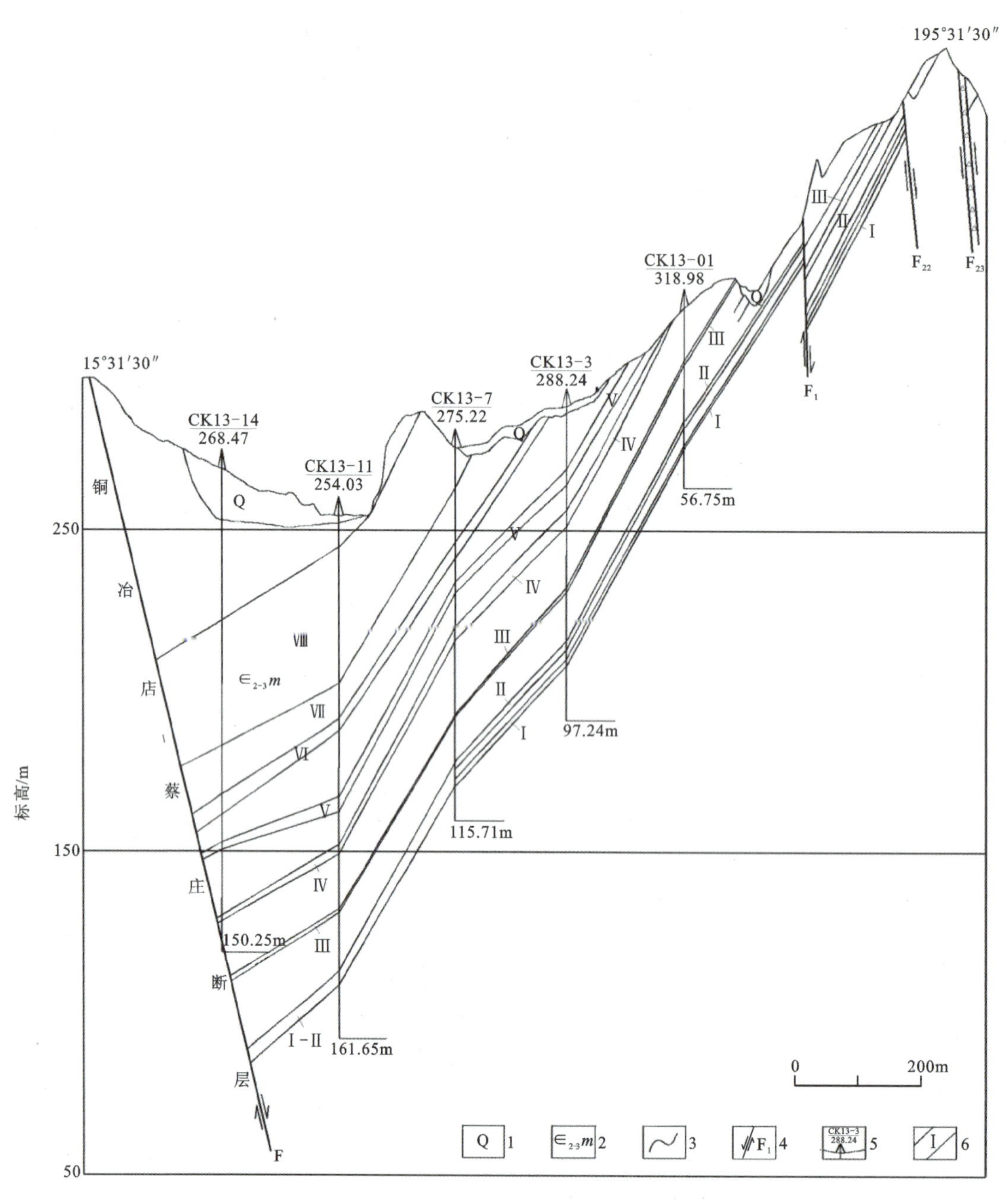

1. 第四系；2. 寒武纪馒头组；3. 地质界线；4. 断层及编号；5. 钻孔位置及编号；6. 矿层编号

图1-7 铜山铜矿床13勘查线地质剖面简图（据杨天民等，1982）

矿体产出形态为较规则及不规则的层状，矿体产状与围岩地层产状相一致，与地层呈整合接触，各矿体产状基本一致，仅在不同地段有所变化。各矿体特征见表1-3。

表 1-3　矿体特征一览表

矿体编号	走向长度/m	倾向延伸/m	产状/(°)		品位/%	厚度/m	矿体形态
			倾向	倾角			
Ⅰ	740	95～370	10～15	13～20	0.64	1.76	较规则层状
Ⅱ	1000	105～550	10～15	13～20	0.70	1.47	较规则层状
Ⅲ	100～300	180～340	10～15	15～20	0.58	0.88	较规则层状
Ⅳ	100	280	10～15	15～20	0.54	1.55	不规则层状
Ⅴ	900	60～310	10	13～20	0.84	2.63	不规则层状
Ⅵ	600	70～210	10	2～25	—	2.59	不规则层状
Ⅶ	650	105～370	10	2～20	—	2.74	不规则层状

3. 矿石特征

矿石矿物主要是黄铜矿，其次是黄铁矿、褐铁矿，偶见有蓝辉铜矿。脉石矿物主要是方解石，其次是石英。

矿石结构主要为他形晶粒状结构、自形—半自形晶粒状结构等。矿石构造主要为细脉状构造、团块状构造、星点状构造等。

矿石自然类型为硫化矿石(即原生矿)，工业类型为细脉浸染状、团块浸染状、星点浸染状矿石。

4. 共伴生矿产评价

矿石中除主要有用元素铜以外，还有银、硫、铅、金、锌、钼等有益元素，但均达不到综合利用指标。

5. 矿体围岩和夹石

矿体顶底板与围岩界线清晰，矿体围岩的种类主要为泥质灰岩。矿体中未见夹石。

6. 成因模式

本区铜矿层赋存于馒头组的紫红色泥质白云岩及紫红色页岩中，该层位铜的丰度值较高，为区内的矿源层和储矿层。区内断裂构造发育，铜冶店断裂长期活动，促使岩石节理、裂隙发育，有利于岩浆热液活动，有利于 Cu 元素的富集、运移、充填裂隙。在这种特定的地质环境和物化条件作用下，形成本区的似层状热液交代型矿床。

7. 矿床系列标本简述

本次标本采自莱芜铜山矿区渣石堆。共采集标本 4 块，岩性分别为蛭石化白云岩铜矿石、泥岩、辉绿岩、泥岩(表 1-4)，较全面地采集了铜山矿区的矿石和围岩标本。

表 1-4　铜山铜矿床采集标本一览表

序号	标本编号	光薄片编号	标本名称	标本类型
1	TS-B1	TS-g1/TS-b1	蛭石化白云岩铜矿石	矿石
2	TS-B2	TS-b2	泥岩	围岩
3	TS-B3	TS-b3	辉绿岩	围岩
4	TS-B4	TS-b4	泥岩	围岩

注：TS-B 代表铜山铜矿标本，TS-g 代表该标本光片编号，TS-b 代表该标本薄片编号。

8. 图版

(1)标本照片及其特征描述

TS-B1

蛭石化白云岩铜矿石。岩石呈铜黄色—浅灰色,块状构造。主要成分为白云石、黄铜矿、蛭石、黄铁矿、方解石、石英等。白云石:无色,自形晶粒状,可见菱形解理,粒径<1.0mm,含量约40%。黄铜矿:铜黄色,半自形—他形粒状,多见集合体,粒径<1.0mm,含量约35%。蛭石:浅褐色,板状集合体,粒径<1.0mm,含量约10%。黄铁矿:浅铜黄色,局部可见氧化所致的锖色,强金属光泽,多呈自形—半自形晶粒状,也可见粒状集合体,粒径<1.0mm,含量约5%。方解石:无色,他形粒状,可见菱形解理,粒径<1.0mm,含量约5%。石英:他形粒状,油脂光泽,粒径<1.0mm,含量约5%。

TS-B2

泥岩。岩石呈灰白色,块状构造。可见不同颜色的夹层,呈条带状构造。可见石英脉。岩石主要由黏土矿物组成,占90%以上,粒度较细,粒径<1.0mm。

TS-B3

辉绿岩。岩石呈黑绿色,块状构造。可见细小脉体呈杂乱分布。主要成分为斜长石、辉石。斜长石呈灰白色柱状,粒径<1.0mm,含量约50%,暗色矿物为辉石,呈柱粒状,粒径<1.0mm,含量约50%。

TS-B4

泥岩。岩石呈红褐色,块状构造。可见白色脉体呈近平形状分布,推测为方解石脉。岩石主要由黏土矿物组成,占90%以上,矿物颗粒粒度较小,粒径<1.0mm。

(2)标本镜下鉴定照片及特征描述

TS-g1

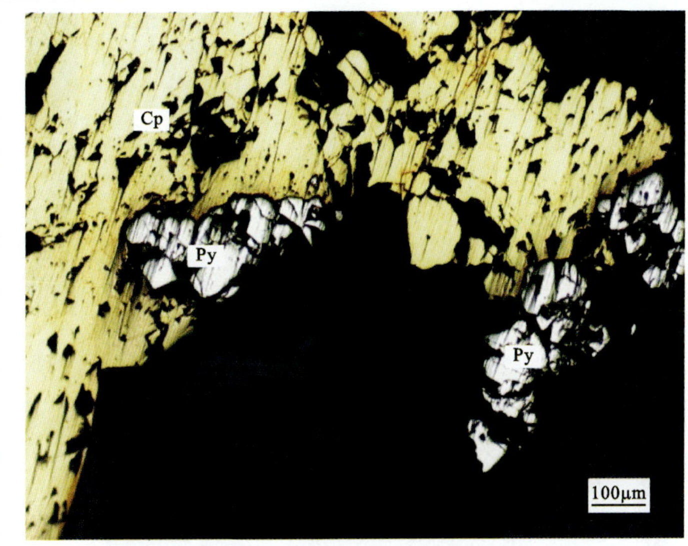

蛭石化白云岩铜矿石。自形—半自形粒状结构。金属矿物为黄铜矿(Cp)、黄铁矿(Py)。黄铜矿:铜黄色,自形—半自形粒状,也可见他形粒状集合体,显均质性,较易磨光;黄铜矿颗粒解理及裂隙较为发育,可见双晶结构,多成片分布,可见黄铁矿交代黄铜矿颗粒的边部,形成交代残余结构、港湾状结构,黄铜矿颗粒沿裂隙发生氧化作用,表面可见氧化所致的锖色,粒径0.1~0.3mm,集合体多>1.0mm,含量约50%。黄铁矿:浅黄色,自形—半自形晶粒状,显均质性,硬度较高,不易磨光,表面多见麻点,黄铁矿颗粒较为破碎,多沿黄铜矿颗粒边部发育,形成交代残余结构,粒径0.1~0.4mm,含量约5%。

矿石矿物生成顺序:黄铜矿→黄铁矿。

TS-b1

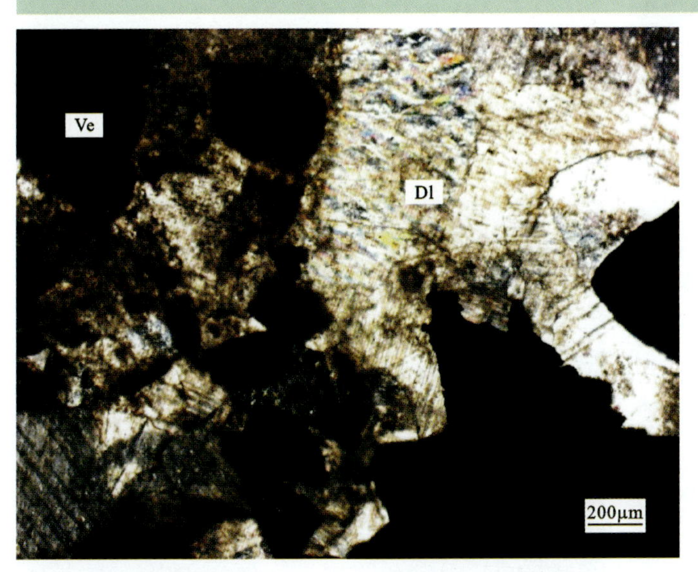

黄铜矿化蛭石化白云岩。中—细晶结构。主要成分为白云石(Dl)、蛭石(Ve),其次为方解石(Cal)、石英(Qz),可见金属矿物。白云石:无色,有时呈浑浊灰色,多呈菱形的自形切面,闪突起,高级白干涉色,可见菱形解理及聚片双晶,白云石颗粒多较为破碎,呈中心浑浊、边部明亮的雾心亮边的环带结构,粒径0.2~0.5mm,含量45%~50%。蛭石:浅褐色,一般为细小鳞片状,也可见板状集合体;具黄褐色多色性,干涉色二级,多为黑云母蚀变形成,边部可见黑云母颗粒残留,粒径多为0.1mm,集合体可至0.2~0.6mm,含量20%~25%。金属矿物:自形—半自形粒状,也可见粒状集合体,多数填充于透明矿物之间,粒径0.2~0.4mm,据手标本及镜下晶形推断为方黄铜矿(Cp),含量15%~20%。方解石:无色,不规则粒状,闪突起,高级白干涉色,可见菱形解理及聚片双晶,粒径多为0.1mm,含量5%。石英:无色,他形粒状,多呈浑圆状,表面光洁,具波状消光现象,一级白干涉色,颗粒较为细小,粒径约为0.1mm,含量约5%。

TS－b2

泥岩。泥状结构。主要由黏土矿物组成，黏土矿物占90%以上，黏土矿物粒度细小，手标本和薄片中均难以辨别，可见细小石英（Qz）颗粒集合体，可见金属矿物。

TS－b3

辉绿岩。他形粒状结构，可见他形单斜辉石填充于较自形的斜长石搭成的格架中，构成辉绿结构。主要成分为斜长石（Pl）和单斜辉石（Cpx），偶见细小橄榄石颗粒。斜长石：无色，多呈板状或短柱状，正低突起，干涉色最高为一级灰白，可见双晶，粒径0.2～0.4mm，含量50%～60%。单斜辉石：无色，多呈他形粒状，正高突起，干涉色最高达二级黄，斜消光，未见解理和双晶，单斜辉石可蚀变为绿泥石，但仍可见单斜辉石晶形，粒径0.1～0.3mm，含量40%～50%。

TS－b4

泥岩。泥状结构，未见页理，见白色脉体，宽2.0～4.0mm。主要由黏土矿物组成，黏土矿物占90%以上，黏土矿物粒度细小，手标本和薄片中均难以辨别。岩石可见长度不一的白色脉体，主要为方解石（Cal）脉，方解石脉内可见金属矿物，边缘为石英（Qz）。方解石：无色，不规则粒状，闪突起，高级白干涉色，可见菱形解理及聚片双晶，粒径0.1～0.3mm。石英：多为无色，他形粒状，多呈浑圆状，可见波状消光，一级黄白干涉色，颗粒较为细小，粒径约0.1mm。

三、荣成伟德山雨夼铜矿

伟德山雨夼铜矿位于威海荣成市西北约15km处，行政区划隶属于荣成市荫子镇，大地构造位置位于苏鲁造山带（Ⅰ）胶南-威海隆起区（Ⅱ）威海隆起（Ⅲ）乳山-荣城断隆（Ⅳ）威海-荣城凸起（Ⅴ）东端，牟（平）-乳（山）金成矿带的东侧。矿床规模属小型。

1. 矿区地质特征

区内出露地层主要为第四纪柳夼组，沿河谷分布（图1-8）。

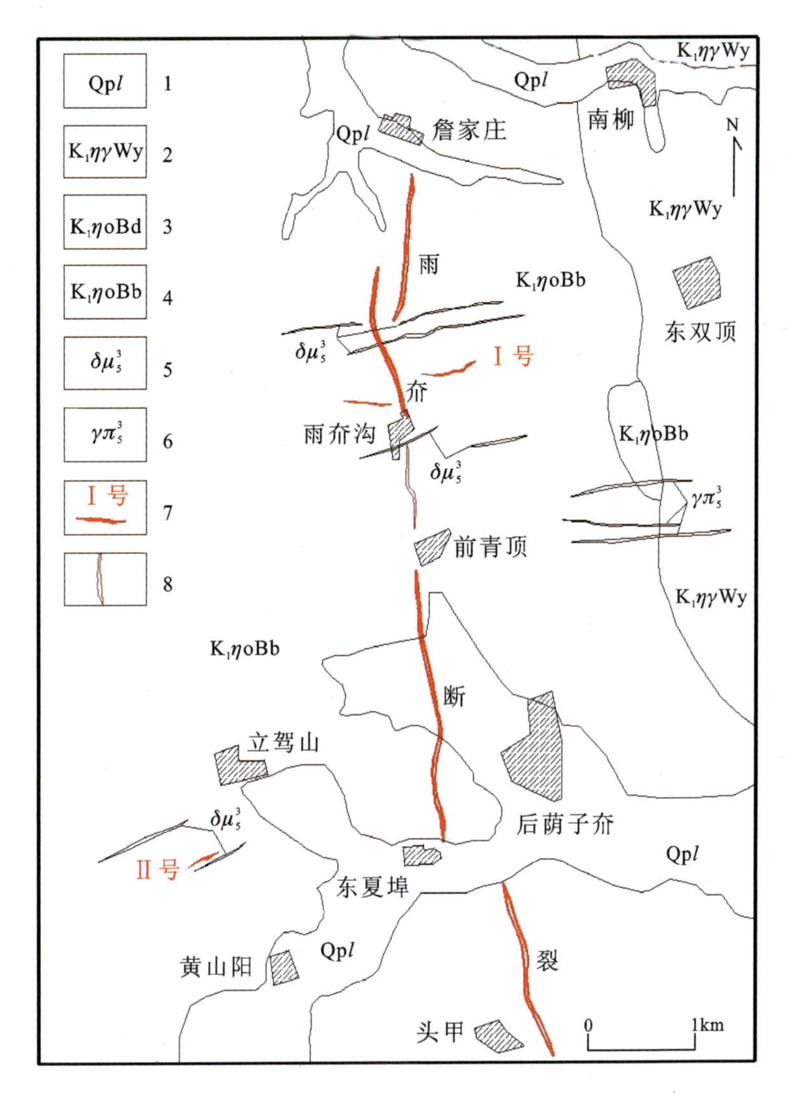

1. 更新世柳夼组；2. 中生代燕山晚期伟德山序列崖西单元；3. 中生代燕山晚期埠柳序列大水泊单元；4. 中生代燕山晚期埠柳序列不落耩单元；5. 闪长玢岩；6. 花岗斑岩；7. 铜矿体及编号；8. 雨夼断裂

图1-8　伟德山雨夼铜矿床区域地质简图（据郭中等，2018）

区内断裂构造发育，脆性断裂构造主要为近南北向的雨夼断裂及次级近东西向3条断裂。雨夼断裂带内主要充填绢英岩，下盘与围岩接触部位断续发育石英脉，石英脉往往具有金矿化，断裂带内岩石具有褐铁矿化、硅化等现象，具有多期活动特点，为区内的导矿、容矿构造。

区内岩浆岩主要为中生代燕山晚期巨斑状中粗粒含角闪石英二长岩，斑状中粒含角闪二长花岗岩及斑状中细粒含黑云角闪石英二长岩。脉岩呈近东西向发育，主要为闪长玢岩、花岗斑岩、石英二长斑岩等。

2. 矿体特征

区内圈定出 2 个铜矿体。

Ⅰ号铜矿体呈脉状、透镜状赋存于 F_3 断裂内（图 1－9），走向 80°左右，倾向北北西，倾角 80°。控制矿体长度 480m 左右，斜深 70m，矿体平均厚度 1.52m，平均品位 0.55%。矿体褐铁矿化、绢英岩化、孔雀石化发育，局部具有细小星点状黄铁矿化，具有明显的热液填充交代现象。

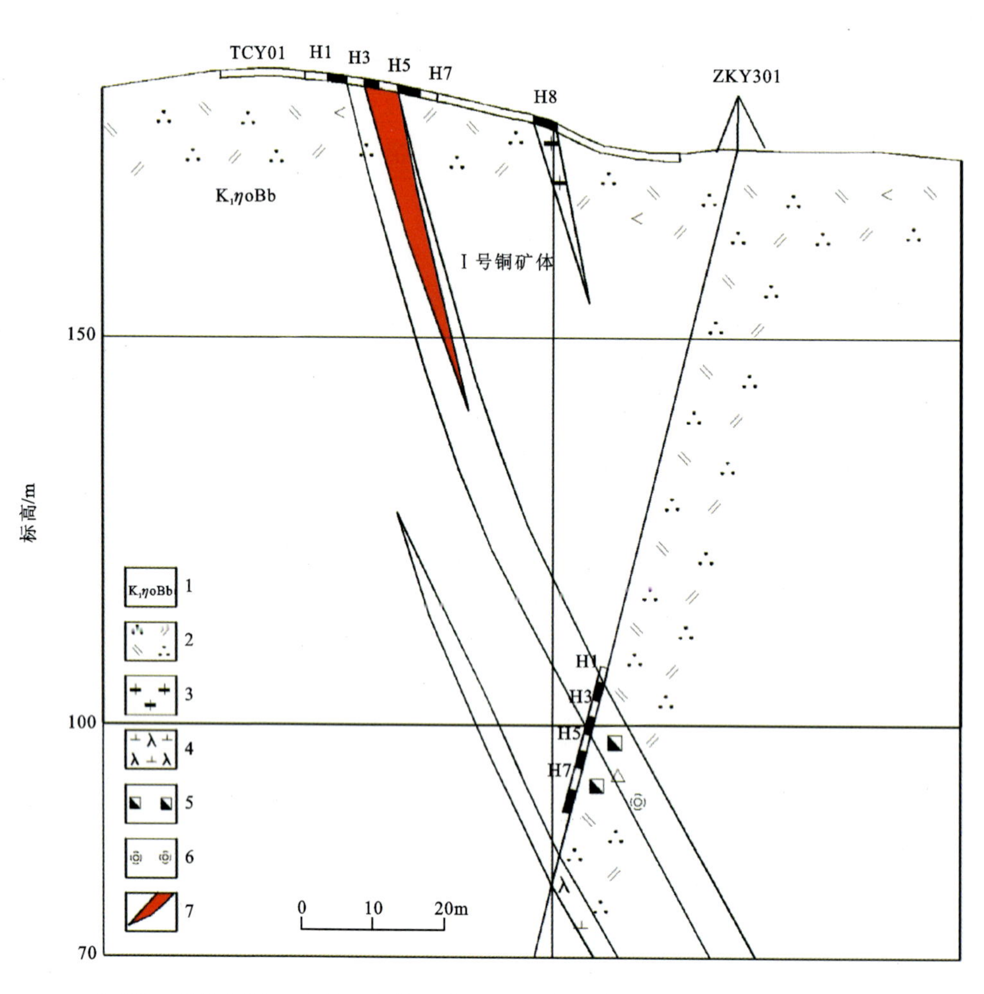

1. 埠柳序列不落耩单元；2. 石英二长岩；3. 花岗斑岩；4. 闪长玢岩；5. 黄铁矿化；6. 硅化；7. 铜矿体

图 1－9　伟德山雨夼铜矿区 3 号勘探线地质剖面简图（据郭中等，2018）

Ⅱ号铜矿体赋存于近东西向石夫人断裂中，该断裂为雨夼断裂的次级断裂，断裂走向 80°左右，地表长约 200m，宽 0.8～3.5m，倾向北北西，倾角 70°～80°。断裂内岩性为构造角砾岩，整体较破碎，断裂带内岩石褐铁矿化呈浸染状。

3. 矿石特征

矿石矿物成分主要为孔雀石、褐铁矿、磁铁矿、赤铁矿、黄铜矿，几种矿物共伴生。矿石结构主要为半自形—他形粒状结构，矿石构造为稀疏浸染状构造。矿石自然类型属于稀疏浸染状混合矿石。

4. 矿体围岩和夹石

矿体围岩为中粗粒含角闪石英二长岩。矿体中未见夹石。

5. 成因模式

区内金铜多金属矿床位于华北板块东南边缘和苏鲁造山带东缘的接触部位，与岩石圈减薄和强烈的构造岩浆活动有关，燕山晚期伟德山序列花岗岩与多金属成矿关系密切，金铜多金属矿(化)体多发育在脆性断裂中，呈脉状、透镜状沿裂隙充填成矿(图1-10)。伟德山地区雨夼断裂是新发现的区域性导矿深大断裂，后期含矿热液运移过程中在雨夼断裂的次级断裂内交代赋存成矿，矿床成因类型为热液裂隙充填型。

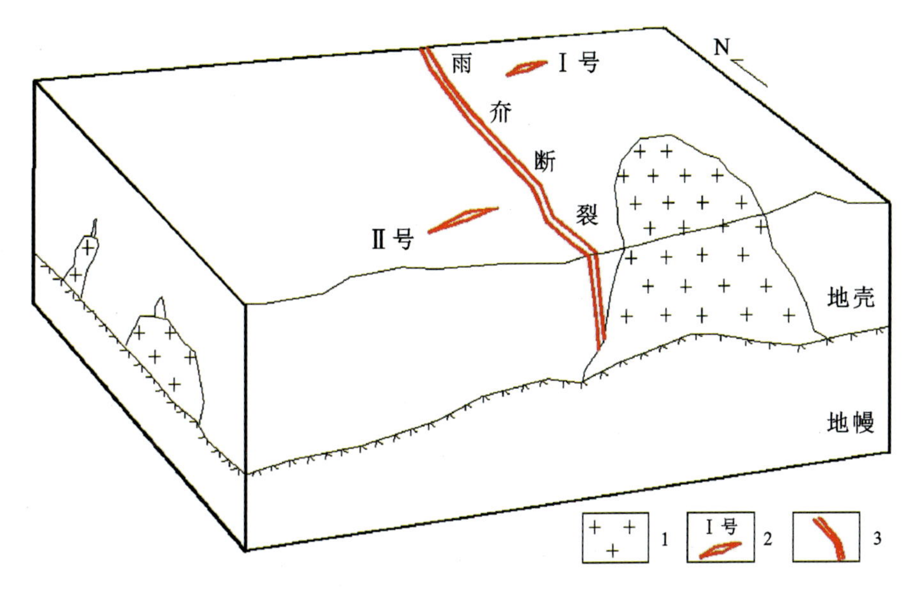

1. 燕山晚期伟德山序列花岗岩；2. 铜矿体及编号；3. 雨夼断裂

图1-10　伟德山雨夼铜矿区成因模式图(据郭中等，2018)

6. 矿床系列标本简述

本次工作共采集雨夼铜矿床标本4块，分别采自探槽及钻孔岩芯，岩性分别为孔雀石化绿泥石化中粗粒含角闪石英二长岩铜矿石、斑状二长花岗岩、角闪二长花岗岩、绿泥石化石英闪长玢岩(表1-5)，较全面地采集了伟德山铜矿床的矿石和围岩标本。

表1-5　伟德山雨夼铜矿床采集标本一览表

序号	标本编号	光薄片编号	标本名称	标本类型
1	WD-B1	WD-g1/WD-b1	孔雀石化绿泥石化似斑状石英二长岩铜矿石	矿石
2	WD-B2	WD-b2	斑状二长花岗岩	围岩
3	WD-B3	WD-b3	角闪二长花岗岩	围岩
4	WD-B4	WD-b4	绿泥石化石英闪长玢岩	围岩

注：WD-B代表雨夼铜矿床标本，WD-g代表该标本光片编号，WD-b代表该标本薄片编号。

7. 图版

（1）标本照片及其特征描述

WD－B1

孔雀石化绿泥石化似斑状石英二长岩铜矿石。岩石新鲜面呈肉红色，似斑状结构，块状构造。斑晶主要为钾长石，呈浅肉红色，长柱状自形晶，粒径＞3.0mm，有的可达2.0cm，含量约25%；基质主要为钾长石、斜长石、石英、黑云母、角闪石。钾长石呈肉红色，斜长石呈白色，石英为无色，均为他形粒状，粒径均＜1.0mm，含量分别为15%、10%、15%；黑云母呈褐色鳞片状，粒径小于1.0mm，含量约10%；角闪石呈灰绿色，短柱状，多发生绿泥石化蚀变，且大部分角闪石被绿泥石完全替代，仅余角闪石晶形，粒径＜1.0mm，含量约25%；可见孔雀石呈星点状分布，粒径约1.0mm，含量约5%。

WD－B2

斑状二长花岗岩。岩石呈略带肉红色的灰白色，似斑状结构，块状构造。岩石中矿物成分主要为斜长石、钾长石、石英、黑云母。斑晶为斜长石、钾长石，粒径可达3.0mm，含量约25%；基质为半自形粒状结构，矿物成分为斜长石、钾长石、石英、黑云母，粒径＜1.0mm，含量约75%。斜长石：灰白色，半自形粒状，白色条痕，玻璃光泽，粒径＜1.0mm，斑晶斜长石粒径可达3.0mm，含量约40%。钾长石：肉红色，半自形粒状，白色条痕，玻璃光泽，粒径＜1.0mm，斑晶钾长石粒径可达2.5mm，含量约30%。石英：灰白色，他形粒状，玻璃光泽，粒径＜1.0mm，含量约20%。黑云母：褐黑色，半自形片状，玻璃光泽，粒径＜1.0mm，含量约10%。

WD－B3

角闪二长花岗岩。岩石呈带肉红色的灰绿色，二长结构，块状构造。主要成分为斜长石、普通角闪石、钾长石、石英。斜长石：灰白色，半自形粒状，白色条痕，玻璃光泽，粒径＜3.0mm，含量约30%。普通角闪石：黑绿色，半自形柱状，玻璃光泽，粒径＜3.0mm，含量约30%。钾长石：肉红色，半自形粒状，白色条痕，玻璃光泽，粒径＜4.0mm，含量约20%。石英：灰白色，他形粒状，玻璃光泽，粒径＜2.0mm，含量约20%。

WD - B4

绿泥石化石英闪长玢岩。岩石新鲜面呈灰绿色，斑状结构，块状构造。斑晶主要为角闪石及斜长石。角闪石：灰绿色—褐色，长柱状自形晶，粒径<1.0mm，含量约 30%。斜长石：灰白色，半自形粒状，粒径<1.0mm，含量约 20%。基质主要为斜长石、角闪石、石英。斜长石呈白色，角闪石呈灰绿色，石英为无色，均为他形粒状，显微晶质—隐晶质结构，粒径均<1.0mm，含量分别为 25%、15%、10%。角闪石斑晶多发生绿泥石化蚀变，且部分角闪石被绿泥石完全替代，仅余角闪石晶形。

（2）标本镜下鉴定照片及特征描述

WD - g1

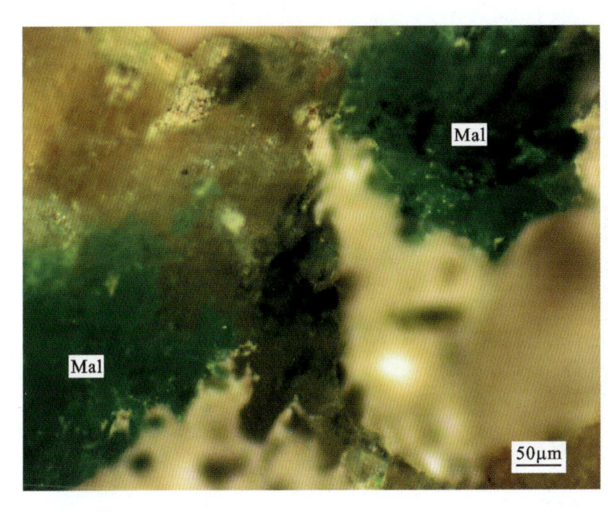

孔雀石化绿泥石化似斑状石英二长岩铜矿石。自形—半自形粒状结构。金属矿物为方铅矿(Ga)、辉铜矿(Cc)。方铅矿：纯白色，自形—半自形粒状，显均质性，易磨光，可见解理相交形成的黑三角孔，多呈星点状自形—半自形晶粒分布，粒径 0.1～0.4mm，含量约 2%。辉铜矿：灰色，不规则粒状，弱非均质性，易磨光；多为集合体，可见辉铜矿颗粒交代磁铁矿及黄铜矿，集合体粒径 0.2～0.5mm，含量约 2%。孔雀石(Mal)：棕灰色，多呈粒状集合体，具有多色性，显翠绿色内反射色，显强非均质性，易磨光，多为后期氧化带产物，交代辉铜矿颗粒，充填于透明矿物间隙，集合体粒径>0.5mm，含量约 5%。

矿石矿物生成顺序：方铅矿→辉铜矿→孔雀石。

WD - b1

孔雀石化绿泥石化似斑状石英二长岩。似斑状结构。岩石主要由斑晶(含量约25%)和基质(含量约75%)组成,斑晶主要成分为钾长石(Kf),基质主要成分为钾长石(Kf)、角闪石(Hb)、石英(Qz)、斜长石(Pl)、黑云母(Bi),副矿物为锆石(Zr),可见孔雀石化(Mal)及绿泥石化(Chl)蚀变。钾长石:无色,多呈他形,斑晶可见自形晶,负低突起,一级灰白干涉色;钾长石多发生高岭土化蚀变,导致钾长石表面浑浊,可见钾长石斑晶及基质,斑晶一般较为自形,多为长柱状自形晶,可见解理及双晶,粒径0.2～2.0mm,含量35%～40%。角闪石:褐色,多呈他形粒状,正中突起,可见多色性及吸收性,最高干涉色为二级,大部分角闪石受到蚀变作用成绿泥石,仅见少量残留,其余多保留角闪石晶形,粒径0.2～0.4mm,含量20%～25%。石英:无色,多为颗粒细小的他形粒状,正低突起,表面光洁,无解理,具波状消光现象,一级白干涉色,粒径0.2～0.4mm,含量10%～15%。斜长石:无色,多呈他形,负低突起,一级灰白干涉色,偶见双晶,颗粒较为破碎,多见绿泥石化蚀变,粒径0.2～0.4mm,含量5%～10%。黑云母:褐色,自形细长片状,褐色—黄色多色性明显,可见一组极完全解理,干涉色多被自身颜色所掩盖,可见绿泥石化蚀变,粒径0.2～0.6mm,含量5%～10%。孔雀石:鲜绿色,多为簇状、填充脉状,正高突起,具有明显的多色性,干涉色通常被自身颜色掩盖,多为后期氧化带产物,充填于矿物间隙,粒径0.2～0.4mm,含量约5%。锆石:浅褐色,长柱状自形晶,具多色性,正高突起,干涉色三级,通常被自身颜色掩盖,发育微裂隙,可见钾长石自形斑晶交代锆石颗粒,粒径0.4～0.8mm,含量较少。

WD - b2

斑状二长花岗岩。似斑状结构,基质为半自形粒状结构。主要成分为斜长石(Pl)、钾长石(Kf)、石英(Qz),其次为黑云母(Bi)。斑晶含量25%～30%。斜长石:无色,半自形板状,见有较细密的聚片双晶,一级灰白干涉色,粒径1.8～2.8mm,含量15%～17%。钾长石:无色,半自形板状,一级灰白干涉色,具轻微土化蚀变,粒径1.6～2.4mm,含量10%～13%。基质含量70%～80%,为半自形粒状结构。斜长石:无色,半自形粒状,见有较细密的聚片双晶,一级灰白干涉色,粒径0.4～1.2mm,含量25%～27%。钾长石:无色,半自形粒状,一级灰白干涉色,表面具土化蚀变,粒径0.4～1.2mm,含量20%～23%。石英:无色,半自形—他形粒状,一级黄白干涉色,表面光洁,具波状消光现象,分布于长石矿物之间,粒径0.2～1.0mm,含量20%～25%。黑云母:褐色,具褐黄色—浅黄色多色性,半自形片状,干涉色受其自身颜色影响不明显,粒径0.4～0.8mm,含量5%～8%。

WD－b3

角闪二长花岗岩。二长结构。主要成分为斜长石(Pl)、普通角闪石(Hb)、钾长石(Kf)、石英(Qz),其次为黑云母(Bi)。斜长石:无色,半自形板状,见有较细密的聚片双晶,局部可见环带结构,具绢云母化蚀变,一级灰白干涉色,粒径0.6～2.8mm,含量25%～30%。普通角闪石:深绿色,多色性明显,半自形柱状、粒状,干涉色可达二级蓝绿,多聚集在一起成群分布,粒径0.8～2.8mm,含量25%～28%。钾长石:无色,半自形板状,一级灰白干涉色,土化蚀变较强,在粗大的钾长石颗粒之中分布较自形的斜长石、石英等,构成二长结构,粒径0.8～4.0mm,最大可达6.0mm,含量20%～25%。石英:无色,半自形—他形不规则粒状,表面光洁,见有波状消光现象,一级黄白干涉色,分布于长石矿物之间,粒径0.2～2.0mm,含量15%～20%。黑云母:褐色,具褐黄色—浅黄色多色性,半自形片状,干涉色受其自身颜色的影响而不明显,粒径0.4～1.6mm,含量5%～7%。

WD－b4

绿泥石石英闪长玢岩。斑状结构。岩石主要由斑晶(含量约50%)和基质(含量约50%)组成。斑晶主要为角闪石(Hb)及斜长石(Pl)。角闪石:褐色,多呈他形粒状;正中突起,可见多色性及吸收性,最高干涉色为二级,部分角闪石受到蚀变作用成绿泥石(Chl),粒径0.2～0.4mm,含量25%～30%。斜长石:无色,多呈他形,负低突起,一级灰白干涉色,偶见双晶,颗粒较为破碎,多见绿泥石化蚀变,粒径0.2～0.4mm,含量15%～20%。基质主要为斜长石(Pl)、角闪石(Hb)、石英(Qz),粒径多小于0.02mm,为显微晶质结构。斜长石:无色,多呈他形,负低突起,一级灰白干涉色,颗粒细小,粒径<0.02mm,含量20%～25%。角闪石:褐色,多呈他形粒状,正中突起,最高干涉色为二级,颗粒细小,粒径<0.2mm,含量20%～25%。石英:无色,多为颗粒细小的他形粒状,正低突起,表面光洁,无解理,具波状消光现象,一级白干涉色,与斜长石构成显微文象结构,粒径<0.02mm,含量5%～10%。

第四节　潜火山热液型铜矿床

此类铜矿床的形成与中生代火山岩盆地的潜火山热液活动有关，矿床主要发育在白垩纪青山期次火山岩、火山岩中。典型矿床为五莲七宝山铜矿（为铜金共生矿床）。

七宝山铜矿位于日照市五莲县城西北约 18km 的高泽乡、于里乡交界处，行政区划隶属于五莲县于里乡和高泽乡，大地构造位置位于华北板块（Ⅰ）胶辽隆起区（Ⅱ）胶莱盆地西部（Ⅲ）高密-诸城断陷（Ⅳ）诸城凹陷（Ⅴ）的西部。矿区累计查明铜金属量 15 万 t，矿床规模属中型。

1. 矿区地质特征

区内地层主要为中生代白垩纪莱阳群林寺山组、龙旺庄组、曲格庄组和法家茔组，青山群八亩地组和方戈庄组，新生代第四纪山前组和临沂组（图 1－11）。

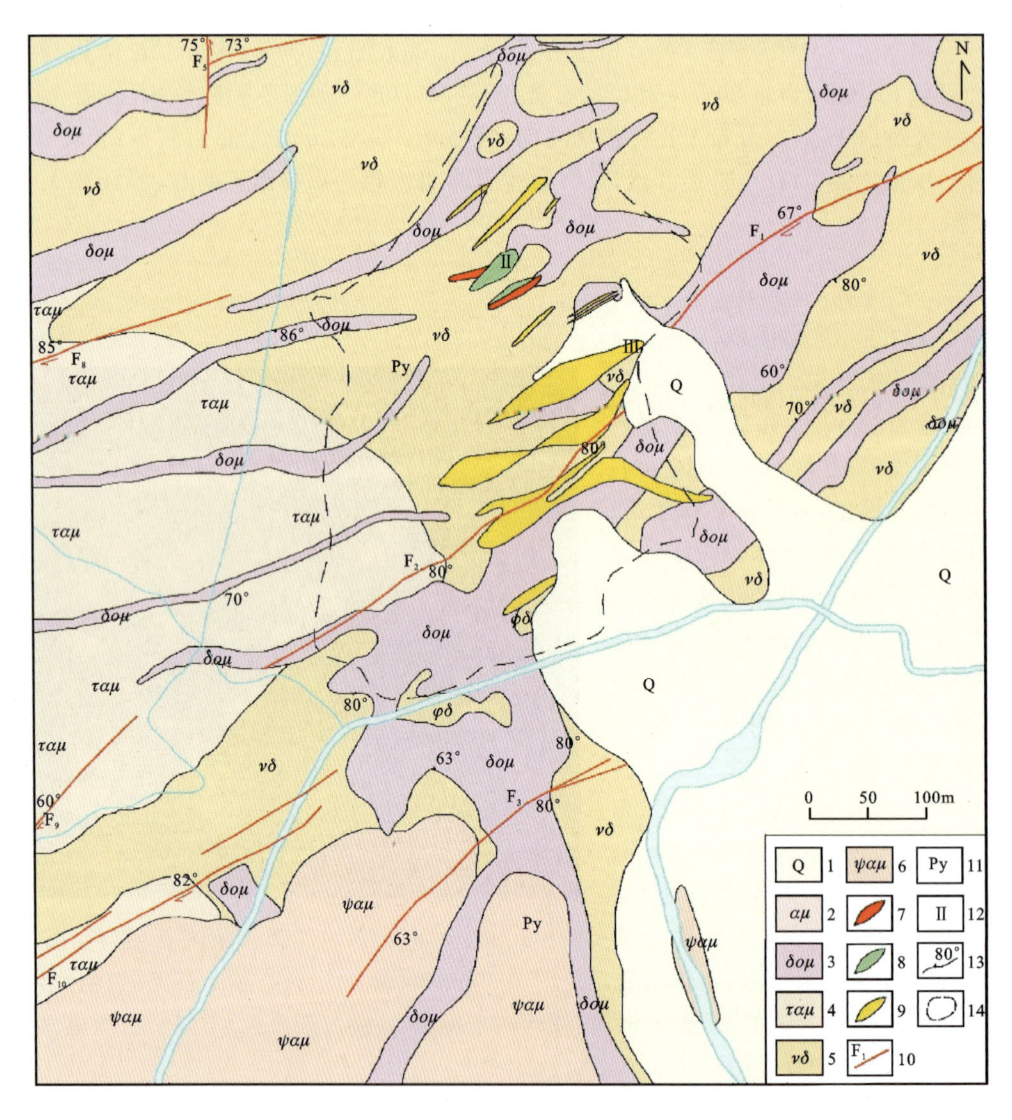

1. 第四系；2. 安山玢岩；3. 石英闪长玢岩；4. 粗斑粗安玢岩；5. 辉石闪长岩；6. 角闪安山玢岩；7. 金铜矿露头；8. 铜矿露头；9. 金矿露头；10. 断层及编号；11. 黄铁矿化；12. 矿脉编号；13. 段层面倾角；14. 露采场

图 1－11　五莲七宝山铜矿床区域地质简图（据张森，2016）

区内构造错综复杂，断裂构造及火山机构较为发育，属断裂构造复杂地区。断裂构造主要发育北东向、北西向和近东西向3组，其中以北东向断裂为主。各组断裂均具多期活动性，沿断裂多见有石英闪长玢岩充填。区内火山机构发育，火山机构中心为环状杂岩体占据。自火山机构中心向外依次发育有环状钾化黄铁绢英岩化和青磐岩化蚀变。在火山机构次火山杂岩体内外接触带内发育有隐爆角砾岩筒构造，该矿床即位于隐爆角砾岩筒内。

区内火山作用强烈，次火山岩发育，主要发育七宝山次火山杂岩体，总体呈北西延长的近椭圆状分布。各期次侵入的次火山岩在空间分布上密切相伴，按它们的穿插关系、岩性特点，可划分为4期。区内岩石蚀变较发育，主要有钾化、黄铁绢英岩化（次生石英岩化）、青磐岩化、硅化及碳酸盐化等，呈面状及脉状叠加出现。

2. 矿体特征

七宝山铜金矿体主要位于金线头矿床，矿体主要赋存于七宝山杂岩体的花岗闪长斑岩（石英闪长玢岩）体内，矿体在空间上呈不规则筒状，向深部含矿角砾岩筒规模逐渐变小、趋于尖灭，矿区在空间上分为5条矿带，依次为Ⅰ号、Ⅱ号、Ⅲ号、Ⅳ号、Ⅴ号矿带，各矿脉特征见表1-6。

表1-6　七宝山矿床矿带特征一览表

矿脉编号	延长/m	延深/m	矿体形态	产状/(°)		平均厚度/m	平均品位/%
				倾向	倾角		
Ⅰ	250	600	脉状	150	45	13.48	0.48
Ⅱ	100	400	似层状	130	5～15	2.39	0.71
Ⅲ	100	200	似层状	145	5～15	2.28	0.38
Ⅳ	100	150	似层状	150	5	2.83	0.26
Ⅴ	100	100	似层状	150	5	1.50	0.27

区内矿带最大长度250m，沿倾向斜伸600m，平均258m。总体北窄南宽，往东南有扩大趋势，在平面上，为一不对称的椭圆形。矿带走向65°～70°，倾向南东，倾角10°左右，局部达30°。矿带中组成矿体群的独立个体形态以似层状、薄板状为主，局部呈透镜状、扁豆状、纺锤状。

3. 矿石特征

矿石矿物成分为镜铁矿、黄铁矿、黄铜矿、自然金、自然银等；脉石矿物主要为白云石、石英、菱铁矿等。

矿石结构以自形晶片状结构、晶粒结构（自形晶、他形粒）为主，压碎结构、填隙结构、揉皱结构、交代残余结构次之，少量—微量的包体结构、交代反应边结构、乳滴状结构、格子状结构及胶状结构。矿石构造以角砾状构造、细脉状构造为主，脉状、晶洞（晶簇）及细脉浸染状构造次之。

矿石自然类型属原生金-铜矿石。矿石工业类型属低硫型金-铜矿石。

4. 共伴生矿产评价

区内矿石中共伴生有用组分主要为金、铜、银、硫，铜矿石和铜金矿石中其有用组分具有相互共生、伴生的特点。共生金金属量 11 942kg，品位 1.44g/t；伴生金金属量 1052kg，品位 0.25g/t；伴生铜金属量 254t，品位 0.16%；伴生硫铁矿 112.95 万 t，平均品位 4.62%；伴生银 234.83t，平均品位 7.9g/t。

5. 矿体围岩和夹石

矿体顶底板围岩及夹石主要为辉石二长岩-辉石闪长岩、石英闪长玢岩-花岗闪长斑岩，局部为安山玢岩。由于围岩和夹石数量较多，且与矿体呈渐变过渡关系，矿体与围岩界线主要以化学分析结果确定。

6. 成因模式

在岩石圈伸展-减薄和郯庐断裂带发生大规模左行平移构造的环境下，中生代火山喷发，次火山岩侵入，发生矿化活动。七宝山铜矿床的产出位置在空间上与矿区石英闪长玢岩-花岗闪长斑岩关系密切，所以七宝山铜矿床的成矿作用与七宝山侵入杂岩体——石英闪长玢岩-花岗闪长斑岩的侵入活动相关，其成矿流体应为该期侵入岩浆结晶分异所产生的高温、高盐度流体。铜成矿元素沉淀机制可能为：早期构造裂隙活动引起成矿流体减压沸腾，成矿流体中 H_2O、CO_2、H_2S 等挥发分逸离进入气相。一方面导致流体中金属元素浓度增大，另一方面 H_2S 等的逸离造成流体 pH 值增大和还原硫浓度增大，与此同时产生的冷却作用等一起造成了铜及其他金属元素的沉淀。流体的持续沸腾引起 H_2O、CO_2、H_2S 等挥发性气体不断逃逸，并在侵入体浅部不断积聚。金属硫化物的沉淀、H_2S 等酸性气体挥发分的逃逸，导致流体性质由还原性逐渐向氧化性转化，盐度亦随之不断降低。当岩体顶部聚集的气体的蒸汽压大于岩体内压时，便会发生隐爆作用。隐爆作用引起急剧的压力释放、温度降低和气体逃逸，导致了金属氧化物——镜铁矿的沉淀。金属氧化物不断沉淀析出，成矿流体中的氧逐渐被消耗，流体氧逸度降低，当流体中残余的氧不足以使铁元素以氧化物形式析出时，铁、铜便以黄铁矿、黄铜矿等硫化物的形式沉淀析出来，该阶段同时也构成了铜沉淀成矿的主要阶段。成矿作用的晚期，成矿元素的沉淀、析出已经基本完成，成矿体系逐渐转变为开放体系，少量的大气降水混入，成矿流体亦逐渐向低温、低盐度方向演化（图 1-12）。矿床成因类型为潜火山热液型金铜矿床。

7. 矿床系列标本简述

本次标本采自五莲七宝山矿区，采集标本 4 块，岩性分别为黄铁矿化花岗闪长质碎裂岩氧化铜矿石、黄铁矿化花岗闪长质碎裂岩原生铜矿石、含角闪二长斑岩和石英闪长玢岩（表 1-7），较全面地采集了五莲七宝山矿区的矿石和围岩标本。

表 1-7　五莲七宝山铜矿采集标本一览表

序号	标本编号	光薄片编号	标本名称	标本类型
1	QB-B1	QB-g1/QB-b1	黄铁矿化花岗闪长质碎裂岩氧化铜矿石	矿石
2	QB-B2	QB-g2/QB-b2	黄铁矿化花岗闪长质碎裂岩原生铜矿石	矿石
3	QB-B3	QB-b3	含角闪二长斑岩	围岩
4	QB-B4	QB-b4	石英闪长玢岩	围岩

注：QB-B 代表七宝山铜矿标本，QB-g 代表该标本光片编号，QB-b 代表该标本薄片编号。

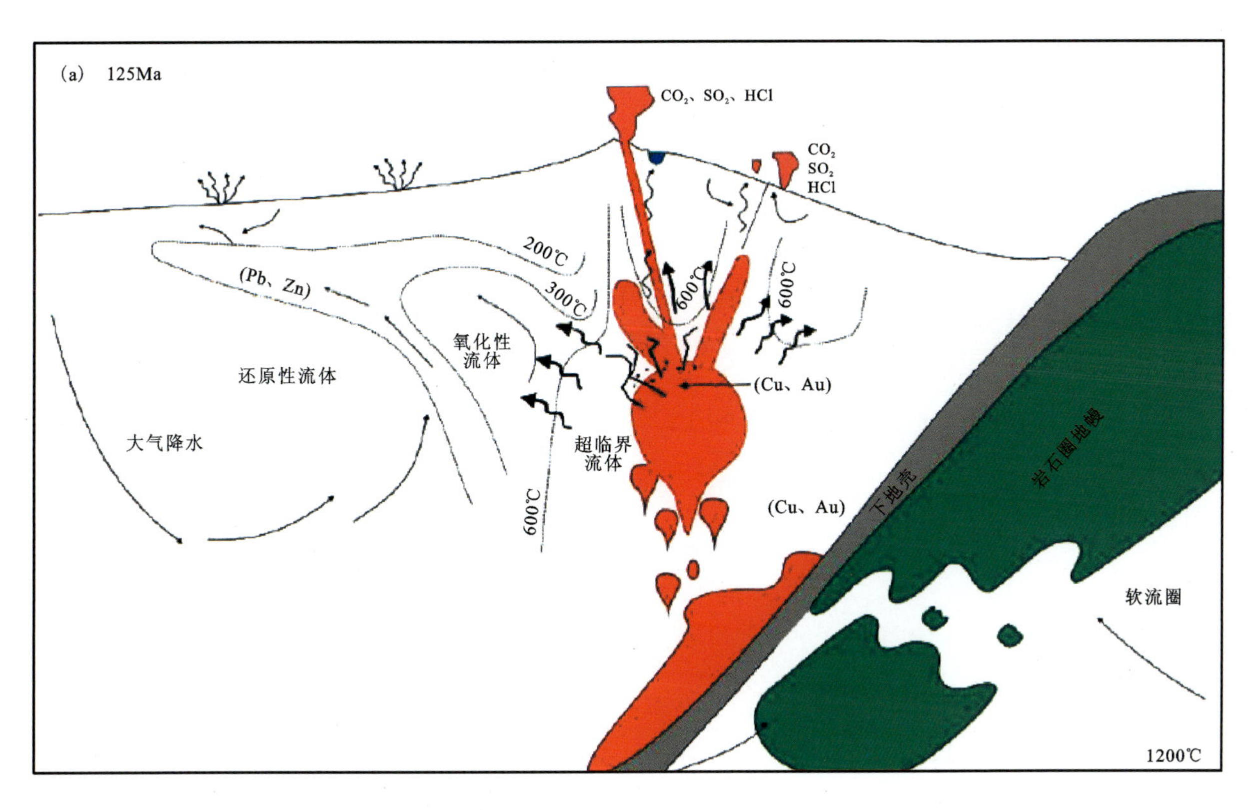

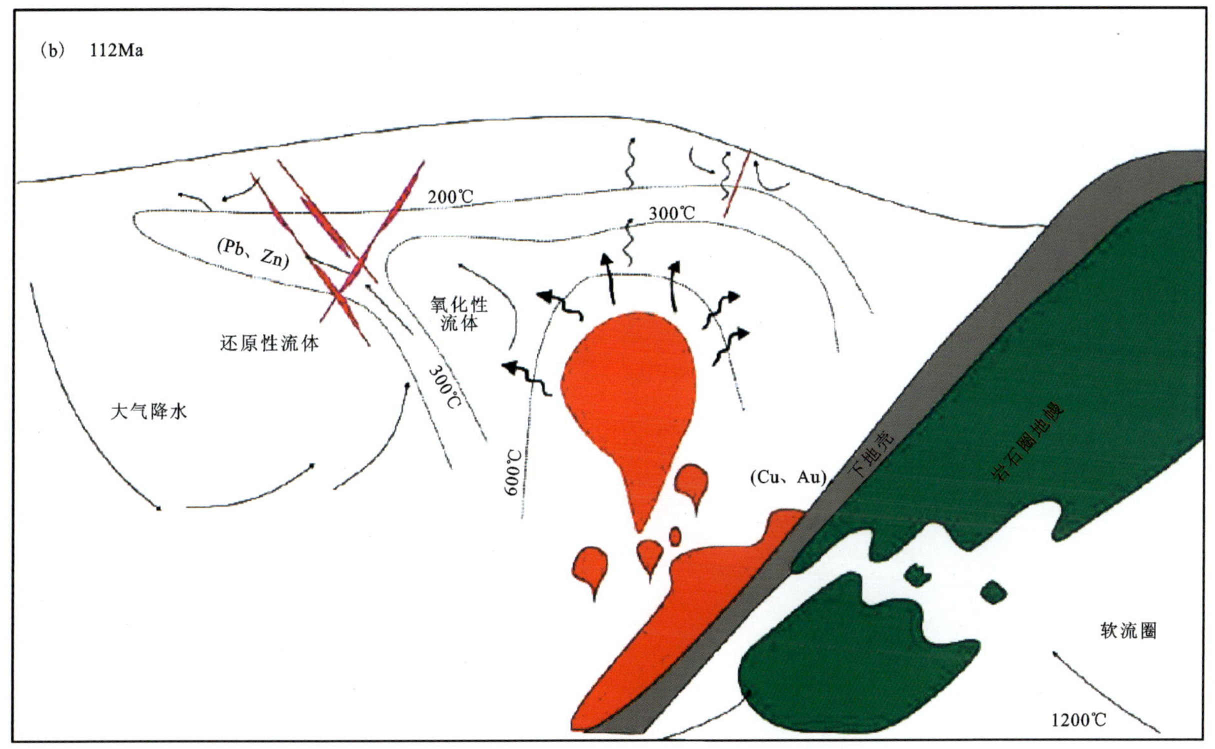

图 1-12　七宝山铜矿成矿模式示意图(据张淼,2016)

8. 图版

（1）标本照片及其特征描述

QB－B1

黄铁矿化花岗闪长质碎裂岩氧化铜矿石。岩石呈黄褐色，块状构造。岩石中碎裂结构发育，矿物颗粒多较为破碎，可见绢云母化蚀变。主要成分为斜长石、石英、角闪石，可见金属矿物。斜长石：无色，半自形板状，粒径为1.0～2.0mm，含量约40％。石英：无色，他形粒状，油脂光泽，粒径＜1.0mm，含量约30％。角闪石：灰绿色，长柱状，粒径约1.0mm，含量约20％。黄铁矿：浅铜黄色，自形—半自形粒状，金属光泽，粒径约1.0mm，含量约10％。

QB－B2

黄铁矿化花岗闪长质碎裂岩原生铜矿石。岩石呈浅黄色及灰黑色，块状构造。岩石中碎裂结构发育，矿物颗粒多较为破碎。主要成分为黄铁矿、斜长石、角闪石、石英。黄铁矿：浅铜黄色，自形—半自形粒状，金属光泽，粒径约1.0mm，含量约30％。斜长石：无色，半自形板状，粒径1.0～2.0mm，含量约30％。角闪石：灰绿色，长柱状，粒径约1.0mm，含量约20％。石英：无色，他形粒状，油脂光泽，粒径＜1.0mm，含量约20％。

QB－B3

含角闪二长斑岩。岩石呈灰白色—浅肉红色，块状构造。岩石由斑晶和基质组成，主要成分为斜长石、钾长石，其次为石英、角闪石，含少量黑云母及金属矿物。斜长石：无色，他形粒状，粒径大小不一，斑晶可达2.0mm，基质中不足0.1mm，含量约40％。钾长石：肉红色，他形粒状，粒径大小不一，斑晶可达1.0mm，基质中不足0.1mm，含量约40％。石英：无色，他形粒状，颗粒细小，粒径＜1.0mm，含量约15％。角闪石：褐色，长柱状，粒径＜1.0mm，含量约5％。

QB－B4

石英闪长玢岩。岩石呈灰白色，块状构造。岩石由斑晶和基质组成，主要成分为斜长石、角闪石、黑云母，其次为石英。斜长石：无色，他形粒状，粒径大小不一，斑晶可达 2.0mm，基质中不足 0.1mm，含量约 50％。角闪石：褐色，长柱状，粒径<1.0mm，含量约 30％。黑云母：褐色，片状，粒径约 1.0mm，含量约 10％。石英：无色，他形粒状，颗粒细小，粒径<1.0mm，含量约 10％。

（2）标本镜下鉴定照片及特征描述

QB－g1

黄铁矿化花岗闪长质碎裂岩氧化铜矿石。自形—半自形粒状结构。金属矿物主要为：黄铜矿(Cp)、赤铁矿(Hm)、黄铁矿(Py)、磁铁矿(Mt)。黄铜矿：铜黄色，他形粒状，显均质性，较易磨光，多成片分布，可见黄铜矿呈网脉状穿插于裂隙发育的黄铁矿颗粒，也可见黄铜矿交代黄铁矿颗粒，可见赤铁矿颗粒交代黄铜矿形成交代残余结构，也可见黄铜矿呈他形粒状零星分布，粒径 0.1～0.3mm，集合体多>1.0mm，含量 25％～30％。赤铁矿：灰色微带蓝色，自形片状、束状及放射状晶体，强非均质性，具深红色内反射，多呈放射状集合体，局部可见较为细长的针状晶体，可见赤铁矿颗粒受应力作用发生弯折，可见赤铁矿交代黄铁矿及黄铜矿，局部形成交代残留结构，粒径 0.1～0.4mm，含量 15％～20％。黄铁矿：浅黄色，自形—半自形晶粒状，显均质性，硬度较高，不易磨光，表面多见麻点，黄铁矿颗粒中裂隙发育，并发育黄铜矿细脉，可见放射状赤铁矿交代黄铁矿，黄铁矿颗粒自形程度均较好，粒径 0.1～0.4mm，含量 15％～20％。磁铁矿：多呈针状假象，反射色为灰色略带棕色，无多色性及内反射，显均质性，硬度较高，不易磨光，片状及针状赤铁矿交代磁铁矿颗粒，呈残留结构、假象结构，粒径 0.2～0.4mm，含量约 5％。

矿石矿物生成顺序：磁铁矿→黄铁矿→黄铜矿→赤铁矿。

QB－g2

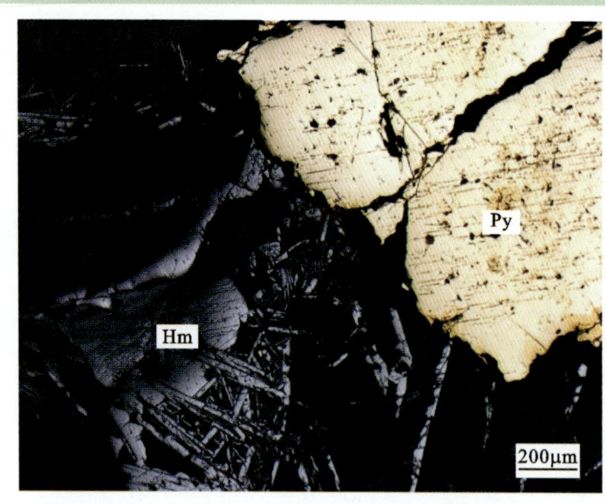

黄铁矿化花岗闪长质碎裂岩原生铜矿石。自形—半自形粒状结构。金属矿物为黄铁矿(Py)、赤铁矿(Hm)、黄铜矿(Cp)。黄铁矿:浅黄色,自形—半自形晶粒状,显均质性,硬度较高,不易磨光,表面多见麻点,可见黄铁矿颗粒中裂隙发育,并发育黄铜矿细脉,可见黄铁矿交代赤铁矿,也可见黄铜矿颗粒交代黄铁矿颗粒,黄铁矿颗粒自形程度均较好,粒径0.1～0.4mm,含量35%～40%。赤铁矿:灰色微带蓝色,自形片状、束状及放射状晶体,强非均质性,具深红色内反射色,多呈片状及细长的针状晶体,局部可见片状集合体,偶尔可见放射状集合体,可见黄铁矿交代赤铁矿,也可见赤铁矿呈脉状穿插黄铜矿颗粒,显示了赤铁矿存在于两个矿化阶段,粒径0.1～0.4mm,含量10%～15%。黄铜矿:铜黄色,他形粒状,显均质性,较易磨光,多成片分布,可见黄铜矿呈脉状穿插于裂隙发育的黄铁矿颗粒,也可见黄铜矿交代黄铁矿颗粒,可见赤铁矿脉穿插黄铜矿颗粒,也可见黄铜矿呈他形粒状零星分布,粒径0.1～0.3mm,集合体多>1.0mm,含量10%～15%。

矿石矿物生成顺序:赤铁矿→黄铁矿→黄铜矿→赤铁矿。

QB－b1

黄铁矿化花岗闪长质碎裂岩。碎裂结构。主要成分为角闪石(Hb)、斜长石(Pl),其次为石英(Qz),可见金属矿物,多为黄铁矿(Py)、绢云母(Ser)化蚀变发育。岩石中见裂隙发育,矿物碎斑多呈棱角状,大小不一,含量约65%;裂隙中填充细小的矿物碎斑,含量约35%。碎斑主要由斜长石、角闪石、石英、金属矿物组成。斜长石:无色,多呈他形粒状,负低突起,一级灰白干涉色,颗粒较为破碎,表面可见绢云母化蚀变,见聚片双晶,见斜长石>2.0mm的颗粒,粒径0.4～2.0mm,含量20%～25%。角闪石:褐色,长柱状,也可见不规则粒状集合体,正中突起,有明显的多色性及吸收性,可见两组菱形解理,干涉色为二级,多被矿物自身颜色所掩盖,粒径0.2～0.8mm,含量15%～20%。石英:无色,可见他形粒状,也可见板条状自形、半自形晶体,正低突起,表面光洁,无解理,具波状消光现象,一级白干涉色,粒径0.2～0.5mm,含量5%～10%。金属矿物:自形—半自形粒状,可见较大颗粒的集合体,多数填充于透明矿物之间,据手标本及镜下晶形推断为黄铁矿,粒径0.4～0.8mm,含量5%～10%。碎基主要由石英、斜长石组成。石英:无色,他形粒状,一级白干涉色,粒径约0.1mm,含量15%～20%。斜长石:无色,多呈他形粒状,一级灰白干涉色,粒径约0.1mm,含量10%～15%。

QB-b2

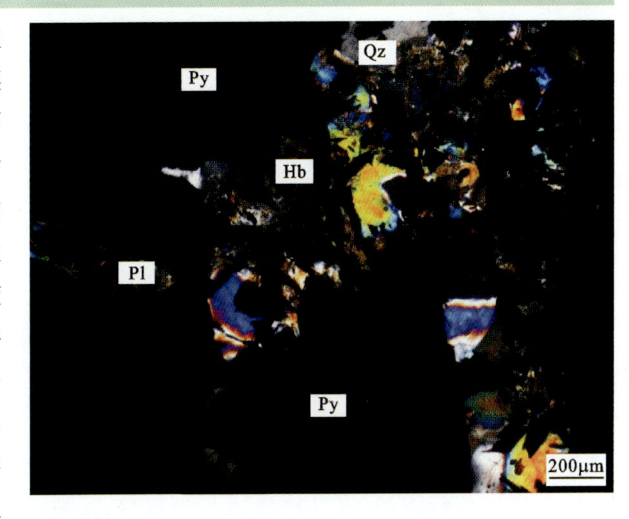

黄铁矿化花岗闪长质碎裂岩。碎裂结构。主要成分为角闪石(Hb)、斜长石(Pl),其次为石英(Qz),可见大量金属矿物,多为黄铁矿(Py)。岩石中裂隙较大,矿物碎斑多呈棱角状,大小不一,含量约为70%;裂隙中填充细小的矿物碎斑,含量约为30%。碎斑主要由金属矿物、角闪石、斜长石及石英组成。金属矿物:自形—半自形粒状,可见较大颗粒的集合体,多数填充于透明矿物之间,据手标本及镜下晶形推断为黄铁矿,粒径0.4~0.8mm,含量30%~35%。角闪石:褐色,长柱状,也可见不规则粒状集合体,正中突起,有明显的多色性及吸收性,可见两组菱形解理,干涉色为二级,多被矿物自身颜色所掩盖,粒径0.2~0.6mm,含量15%~20%。斜长石:无色,多呈他形,负低突起,一级灰白干涉色,斜长石颗粒较为破碎,表面可见碳酸盐化,可见聚片双晶,粒径0.4~0.8mm,含量10%~15%。石英:无色,可见他形粒状,也可见板条状自形、半自形晶体,正低突起,表面光洁,无解理,具波状消光现象,一级白干涉色,粒径0.2~0.5mm,含量约5%。碎基主要由斜长石、石英组成。斜长石:无色,多呈他形粒状,一级灰白干涉色,粒径约0.1mm,含量10%~15%。石英:无色,他形粒状,一级白干涉色,粒径约0.1mm,含量10%~15%。

QB-b3

含角闪二长斑岩。斑状结构。岩石主要成分为斑晶和基质。斑晶含量约40%,主要为钾长石(Kf)、斜长石(Pl),其次为角闪石(Hb)及少量金属矿物。钾长石:无色,他形粒状,表面多发生风化致表面浑浊不清,也可见绢云母化蚀变,一级灰白干涉色,可见格子双晶,粒径0.4~0.8mm,含量15%~20%。斜长石:无色,多呈他形粒状,负低突起,一级灰白干涉色,斜长石斑晶表面土化,有时见斑晶周围由钾长石环边构成正边结构,也可见聚片双晶,可见粒度较大的自形板状斜长石斑晶,粒径0.4~2.0mm,含量15%~20%。角闪石:褐色及绿色,长柱状,可见纤维状集合体,正中突起,有明显的多色性及吸收性,可见两组菱形解理,干涉色为二级,粒径0.2~0.4mm,含量约5%。金属矿物:自形—半自形粒状,多数填充于透明矿物之间,据手标本及镜下晶形推断为黄铁矿(Py),粒径0.2~0.4mm,含量较少。基质含量约60%,主要成分为斜长石、钾长石、石英及少量角闪石。斜长石:无色,多呈他形粒状,一级灰白干涉色,偶见双晶,粒径多<0.1mm,含量20%~25%。钾长石:无色,多呈他形粒状,一级灰白干涉色,偶见双晶,粒径多<0.1mm,含量20%~25%。石英(Qz):无色,他形粒状,一级白干涉色,粒径多<0.1mm,含量5%~10%。角闪石:褐色,他形粒状,干涉色为二级,粒径多<0.1mm,含量约5%。

QB - b4

石英闪长玢岩。斑状结构。主要成分为斑晶和基质。斑晶含量约40%,主要为斜长石(Pl)、角闪石(Hb)及黑云母(Bi),其次为石英(Qz)。斜长石:无色,多呈他形粒状,负低突起,一级灰白干涉色,斑晶斜长石见聚斑结构,其边部土化明显呈土灰色,可见聚片双晶,可见粒度较大的自形板状斜长石斑晶,粒径0.4~2.0mm,含量15%~20%。角闪石:褐色及绿色,长柱状,可见纤维状集合体,正中突起,有明显的多色性及吸收性,可见两组菱形解理,干涉色为二级,粒径0.4~0.6mm,含量10%~15%。黑云母:褐色,半自形片状集合体,褐色—黄色多色性明显,可见一组极完全解理,干涉色多被自身颜色所掩盖,可见边缘蚀变为绿泥石,粒径0.4~0.8mm,含量约5%。基质含量约60%,主要成分为斜长石、角闪石、石英、黑云母。斜长石:无色,多呈他形粒状,负低突起,一级灰白干涉色,粒径多<0.1mm,含量25%~30%。角闪石:褐色及绿色,长柱状,有明显的多色性,粒径多<0.1mm,含量10%~15%。石英:无色,他形粒状,一级白干涉色,粒径多<0.1mm,含量5%~10%。黑云母:褐色,呈细小鳞片状,可见一组极完全解理,粒径多<0.1mm,含量约5%。

第五节 接触交代(矽卡岩)型铜矿床

接触交代(矽卡岩)型矿床为中生代燕山期中基性—中酸性岩浆岩与碳酸盐岩发生接触交代作用形成的铁矿床中的伴生铜矿及与金铁共生的铜矿,是山东主要的铜矿床类型。典型矿床包括沂南铜井-金厂、莱芜铁铜沟、荣成伟德山铜矿和夼北铜矿,矿床规模一般较小。

一、沂南铜井铜矿

铜井铜矿位于临沂市沂南县政府驻地北6km,行政区划隶属于沂南县铜井镇,大地构造位置位于华北板块(Ⅰ)鲁西隆起区(Ⅱ)鲁中隆起(Ⅲ)马牧池-沂源断隆(Ⅳ)马牧池凸起(Ⅴ)南缘。矿体赋存于中生代侵入体与新元古代土门群及寒武系中下部层位的碳酸盐岩接触带处及地层间。铜井矿区包括山子涧矿段、堆金山矿段、汞泉矿段、龙头旺矿段(图1-13),矿区累计查明铜金属量4.7万t,矿床规模属小型。

1.矿区地质特征

区内地层主要为新太古代泰山岩群雁翎关组、新元古代土门群佟家庄组、寒武纪长清群和九龙群、奥陶纪马家沟群、白垩纪青山群及第四系,其中新太古代泰山岩群和新元古代土门群为钻孔揭露,隐伏于深部。

区内构造以断裂为主,主要有北西、北北东和东西向3组。其中以北北东向断层最为发育,构成区内基本构造轮廓(图1-13)。具有出露广泛、规模大、活动时间长以及力学性质复杂等特征,走向10°~40°,倾向多为北西西,倾角62°~90°,以鄌郚-葛沟断裂为代表。断面呈舒缓波状,并见有斜冲擦痕,带内片理化明显,糜棱岩、构造透镜体发育,该组断裂至少有两期活动。

区内岩浆岩为中生代沂南序列铜汉庄单元石英闪长玢岩、黔家桥单元角闪闪长玢岩、大朝阳单元中

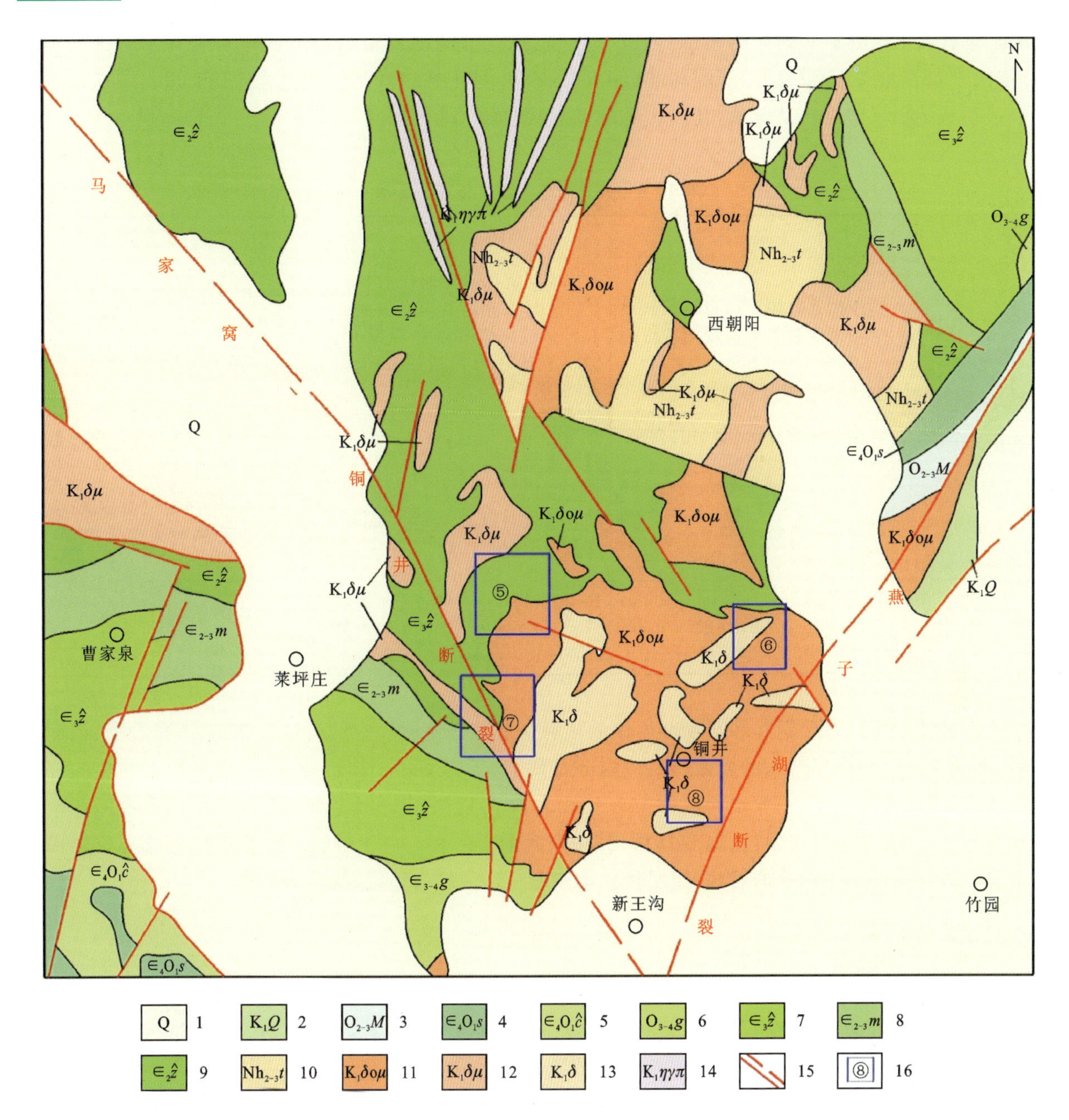

1.第四系;2.白垩纪青山群;3.奥陶纪马家沟群;4.九龙群三山子组;5.九龙群炒米店组;6.九龙群崮山组;7.九龙群张夏组;8.长清群馒头组;9.长清群朱砂洞组;10.南华纪佟家庄组;11.早白垩世石英闪长玢岩;12.早白垩世角闪闪长玢岩;13.早白垩世辉石闪长岩;14.早白垩世二长花岗斑岩;15.实测及推断断层;16.矿段及编号。⑤山子涧矿段;⑥堆金山矿段;⑦汞泉矿段;⑧龙头旺矿段

图1-13　铜井铜金矿床区域地质简图(据于学峰等,2018)

细斑二长闪长玢岩。岩性以中性岩为主体,空间分布具一定的规律性,从南东向北西,由中性向中酸性过渡。岩性以闪长玢岩为主体,其他岩性有花岗闪长岩、花岗斑岩、闪长岩。岩体形态为岩株、岩枝、岩床,多呈杂岩体的形式产出。据岩体内各种岩性之间的穿插关系及同位素年龄值测定资料,推断岩体为同源不同期次侵位的复合岩体。

2.矿体特征

矿体主要赋存于燕山晚期闪长玢岩与寒武纪李官组、朱砂洞组、馒头组及张夏组的灰岩接触带处及其两侧的矽卡岩带中;部分矿体发育在新元古代震旦纪土门群佟家庄组灰岩中或其与新太古代变质岩系的不整合面上。在铜井岩体的南部、西部、北部及东北部的闪长玢岩与寒武纪灰岩等围岩的接触带处，依次分布着龙头旺、汞泉、山子涧和堆金山4个矿段，其中前3者是以铜金为主的矿段。各矿段中矿体呈透镜状、囊状、似层状及脉状，其产状受控于接触带(表1-8)。

表1-8 铜井铜矿床矿体特征一览表

矿段名称	汞泉矿段	山子涧矿段	龙头旺矿段
矿体产出地质环境	产于铜井岩体西部石英闪长玢岩与朱砂洞组接触带的矽卡岩中，埋深11～212m	产于铜井岩体西北边缘石英闪长玢岩与朱砂洞组接触带的矽卡岩中或围岩捕虏体周围，个别产于基底与盖层不整合面上，埋深0～300m	产于铜井岩体西南部及南部边缘石英闪长玢岩与朱砂洞组、馒头组、张夏组接触带的矽卡岩中或断裂破碎带中，埋深0～500m
矿体形态	似层状或扁豆状，多呈斜列、尖灭再现的形式出现	似层状或扁豆状，在控矿断裂两侧呈囊状	沿层面或层间破碎带产出的似层状或扁豆状
矿体产状	倾向西—西南，倾角5°～15°	倾向以北向为主，个别北东向，倾角10°～60°	倾向南东，西部受层面控制，倾角30°，东部受层间破碎带控制，倾角60°
矿体规模	长18～200m，一般50～100m；延伸29～202m，一般50m；厚度0.83～5.39m，一般1～2m	长15～158m，一般50m；延伸12～150m，一般50m；厚度0.46～18.45m，一般1～3m	延伸25～50m，一般50～100m；厚度2～20m，一般3～5m

区内矿体主要赋存于铜井和金场杂岩体的接触带及其外侧围岩中的构造薄弱带(不整合面、层间破碎带、滑脱带)，以及顺层侵入的岩床(岩舌)内部及其上、下两侧。矿体形态复杂，多呈似层状、扁豆状、透镜状、囊状或不规则状，一般走向延长140～200m，倾向延深100～150m。沂南金矿床各矿区赋矿层位具有共性，共有8个含矿层位、14层矿体，其中寒武系中产有6个含矿层、12层矿体，深部不整合面及其上十门群佟家庄组中赋存的层状、似层状矿体厚度和延深较为稳定、规模大(图1-14)。

3.矿石特征

矿石矿物成分比较复杂，主要矿石矿物有磁铁矿、赤铁矿、褐铁矿、黄铁矿、黄铜矿、白铁矿、铜蓝、自然铜、自然金、硫铜钴矿等；脉石矿物主要为石榴子石、透辉石、绿帘石，其次为方柱石、透闪石、阳起石、钠长石、金云母、绿泥石，少量方解石。

矿石结构主要为半自形—他形粒状结构、交代残余结构、压碎结构、似文象结构、包含结构、填隙结构等。矿石构造主要为致密块状构造、条带状构造、角砾状构造、浸染状构造、粉状构造、蜂窝状构造。

矿石自然类型为磁铁矿矿石、赤铁矿-磁铁矿矿石、黄铜矿-磁铁矿矿石和黄铁矿-磁铁矿矿石。矿石的工业类型为需选磁性铁矿石。

4.共伴生矿产评价

铜井矿床为铜金铁共生矿床。累计查明共生金金属量12 708kg，平均品位1.51g/t；铁矿石量958 861t，全铁平均品位28.19%。主要有用组分为铜、金，铁在不同类型矿石中分布及含量有所不同，铜、金广泛分布于各种类型矿石中，除大理岩型矿石之外，铁在其他类型矿石中均达到工业品位，磁铁矿型矿石中铁含量最高，全铁含量可达65.6%，其他类型矿石中铁含量差别不大，全铁含量多介于46.7%～57.9%之间。除此之外，矿石中银、硫等组分可达到伴生元素品位，能综合回收利用。累计查明伴生银金属量5568kg，平均品位4.77g/t；伴生硫矿石量1 156 425t，纯硫量30 717t，平均品位2.66%，折合标准硫90 371t。

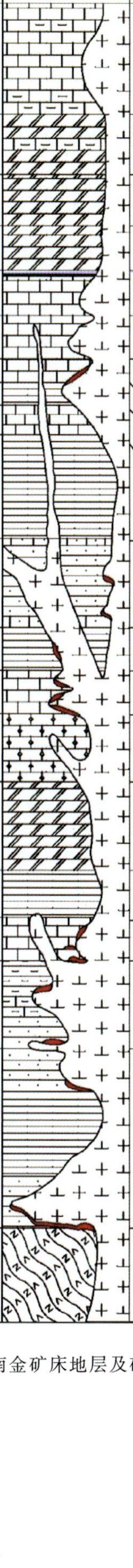

年代	地层系统			代号	矿体赋存位置示意柱状图	岩性描述
	群	组	段			
奥陶纪	马家沟群			$O_{2-3}M$		泥质灰岩、厚层灰岩及豹皮灰岩
寒武纪	九龙群	三山子组	a	O_1s^a		黑灰色中厚层状燧石结核白云岩夹泥质灰岩
			b	O_1s^b		灰黄色中薄层泥质白云岩、层状细晶白云岩，底部为竹叶状白云岩
			c	$\in_4s^c$		灰黄色中厚层白云岩，局部夹灰岩透镜体
		炒米店组		$\in_4O_1\hat{c}$		灰色薄层灰岩、竹叶状灰岩、鲕粒灰岩、生物碎屑灰岩
		崮山组		$\in_{3-4}g$		灰黄色薄层状、疙瘩状灰岩，夹黄绿色页岩
		张夏组	上灰岩段	$\in_3\hat{z}^u$		浅灰色中厚层鲕状灰岩、含藻灰岩、生物碎屑灰岩、云斑状灰岩，赋存有第六含矿层(601号矿体)
			盘车沟段	$\in_3\hat{z}^p$		黄绿色页岩夹薄层状或透镜状灰岩
			下灰岩段	$\in_3\hat{z}^l$		厚—巨厚层状鲕粒灰岩、竹叶状灰岩、云斑状灰岩夹生物碎屑灰岩
	长清群	馒头组	上页岩段	$\in_3m^u$		黄绿色页岩与薄层灰岩互层
			洪河砂岩段	$\in_3m^h$		钙质长石石英砂岩、泥质细砂岩、泥质粉砂岩。顶底部为砂质灰岩。赋存有第五含矿层(501号、502号矿体)
			下页岩段	$\in_{2-3}m^l$		暗紫色页岩、粉砂质页岩夹薄层灰岩、鲕状灰岩(401号矿体)
			石店段	$\in_2\hat{m}^s$		灰岩夹泥质砂岩及鲕状灰岩和白云质灰岩。赋存有第三含矿层(301号、302号、303号矿体)
		朱砂洞组	上灰岩段	$\in_2\hat{z}^u$		浅灰色薄层泥晶灰岩、鲕状灰岩、砂质灰岩
			丁家庄段	$\in_2\hat{z}^d$		浅灰黄泥灰岩、灰色白云岩
			余粮村段	$\in_2\hat{z}^y$		暗紫色粉砂质页岩、泥质粉砂岩夹薄层状或透镜状灰岩
			下灰岩段	$\in_2\hat{z}^l$		灰色薄层泥晶灰岩、纹层状灰岩、砂质灰岩、含藻灰岩。赋存有第二含矿层(201号、202号、203号矿体)
		李官组		$\in_2l$		底部为浅灰黄色中粒长石石英砂岩含砾砂岩(砾石为灰岩碎块)，中上部为紫红色钙质泥岩、页岩夹细砂及薄层状灰岩。赋存有第一含矿层(101号、102号矿体)
新元古代	土门群	佟家庄组		$Nh_{2-3}t$		灰白色中—细粒砂岩、含砾砂岩(砾石为灰岩碎块)，中上部为灰黄色、灰紫红色页岩夹薄层状灰岩。其中上部赋存有一含矿层(Ⅱ号矿体)，底部与新太古代地层的不整合面赋存有Ⅰ号矿体
新太古代	泰山岩群	雁翎关组		Ar_3y		斜长角闪岩、角闪变粒岩、花岗片麻岩等

图1-14　沂南金矿床地层及矿体赋存空间示意图(据赵长春等，2015)

5. 矿体围岩和夹石

矿体近矿围岩主要为闪长玢岩、大理岩和角岩。矿体尚未发现有夹石。

6. 成因模式

铜井矿床位于沂沭断裂带西侧，早白垩世沂沭断裂带左行走滑拉张并深切至上地幔，深源岩浆沿断裂带上升，上升过程中捕获了部分地壳物质，导致铅同位素表现出显著的异常铅特征。岩浆于中、浅层次沿郯庐断裂派生的北东向、北北东向断裂和郯庐断裂左行走滑诱发的北西向复活盖层断裂交会处就位，断裂的多次活动可能导致了岩浆的多期次侵位，形成了铜井和金场杂岩体。

在成矿杂岩体就位过程中，于近水平的寒武纪海陆交互相灰岩、薄层灰岩夹碎屑岩地层中形成扩容构造和层间滑动等虚脱空间，岩浆可沿层间滑动面等虚脱空间顺层侵位形成岩床或岩舌。在侵入杂岩体与地层接触部位，形成热接触交代作用产物——角岩和大理岩。同时，岩浆分异产生的气水热液则与接触带内外两侧的岩石发生双交代作用，形成各类矽卡岩。

伴随着矽卡岩化和热液蚀变作用的进行，在接触带常形成透镜状、囊状等不规则状矿体，在不整合面、层间破碎带、层间滑脱带等构造薄弱带以及顺层侵入的岩床（岩舌）上下两侧，则形成层状、似层状矽卡岩型铜-金-铁矿体（图 1-15）。

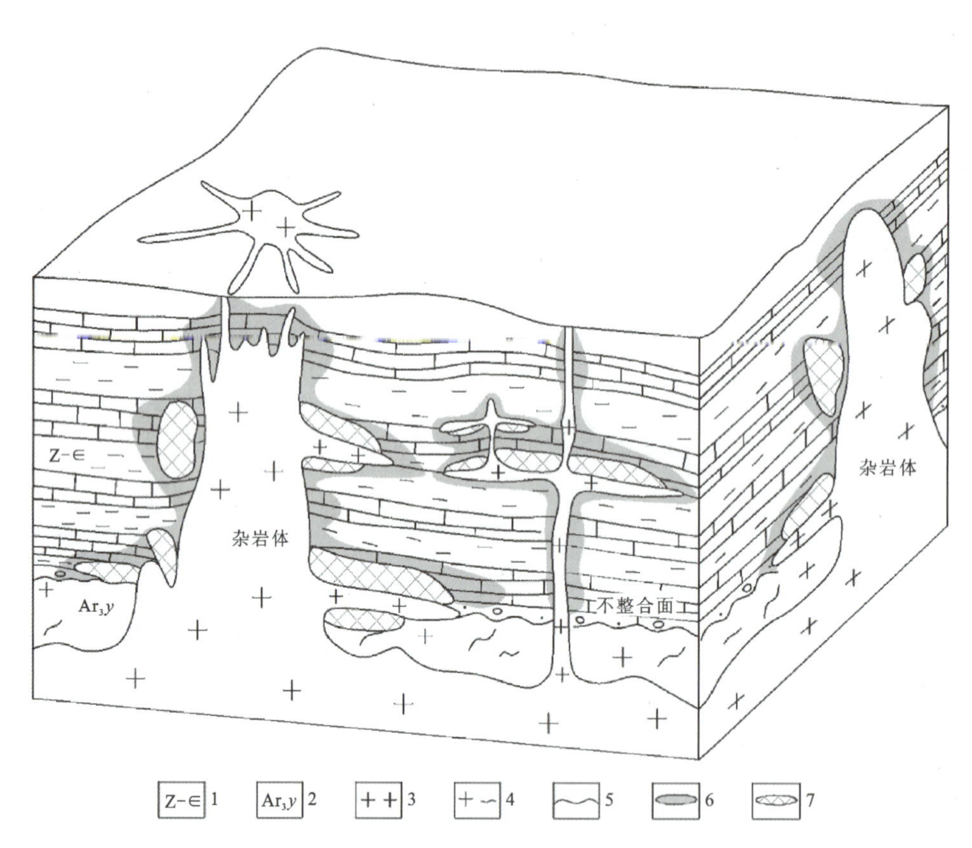

1. 震旦系—寒武系；2. 新太古代雁翎关组；3. 燕山期中酸性杂岩体；4. 早前寒武纪结晶基底；5. 地质界线；6. 矽卡岩化蚀变范围；7. 矿体

图 1-15　铜井铜金矿床成矿模式图（据于学峰等，2018）

7. 矿床系列标本简述

本次标本采自铜井铜矿床矿石堆，采集标本 6 块，岩性分别为灰黑色黄铁磁铁矿化绿帘阳起矽卡岩

铜矿石、黄绿色黄铁矿化绿帘阳起矽卡岩铜矿石、碳酸盐化阳起绿帘矽卡岩、闪长玢岩、条带状透辉大理岩和蚀变石英闪长玢岩（表1－9），较全面地采集了铜井金矿床的矿石和围岩标本。

表1－9　铜井铜矿床采集标本一览表

序号	标本编号	光薄片编号	标本名称	标本类型
1	TJ－B1	TJ－g1/TJ－b1	灰黑色黄铁磁铁矿化绿帘阳起矽卡岩铜矿石	矿石
2	TJ－B2	TJ－g2/TJ－b2	黄绿色黄铁矿化绿帘阳起矽卡岩铜矿石	矿石
3	TJ－B3	TJ－b3	碳酸盐化阳起绿帘矽卡岩	围岩
4	TJ－B4	TJ－b4	闪长玢岩	围岩
5	TJ－B5	TJ－b5	条带状透辉大理岩	围岩
6	TJ－B6	TJ－b6	蚀变石英闪长玢岩	围岩

注：TJ－B代表铜井铜矿标本，TJ－g代表该标本光片编号，TJ－b代表该标本薄片编号。

8. 图版

（1）标本照片及其特征描述

TJ－B1

灰黑色黄铁磁铁矿化绿帘阳起矽卡岩铜矿石。岩石呈灰黑色—墨绿色，块状构造。主要成分为阳起石、绿帘石，其次为斜长石、金属矿物、石英，可见绿泥石化蚀变。阳起石：黄褐色，长柱状，粒径<1.0mm，含量约45%。绿帘石：黄绿色，柱状或粒状，粒径<1.0mm，含量约25%。斜长石：无色，半自形柱状，粒径<1.0mm，含量约15%。金属矿物：分别呈银灰色针柱状及浅铜黄色半自形粒状，金属光泽，粒径均<1.0mm，含量共约10%。石英：无色，他形粒状，油脂光泽，粒径<1.0mm，含量约5%。

TJ－B2

黄绿色黄铁矿化绿帘阳起矽卡岩铜矿石。岩石呈黄绿色，块状构造。主要成分为阳起石、绿帘石，其次为斜长石、硅灰石、金属矿物，可见绿泥石化蚀变。阳起石：黄褐色，长柱状，粒径<1.0mm，含量约40%。绿帘石：黄绿色，柱状或粒状，粒径<1.0mm，含量约35%。斜长石：无色，半自形柱状，粒径<1.0mm，含量约10%。硅灰石：无色，长柱状，粒径<1.0mm，含量约10%。金属矿物：浅铜黄色，半自形粒状，金属光泽，粒径均<1.0mm，含量约5%。

TJ－B3

碳酸盐化绿帘阳起矽卡岩。岩石呈浅黄绿色，块状构造。主要成分为绿帘石、阳起石，其次为碳酸盐矿物、斜长石、角闪石，可见绿泥石化蚀变。绿帘石：黄绿色，柱状或粒状，粒径<1.0mm，含量约30%。阳起石：黄褐色，长柱状，粒径<1.0mm，含量约20%。碳酸盐矿物：白色，不规则粒状，粒径<1.0mm，含量约15%。斜长石：无色，半自形柱状，粒径<1.0mm，含量约10%。角闪石：褐绿色，长柱状，粒径小于1.0mm，含量约10%。绿泥石：暗绿色，鳞片状及细粒状，粒径<1.0mm，含量约15%。

TJ－B4

闪长玢岩。岩石呈浅肉红色，斑状结构，块状构造。岩石主要由斑晶和基质组成。斑晶主要成分为角闪石、斜长石。角闪石：墨绿色，长柱状，粒径<1.0mm，含量约20%。斜长石：灰白色，柱状，粒径<1.0mm，含量约15%。基质为显微晶质结构，主要由斜长石、角闪石组成，可见少量黑云母、石英；粒径均小于1mm，含量分别为20%、20%、15%、10%。

TJ－B5

条带状透辉大理岩。岩石新鲜面呈灰白色—灰绿色，块状构造，局部为条带状构造。主要成分为方解石，其次为透辉石。方解石：粒状，多为灰白色，部分含碳质为灰色，可见三组完全解理，硬度小于小刀，粒径<1.0mm，含量约85%。透辉石：浅绿色或灰绿色，多呈粒状或柱状，可见两组解理，粒径<1.0mm，含量约15%。

TJ－B6

蚀变石英闪长玢岩。岩石呈灰绿色，斑状结构，块状构造。岩石中斑晶含量约70%，由斜长石、普通角闪石组成。斜长石：灰绿色，半自形粒状，白色条痕，玻璃光泽，粒径<1.0mm，含量约40%。普通角闪石：黑绿色，半自形柱状，玻璃光泽，粒径<1.0mm，含量约30%。基质由斜长石、石英组成，二者含量相当，粒径<0.2mm，含量约30%。

(2)标本镜下鉴定照片及特征描述

TJ－g1

灰黑色黄铁磁铁矿化绿帘阳起矽卡岩铜矿石。自形—半自形粒状结构。金属矿物为黄铁矿(Py)、磁铁矿(Mt)、赤铁矿(Hm)、黄铜矿(Cp)。黄铁矿:浅黄色,为自形—半自形晶粒状,也可见粒状集合体,显均质性,硬度较高,不易磨光,表面多见麻点,可见镜铁矿脉穿插黄铁矿颗粒,也可见黄铜矿颗粒交代黄铁矿颗粒,局部被透明矿物交代呈残留结构,粒径0.1～0.4mm,集合体多＞1.0mm,含量25%～30%。磁铁矿:灰色略带棕色,多呈粒状集合体,也可见磁铁矿半自形晶,无多色性及内反射色,显均质性,硬度较高,不易磨光,磁铁矿内部发育裂隙,可见黄铁矿及黄铜矿颗粒交代磁铁矿,也可见片状及针状镜铁矿交代磁铁矿颗粒,呈残留结构、假象结构,粒径0.2～0.4mm,含量5%～10%。赤铁矿:灰色微带蓝白色,为自形片状、束状及放射状晶体,显均质性,具深红色内反射色,多呈片状及细长的针状晶体,局部可见片状集合体,偶尔可见放射状集合体,局部可见赤铁矿颗粒发生轻微形变,可见赤铁矿呈脉状穿插黄铁矿及黄铜矿颗粒,也可见赤铁矿交代磁铁矿颗粒,呈残留结构、假象结构,粒径0.1～0.4mm,含量5%～10%。黄铜矿:铜黄色,他形粒状,显均质性,较易磨光,多零星分布,也可见黄铜矿呈脉状或成片分布,可见黄铜矿脉穿插于黄铁矿及磁铁矿颗粒,也可见镜铁矿脉穿插黄铜矿颗粒,粒径0.1～0.3mm,含量5%～10%。

矿石矿物生成顺序:磁铁矿→黄铁矿→黄铜矿→赤铁矿。

TJ－g2

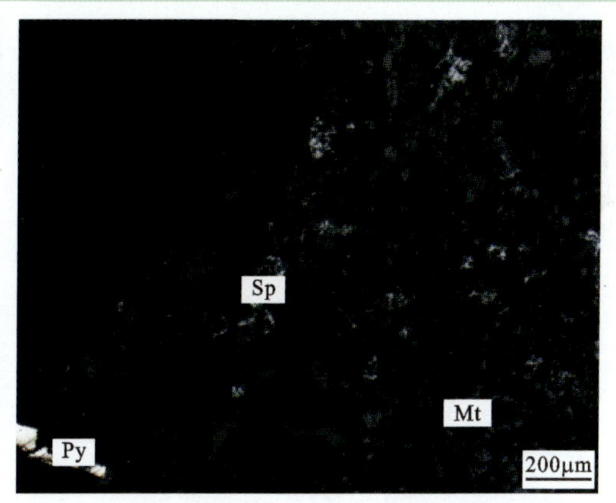

黄绿色黄铁矿化绿帘阳起矽卡岩铜矿石。自形—半自形粒状结构。金属矿物为黄铁矿(Py)、磁铁矿(Mt)、赤铁矿(Hm)、黄铜矿(Cp)。黄铁矿:浅黄色,自形—半自形晶粒状,也可见粒状集合体,显均质性,硬度较高,不易磨光,表面多见麻点,可见黄铜矿颗粒交代黄铁矿颗粒,也可见黄铜矿沿黄铁矿颗粒裂隙发育,粒径0.1～0.4mm,集合体多＞1.0mm,含量25%～30%。磁铁矿:灰色略带棕色,多呈粒状集合体,也可见磁铁矿半自形晶,多零星分布,无多色性及内反射,显均质性,硬度较高,不易磨光;磁铁矿较为破碎,多被透明矿物交代,呈残留结构、假象结构,粒径0.2～0.4mm,含量约1%。赤铁矿:灰色微带蓝白色,自形片状、束状及放射状晶体,显均质性,具深红色内反射色,可见赤铁矿交代磁铁矿颗粒,呈残留结构、假象结构,粒径0.1～0.4mm,含量约1%。黄铜矿:铜黄色,他形粒状,显均质性,较易磨光,多零星分布,多沿黄铁矿颗粒裂隙发育,偶尔可见零星黄铜矿颗粒孤立分布,粒径0.05～0.2mm,含量约1%。

矿石矿物生成顺序:磁铁矿→黄铁矿→黄铜矿→赤铁矿。

TJ - b1

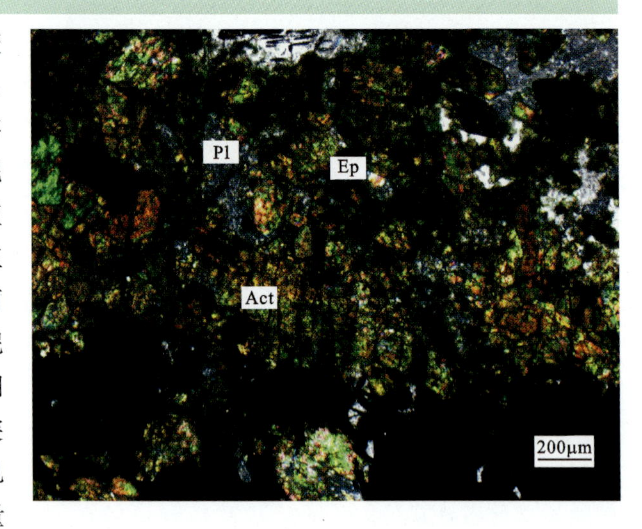

黄铁磁铁矿化绿帘阳起矽卡岩。柱状粒状变晶结构。主要成分为绿帘石(Ep)、阳起石(Act),其次为斜长石(Pl)、石英(Qz)、金属矿物。矿物多呈柱状或粒状,形成柱状粒状变晶结构,可见绿泥石化蚀变。绿帘石:黄绿色,多呈柱状或粒状,正高突起,多色性较弱,干涉色为较鲜艳的二级至三级彩色干涉色,偶尔可见干涉色呈环带状,偶尔可见两组解理,矿物颗粒通常较为破碎,常见与绿泥石共生,粒径 0.2~0.6mm,含量 35%~40%。阳起石:暗绿色及黄褐色,长柱状或针柱状,正中突起,具黄绿多色性,干涉色为一级至二级中,可见双晶,可见绿泥石化蚀变,粒径 0.1~0.3mm,含量 20%~25%。斜长石:无色,多呈他形粒状,负低突起,一级灰白干涉色,斑晶斜长石见聚斑结构,其边部土化明显呈土灰色,可见聚片双晶,粒径 0.2~0.4mm,含量 15%~20%。石英:无色,可见他形粒状,也可见板条状自形、半自形晶体,正低突起,表面光洁,无解理,具波状消光现象,一级白干涉色,粒径0.2~0.5mm,含量约 5%。金属矿物:分为两类,含量约 10%,一类为自形—半自形粒状,多数填充于透明矿物之间,据其晶形判断为黄铁矿,粒径 0.2~0.6mm;另一类为针状或放射状,常被透明矿物等交代,据其晶形判断为赤铁矿,粒径为 0.2~0.4mm。

TJ - b2

黄铁矿化绿帘阳起矽卡岩。柱状粒状变晶结构。主要成分为阳起石(Act)、绿帘石(Ep),其次为硅灰石(Wl)、斜长石(Pl)、金属矿物。矿物多呈柱状或粒状,形成柱状粒状变晶结构。阳起石:暗绿色及黄褐色,长柱状或针柱状,正中突起,具黄绿色多色性,干涉色为一级至二级中,可见双晶,可见绿泥石化蚀变,粒径 0.1~0.3mm,含量 35%~40%。绿帘石:黄绿色,多呈柱状或粒状,正高突起,多色性较弱,干涉色为较鲜艳的二级至三级彩色干涉色,偶尔可见干涉色呈环带状,偶尔可见两组解理,矿物颗粒通常较为破碎,常见与绿泥石共生,粒径 0.2~0.6mm,含量 30%~35%。硅灰石:无色,长柱状或板状,正中突起,部分具浅黄色多色性,一级灰白干涉色,可见一组解理,表面可见由碳酸盐化导致的浑浊,多被角闪石、阳起石等交代,粒径 0.2~0.5mm,含量 5%~10%。斜长石:无色,多呈他形粒状,负低突起,一级灰白干涉色,斑晶斜长石见聚斑结构,其边部土化明显呈土灰色,可见聚片双晶,粒径 0.2~0.4mm,含量 5%~10%。金属矿物:多数填充于透明矿物之间,据其晶形判断为黄铁矿,粒径 0.2~0.6mm,含量约 5%。

TJ-b3

碳酸盐化阳起绿帘矽卡岩。柱状粒状变晶结构。主要成分为绿帘石(Ep)、阳起石(Act),其次为绿泥石(Chl)、碳酸盐矿物(Cb)、斜长石(Pl)、角闪石(Hb)等。矿物多呈柱状或粒状,形成柱状粒状变晶结构。绿帘石:黄绿色,多呈柱状或粒状,正高突起,多色性较弱,干涉色为较鲜艳的二级至三级彩色干涉色,偶尔可见干涉色呈环带状,偶尔可见两组解理,矿物颗粒通常较为破碎,常见与绿泥石共生,粒径0.2～0.6mm,含量25%～30%。阳起石:暗绿色及黄褐色,长柱状或针柱状,正中突起,具黄绿多色性,干涉色为一级至二级中,可见双晶,粒径0.1～0.3mm,含量15%～20%。绿泥石:墨绿色,呈鳞片状集合体,正低突起,具黄绿色多色性,可见一组解理,近平行消光,干涉色为一级,可见角闪石蚀变为绿泥石,集合体粒径0.2～0.4mm,含量10%～15%。碳酸盐矿物:无色,呈不规则粒状,镜下可见碳酸盐矿物呈脉状穿插于其他透明矿物中,闪突起,高级白干涉色,可见菱形解理,常见双晶,矿物颗粒较为破碎,粒径0.2～0.6mm,含量10%～15%。斜长石:无色,多呈他形,负低突起,一级灰白干涉色,斑晶斜长石见聚斑结构,其边部土化明显呈土灰色,可见聚片双晶,粒径0.2～0.4mm,含量5%～10%。角闪石:褐色及绿色,长柱状,可见纤维状集合体,正中突起,有明显的多色性及吸收性,可见两组菱形解理,干涉色为二级,粒径0.2～0.4mm,含量5%～10%。

TJ-b4

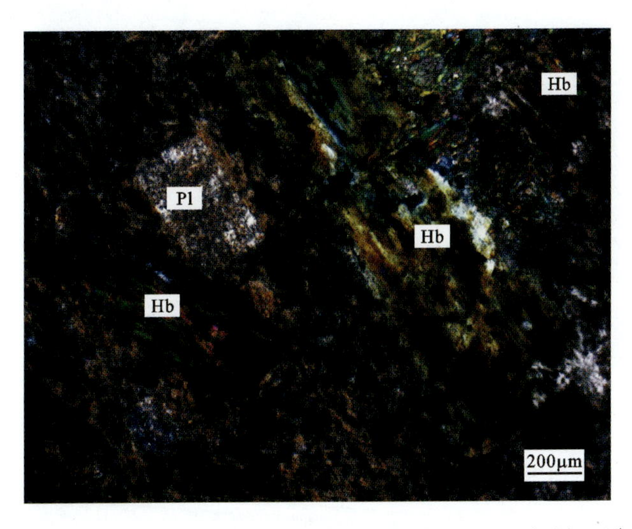

闪长玢岩。斑状结构。岩石主要由斑晶和基质组成。斑晶含量约35%,主要成分为角闪石(Hb)、斜长石(Pl),其次为黑云母(Bi)。角闪石:褐色及墨绿色,长柱状,自形程度较好,也可见菱形及近六边形的横切面,正中突起,有明显的多色性及吸收性,可见两组菱形解理,干涉色为二级,多被矿物自身颜色所掩盖,可见双晶及环带结构,粒径0.2～0.8mm,含量15%～20%。斜长石:无色,板状或柱状晶体,自形程度较好,负低突起,一级灰白干涉色,可见聚片双晶,表面可见由蚀变形成的浑浊状,呈浅灰色,粒径0.2～0.5mm,含量5%～10%。黑云母:褐色,半自形片状集合体,褐色—黄色多色性明显,可见一组极完全解理,干涉色多被自身颜色所掩盖,可见边缘蚀变为绿泥石,粒径0.4～0.6mm,含量约5%。基质含量约65%,为显微晶质结构,主要成分为斜长石、角闪石,可见少量黑云母、石英(Qz)。斜长石:无色,多呈他形粒状,负低突起,一级灰白干涉色,可见聚片双晶,粒径<0.1mm,含量15%～20%。角闪石:多呈褐色,粒状为主,半自形—他形,多色性明显,多数无解理,干涉色最高为一级红,边缘多蚀变为绿泥石,可见完全蚀变为绿泥石,粒径<0.1mm,含量15%～20%。黑云母:褐色,半自形片状集合体,褐色—黄色多色性明显,可见一组极完全解理,干涉色多被自身颜色所掩盖,可见边缘蚀变为绿泥石,粒径0.1～0.3mm,含量10%～15%。石英:无色,他形粒状,多呈浑圆状,表面光洁,具波状消光现象,一级白干涉色,粒径0.1～0.2mm,含量5%～10%。

TJ - b5

条带状透辉大理岩。粒状变晶结构。主要成分为方解石(Cal),其次为透辉石(Di),透辉石多蚀变为滑石;矿物颗粒多为粒状变晶结构,局部可见矿物边界弯曲呈锯齿状。方解石:无色,多呈粒状,具闪突起,高级白干涉色,常见聚片双晶,可见菱形解理,方解石界面平直圆滑,有时相邻颗粒之间相交面角近120°,形成三边镶嵌的平衡结构,也有方解石界面曲折呈锯齿状粒状变晶结构,粒径0.2～0.6mm,含量80%～85%。透辉石:无色,柱状或粒状,正高突起,可见辉石式解理,干涉色二级蓝绿,透辉石多蚀变为滑石,呈细小鳞片状集合体,干涉色鲜艳,但仍保留透辉石晶形,粒径0.1～0.2mm,含量10%～15%。

TJ - b6

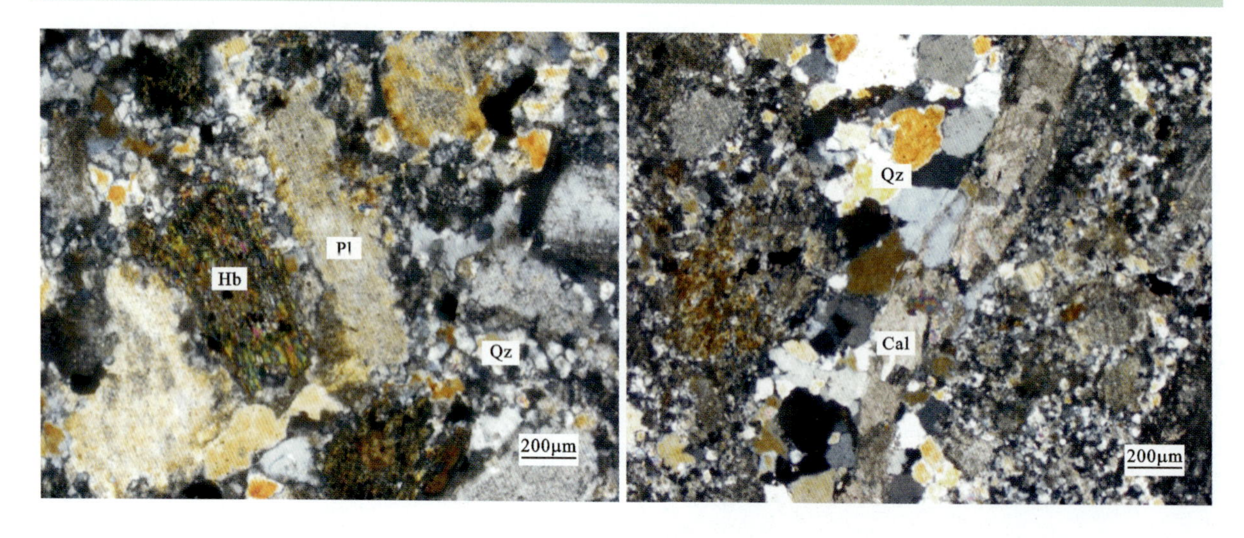

蚀变石英闪长玢岩。斑状结构,基质为显微晶质结构。斑晶含量60%～70%,主要为斜长石(Pl)、普通角闪石(Hb)、黑云母(Bi),粒径0.4～1.2mm。斜长石:无色,半自形板状,正低突起,一级灰白干涉色,具强烈的绢云母化蚀变,镜下显得浑浊不净,局部隐约可见聚片双晶发育,粒径0.2～1.2mm,含量40%～45%。普通角闪石:淡绿色,半自形柱状、粒状,正高突起,具两组斜交的完全解理,干涉色达二级蓝绿,斜消光,粒径0.6～1.0mm,含量15%～17%。黑云母:褐色,褐黄色—浅黄色多色性明显,半自形片状,平行消光,干涉色受自身颜色影响而不明显,多分布于普通角闪石周围,粒径0.2～0.6mm,含量5%～8%。基质含量30%～40%,粒径<0.2mm,主要由他形粒状的斜长石(含量20%～25%)和石英(含量10%～15%)形成显微晶质结构,基质中的斜长石同斑晶斜长石具绢云母化蚀变,镜下显得浑浊不净,基质中石英由于硅化作用发生重结晶。金属矿物:黑色,半自形—他形粒状,零星分布于基质中,粒径0.02～0.15mm,含量较少。镜下可见多条石英(Qz)细脉和方解石(Cal)细脉穿插分布。

二、荣成夼北铜矿

夼北铜矿床位于威海荣成市崖头镇北 2.5km，行政区划隶属于荣成市崖头镇，大地构造位置位于苏鲁造山带（Ⅰ）胶南-威海隆起区（Ⅱ）威海隆起（Ⅲ）乳山-荣城断隆（Ⅳ）威海-荣城凸起（Ⅴ）东端，属围绕伟德山岩体产出铜、钼、铅锌等有色金属矿床的成矿区（图 1－16）。矿区累计查明铜金属量 1188t，矿床规模属小型。

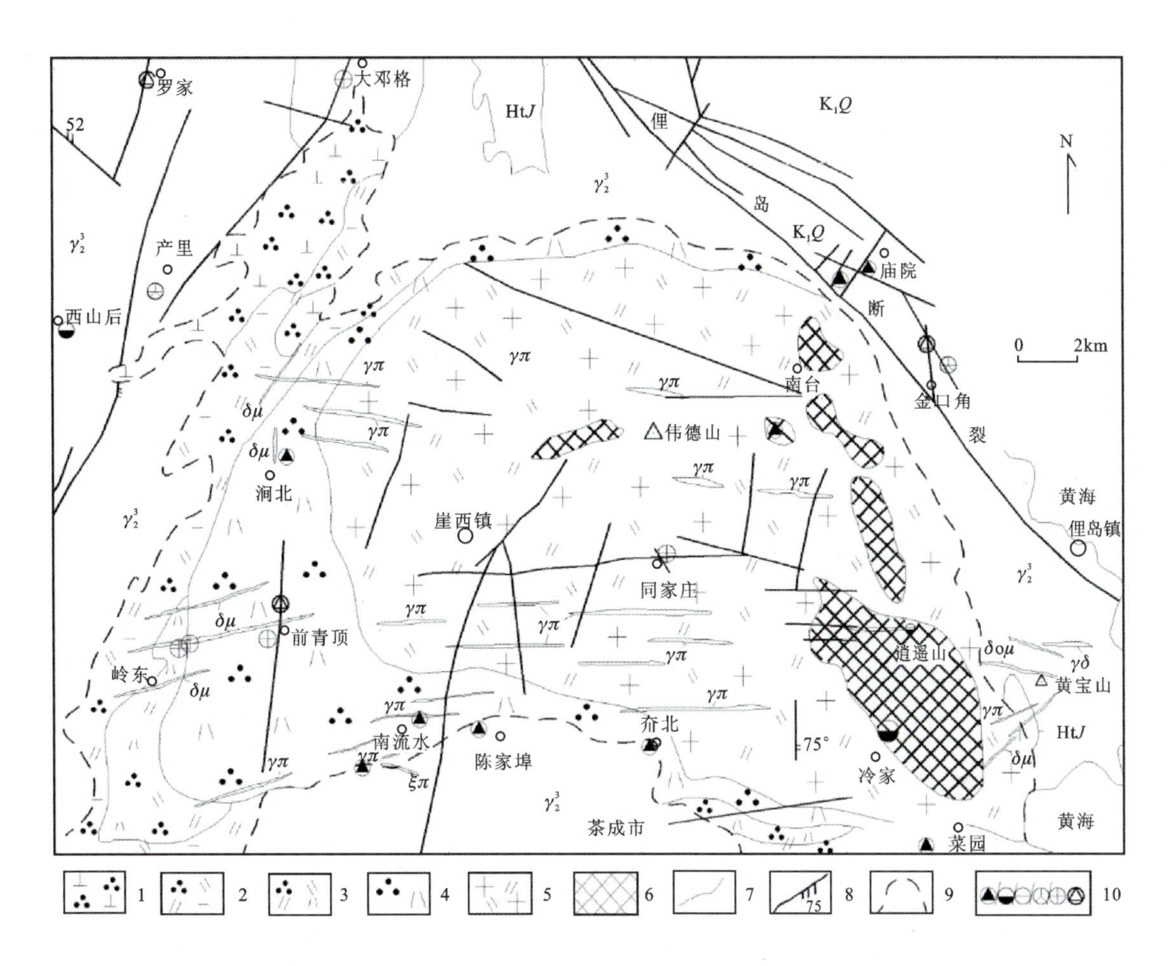

1.崮庄单元；2.洛西头单元；3.大水泊单元；4.不落耩单元；5.崖西单元；6.虎头石单元；7.岩性/地层界线；8.断层及产状；9.伟德山岩体出露界线；10.铜/钼/铅/锌/银/金矿床（点）。K_1Q.中生代青山群；HtJ.古元古代荆山群；γ_2^3.新元古代晋宁期花岗岩；$\delta o\mu$.石英闪长玢岩；$\delta\mu$.闪长玢岩；$\gamma\pi$.花岗斑岩；$\xi\pi$.二长斑岩

图 1－16　夼北铜矿区域地质简图（据丁正江，2014）

1.矿区地质特征

区内出露地层主要为古元古代荆山群禄格庄组石榴矽线二云片岩夹变粒岩、大理岩，中生代白垩纪青山群八亩地组玄武安山岩、粗安岩。

区内断裂构造发育，主要包括北西向、北东向和近东西向 3 组，近东西向断裂主要发育于伟德山岩体内部，北西向、北东向断裂均主要围绕岩体外围分布，基本控制了本区多金属矿床（点）的分布。

区内岩浆岩主要为新元古代晋宁期各类花岗岩、花岗闪长岩，中生代燕山晚期伟德山序列辉石二长闪长岩。其中广泛出露的燕山晚期伟德山辉石二长闪长岩与荆山群大理岩接触交代形成矽卡岩型铁铜矿床。

2. 矿体特征

矿体产于大理岩两侧的环带状矽卡岩中，呈小的囊状及豆荚状断续分布，矿体的大小受矽卡岩体的宽窄、性质及构造控制。

Ⅰ号矿体：长 81.5m，地表最大厚度 7m，最小厚度 1.5m，地下最大厚度达 11.44m，平均厚度 6.21m，延深 90m，矿体沿接触带延深较稳定，走向 325°～335°，倾向北东，倾角 78°～80°。

Ⅱ号矿体：长 75m，最大厚度 3m，最小厚度 0.58m，平均厚度 1.7m，延深 75m，矿体上厚下薄，剖面上显锥状尖灭，平面呈南宽、北窄的豆荚状，走向 335°，倾向北东，倾角 65°～88°。

Ⅲ号矿体：长 50m，延深 50m，平均厚度 3.3m，矿体呈透镜状，倾角 80°～85°。

Ⅳ号矿体：长 50m，延深 50m，平均厚度 0.57m，矿体呈透镜状，倾角 64°～65°。在大理岩上盘矽卡岩中，见有透镜状含铜磁铁矿体。

3. 矿石特征

矿石主要金属矿物为黄铜矿、磁铁矿等，非金属矿物为石榴子石、透辉石等。

矿石结构主要为半自形—他形晶粒状结构、包含结构、乳滴状结构、交代结构、压碎结构等。矿石主要构造为块状构造、浸染状构造、星点状—浸染状构造、条带状构造等。

矿石工业类型为含铜磁铁矿型、含铜石榴子石矽卡岩型和含铜透辉岩型，其中以含铜石榴子石矽卡岩型为主要类型(图 1－17)。

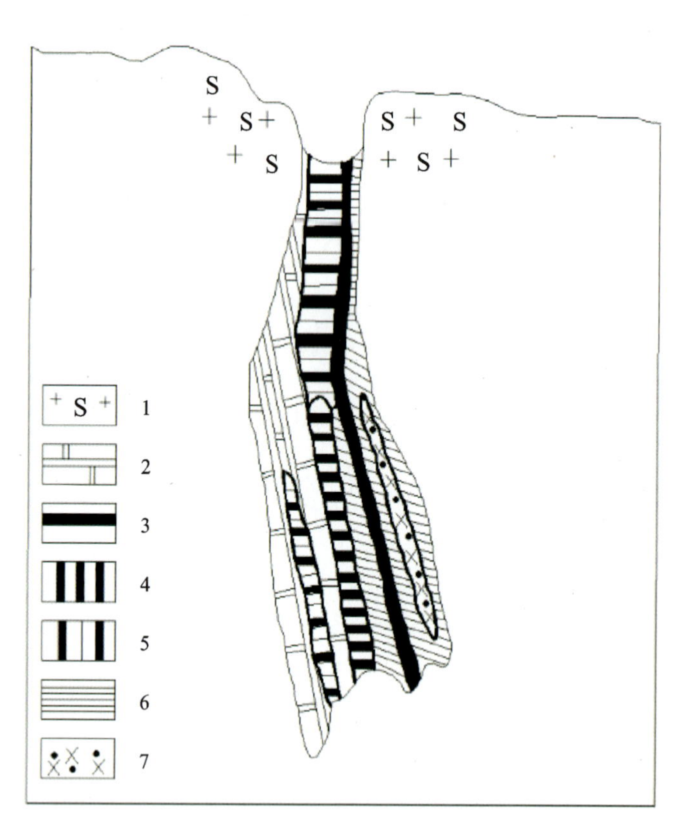

1. 花岗片麻岩；2. 大理岩；3. 高品位集块状铜铁矿石；4. 中品位浸染状铜铁矿石；5. 低品位浸染状含铜磁铁矿石；6. 低品位含铜透辉石型矿石；7. 透辉岩夹层

图 1－17　夼北铜矿床矿石类型分布示意图(据丁正江，2014)

4. 共伴生矿产评价

夼北铜矿床为铁铜共生矿床，累计查明铁矿石资源量 62 740t，TFe 平均品位 45.32%。

5. 矿体围岩与夹石

矿床围岩主要为矽卡岩、石英二长岩、二长花岗岩、大理岩等。矿体中偶见有透辉岩夹石。

6. 成因模式

夼北铜矿床成矿物质具有壳幔混合来源特点，成矿元素多来源于各自的赋矿围岩——荆山群、蓬莱群，成矿热液流体则与区域上的早白垩世岩浆活动——伟德山花岗岩关系密切，成矿温度为中高温。太平洋板块对欧亚板块的俯冲，导致岩浆活动，引起俯冲造山作用，胶东地区在早白垩世呈现出不均匀的挤压，形成挤压带与引张带相间分布的特点，在挤压带内形成壳源岩浆侵位，形成了与此类侵入岩有关的铜矿床。矿床成因类型为接触交代型铜矿床。

7. 矿床系列标本简述

夼北铜矿床已闭坑。本次自地表渣石堆采集标本 4 块，岩性分别为磁铁黄铁矿化矽卡岩铜矿石、孔雀石化透辉矽卡岩铜矿石、黑云二长片麻岩、绿帘大理岩（表 1－10），较全面地采集了夼北铜矿床的矿石和围岩标本。

表 1－10　夼北铜矿床采集标本一览表

序号	标本编号	光薄片编号	标本名称	标本类型
1	KB－B1	KB－g1/KB－b1	磁铁黄铁矿化矽卡岩铜矿石	矿石
2	KB－B2	KB－g2/KB－b2	孔雀石化透辉矽卡岩铜矿石	矿石
3	KB－B3	KB－b3	黑云二长片麻岩	围岩
4	KB－B4	KB－b4	绿帘大理岩	围岩

注：KB－B 代表夼北铜矿床标本，KB－g 代表该标本光片编号，KB－b 代表该标本薄片编号。

8. 图版

（1）标本照片及其特征描述

KB－B1

磁铁黄铁矿化矽卡岩铜矿石。岩石新鲜面呈浅灰色，局部为铜黄色—灰黑色，块状构造。主要成分为蛇纹石、黄铁矿、白云母、磁铁矿、黄铜矿，可见少量绿泥石、长石及碳酸盐矿物。蛇纹石：浅灰绿色，纤维状—放射状集合体，蜡状光泽，可见一组完全解理，粒径<1.0mm，含量约30%。黄铁矿：浅铜黄色，局部可见氧化所致的锖色，强金属光泽，多呈自形晶，也可见粒状集合体，粒径<1.0mm，含量约 25%。白云母：浅绿

色，叶片状及放射状集合体，粒径＜1.0mm，含量约20%。磁铁矿：灰黑色，金属光泽，条痕为黑色，多为团块状集合体，集合体粒径＞3.0cm，含量约20%。黄铜矿：铜黄色，金属光泽，为他形粒状集合体，粒径＜1.0mm，含量约5%。

KB－B2

孔雀石化透辉矽卡岩铜矿石。岩石新鲜面呈灰绿色，块状构造。主要成分为辉石、石榴子石，可见孔雀石、黄铜矿等矿物，可见绿泥石化蚀变。辉石：灰绿色，呈短柱状，较为自形，粒径1.0～2.0mm，含量约40%。石榴子石：红褐色，呈自形粒状，多数为致密状集合体，粒径1.0～2.0mm，集合体可达1.0cm，含量约20%。孔雀石：暗绿色，多为针状、纤维状集合体，粒径＞2.0mm，含量约15%。黄铜矿：铜黄色，呈他形集合体，粒径约2.0mm，含量较少。绿泥石：灰绿色鳞片状，多呈集合体，粒径＜1.0mm，含量约25%。

KB－B3

黑云二长片麻岩。岩石呈略带肉红色的灰绿色，片状粒状变晶结构，片麻状构造。主要成分为斜长石、钾长石、石英、黑云母。斜长石：灰白色，半自形粒状，白色条痕，玻璃光泽，粒径＜1.0mm，含量约40%。钾长石：肉红色，半自形粒状，白色条痕，玻璃光泽，粒径＜1.0mm，含量约20%。石英：灰白色，他形粒状，玻璃光泽，粒径＜1.0mm，含量约20%。黑云母：褐黑色，半自形片状，玻璃光泽，粒径＜1.0mm，含量约20%。

KB－B4

绿帘大理岩。岩石新鲜面呈纯白色—草绿色，块状构造，局部为条带状，可见绿帘石化呈条带状分布。主要成分为方解石、绿帘石。方解石：无色或白色，不规则粒状，可见解理发育，粒径＜1.0mm，含量约70%。绿帘石：草绿色，柱状或粒状晶体，粒径＜1.0mm，含量约30%。

(2)标本镜下鉴定照片及特征描述

KB－g1

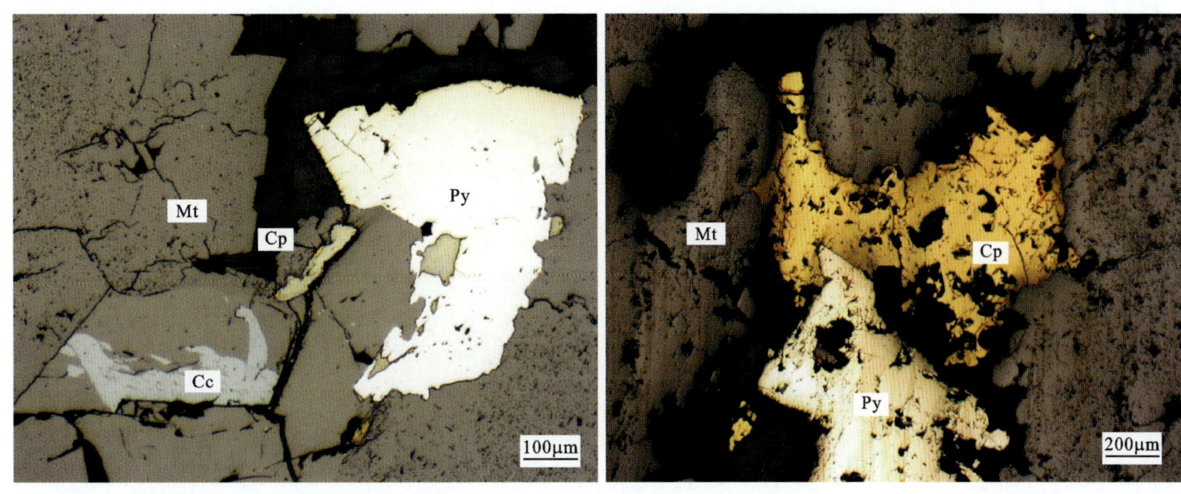

磁铁黄铁矿化矽卡岩铜矿石。自形—半自形粒状结构。金属矿物为黄铁矿(Py)、磁铁矿(Mt)、黄铜矿(Cp)、辉铜矿(Cc)。黄铁矿:浅黄色,多为自形—半自形晶粒状,具高反射率,硬度较高,不易磨光,黄铁矿自形程度较好,呈团块状分布,黄铁矿颗粒发育裂隙,多被透明矿物交代,也可见黄铁矿颗粒交代黄铜矿,粒径 0.2～0.6mm,含量约 25%。磁铁矿:灰色略带棕色,无多色性及内反射,多呈粒状集合体,也可见磁铁矿半自形晶,显均质性,硬度较高,不易磨光,磁铁矿内部发育裂隙,可见黄铁矿、黄铜矿及辉铜矿颗粒交代磁铁矿,也可见透明矿物交代磁铁矿颗粒,呈残留结构、假象结构,自形晶粒径0.2～0.4mm,集合体粒径>2.0mm,含量约 10%。黄铜矿:铜黄色,他形粒状,多呈不规则粒状集合体,局部呈脉状交代磁铁矿,也可见其沿裂隙分布,集合体粒径多>0.5mm,含量约 2%。辉铜矿:灰色,不规则粒状,弱非均质性,易磨光,多为集合体,可见辉铜矿颗粒交代磁铁矿及黄铜矿,集合体粒径 0.2～0.5mm,含量较少。

矿石矿物生成顺序:磁铁矿→黄铜矿→黄铁矿、辉铜矿。

KB－g2

孔雀石化透辉矽卡岩铜矿石。自形—半自形粒状结构。金属矿物主要为磁铁矿(Mt)、黄铜矿(Cp)、孔雀石(Mal)。磁铁矿:灰色略带棕色,无多色性及内反射,多呈粒状集合体,也可见磁铁矿半自形晶,显均质性,硬度较高,不易磨光,磁铁矿内部发育裂隙,可见透明矿物交代磁铁矿颗粒,呈残留结构、假象结构,自形晶粒径 0.2～0.4mm,集合体粒径>1.0mm,含量约 2%。黄铜矿:铜黄色,他形粒状,多呈不规则粒状集合体,局部呈脉状交代磁铁矿,也可见其沿裂隙分布,集合体粒径多>0.8m,含量约 2%。孔雀石:棕灰色,多呈粒状集合体,有多色性,显翠绿色内反射色,显强非均质性,易磨光,多为后期氧化带产物,充填于透明矿物间隙,集合体粒径>0.5mm,含量约 10%。

矿石矿物生成顺序:磁铁矿→黄铜矿→孔雀石。

KB－b1

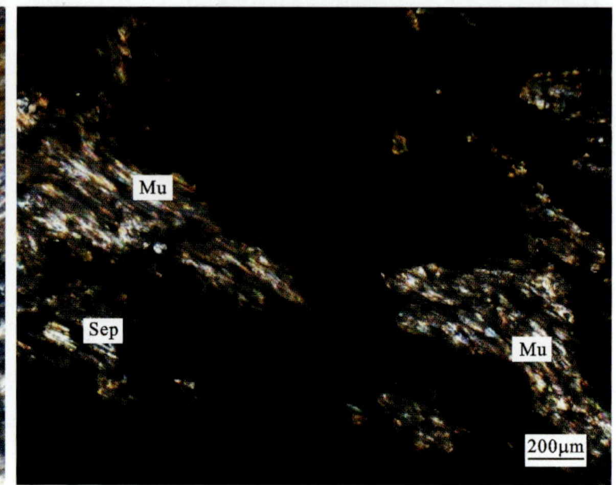

磁铁黄铁黄铜矿化矽卡岩。片状变晶结构。主要成分为金属矿物、白云母(Mu)、蛇纹石(Sep),其次可见少量碳酸盐矿物。白云母及蛇纹石均呈片状或叶片状,局部为纤维状。金属矿物:半自形 他形粒状,显均质性,多数填充于透明矿物之间,粒径 0.2～0.6mm,含量 40%～45%。白云母:无色,呈片状,集合体呈叶片状及放射状,闪突起,可见一组极完全解理,干涉色鲜艳、明亮,为二级至三级,近平行消光,局部可见白云母集合体发生弯折现象,粒径 0.02～0.05mm,集合体粒径可达 0.2mm,含量20%～25%。蛇纹石:无色或浅黄色,叶片状或鳞片状,正低突起,可见一组极完全解理,干涉色一级黄,无异常干涉色,蛇纹石层通常见弯卷,导致其晶体形态呈波纹状至纤维状,粒径 0.1～0.3mm,含量 20%～25%。碳酸盐矿物:无色,不规则粒状,闪突起,高级白干涉色,可见菱形解理,也可见聚片双晶,粒径为 0.2～0.4mm,含量约 5%。

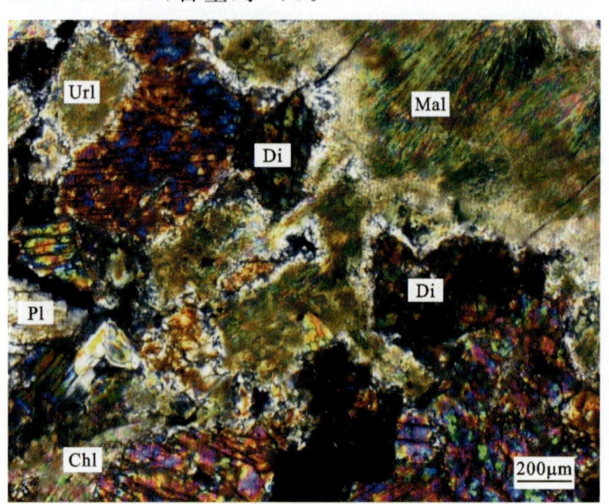

KB－b2

孔雀石化透辉矽卡岩。粒状或柱状变晶结构。主要成分为透辉石(Di)、纤闪石(Url)、孔雀石(Mal)、绿泥石(Chl)、斜长石(Pl),具粒状或柱状变晶结构。岩石蚀变作用强烈,透辉石多发生蚀变作用,蚀变产物为纤闪石、绿泥石等。透辉石:无色,柱状,正高突起,可见辉石式解理,干涉色二级蓝绿,多发生蚀变作用,蚀变产物为纤闪石、绿泥石等,粒径 0.2～0.6mm,含量 35%～40%。纤闪石:浅绿色,呈纤维状集合体,正中突起,可见多色性及吸收性，最高干涉色为二级，多沿透辉石边缘分布，为辉石蚀变产物，集合体粒径0.2～0.4mm，含量15%～20%。孔雀石：草绿色，呈充填脉状集合体，正中突起，可见解理发育，干涉色高级白，但多被自身颜色掩盖，在岩石中沿裂隙充填发育，集合体粒径>2.0mm，含量15%～20%。绿泥石：深绿色，呈鳞片状集合体，正低突起，可见明显多色性，干涉色为一级，可见异常干涉色，粒径0.1～0.2mm，含量10%～15%。斜长石：无色，多呈他形，负低突起，一级灰白干涉色，偶见双晶，颗粒较为破碎，为原岩残留矿物，粒径0.1mm，含量约5%。

KB-b3

黑云二长片麻岩。半自形片状粒状变晶结构。主要成分为斜长石(Pl)、钾长石(Kf)、石英(Qz)，其次为黑云母(Bi)、普通角闪石(Hb)。斜长石：无色，半自形板状，一级灰白干涉色，见有较细密的聚片双晶，粒径0.4～1.2mm，含量30%～35%。钾长石：无色，半自形板状，一级灰白干涉色，具轻微土化蚀变，粒径0.4～1.0mm，含量20%～25%。石英：无色，半自形—他形粒状，一级黄白干涉色，表面光洁，具波状消光现象，分布于长石矿物之间，粒径0.2～1.2mm，含量20%～25%。黑云母：褐色，具褐黄色—浅黄色多色性，半自形片状，干涉色受其自身颜色影响而不明显，呈不连续定向分布特征，粒径0.4～1.0mm，含量15%～17%。普通角闪石：深绿色，半自形柱状、粒状，多色性明显，干涉色可达二级蓝绿，与黑云母一起呈不连续定向分布，粒径0.4～1.0mm，含量5%～8%。

KB-b4

绿帘大理岩。粒状变晶结构。主要成分为方解石(Cal)、绿帘石(Ep)，具粒状变晶结构。岩石呈条带状构造，绿帘石化带呈条带穿插于纯白色及浅灰绿色大理岩之间。方解石：无色，不规则粒状，闪突起，高级白干涉色，可见菱形解理及聚片双晶；方解石颗粒多被绿帘石交代，局部可见方解石解理弯曲；粒径0.2～0.4mm，集合体粒径可达0.5mm以上，含量65%～70%。绿帘石：浅黄色，可见柱状或粒状自形晶，也可见粒状集合体，弱多色性，正高突起，干涉色二级，且干涉色分布不均；粒径0.1～0.2mm，含量25%～30%。

三、莱芜铁铜沟铜矿

铁铜沟铜矿位于济南市钢城区北 5km 处，行政区划隶属于钢城区里辛镇，大地构造位置位于华北板块（Ⅰ）鲁西隆起区（Ⅱ）鲁中隆起（Ⅲ）新甫山-莱芜断隆（Ⅳ）泰莱凹陷（Ⅴ）东南部。矿区累计查明铜金属量 2729t，矿床规模属小型。

1. 矿区地质特征

区内出露地层主要为奥陶纪马家沟群五阳山组青灰色厚层泥晶灰岩、泥灰岩、云斑灰岩、白云质灰岩、燧石条带灰岩和石炭纪—二叠纪太原组砂岩、粉砂岩、页岩、黏土岩（图 1－18）。由于受侵入岩和构造的影响，多呈岛状捕虏体分布于侵入岩之中，因受侵入岩热变质作用的影响，原来的灰岩、白云岩已变

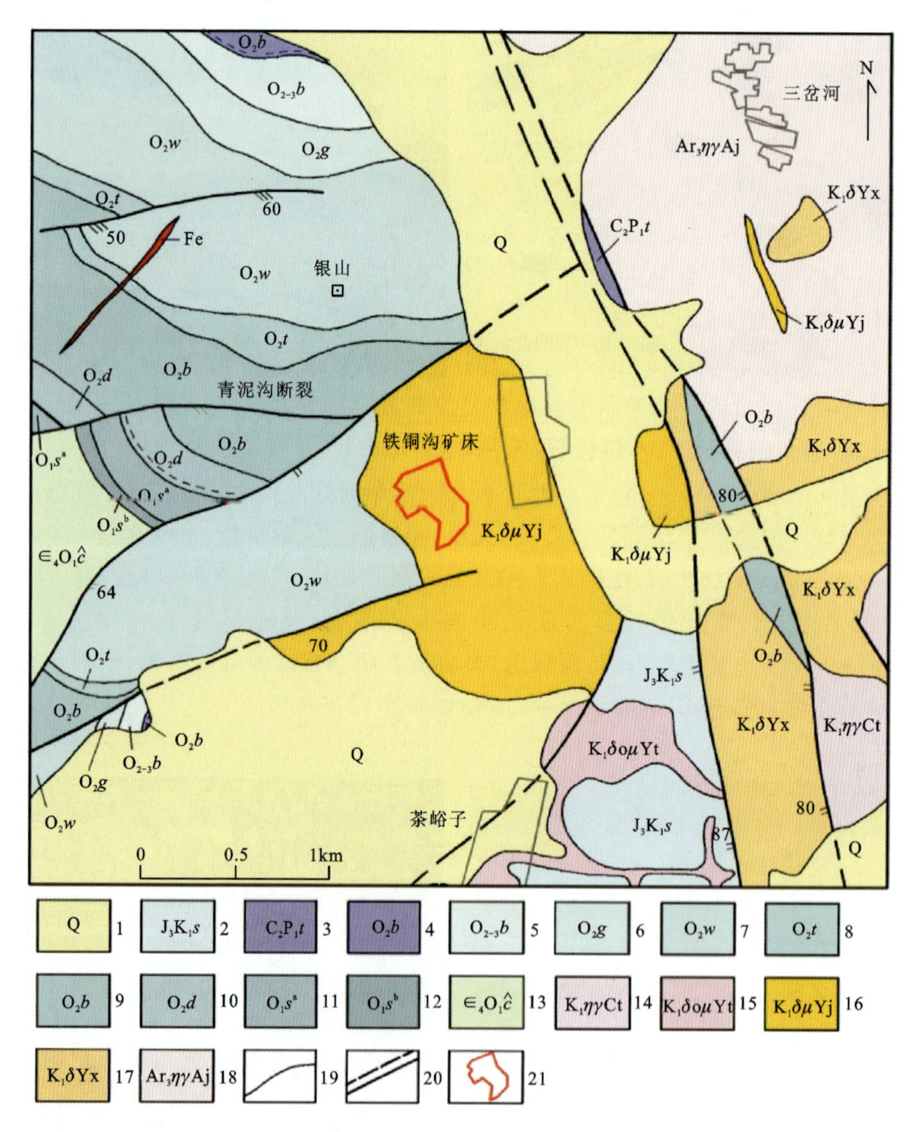

1. 第四系；2. 三台组；3. 太原组；4. 本溪组；5. 八陡组；6. 阁庄组；7. 五阳山组；8. 土峪组；9. 北庵庄组；10. 东黄山组；11. 三山子组 a 段；12. 三山子组 b 段；13. 炒米店组；14. 铁铜沟单元二长花岗岩；15. 铜汉庄单元石英闪长玢岩；16. 靳家桥单元角闪闪长玢岩；17. 西杜单元细粒辉石闪长岩；18. 新太古代蒋峪单元二长花岗岩；19. 地质界线；20. 断层；21. 矿床位置

图 1－18　铁铜沟地区地质简图（据马明和高继富，2018）

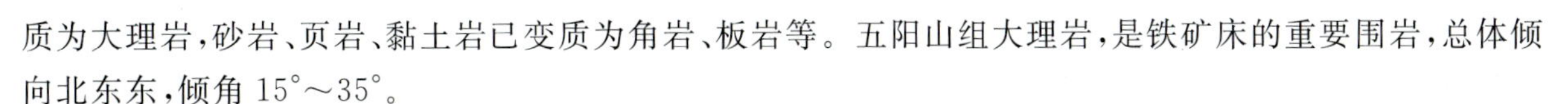

质为大理岩,砂岩、页岩、黏土岩已变质为角岩、板岩等。五阳山组大理岩,是铁矿床的重要围岩,总体倾向北东东,倾角15°～35°。

区内构造以断裂为主,主要发育北北西向、东西向、南北向和北北东向4组断裂构造。其中北北西向断裂是矿区主干断裂,主要有铜冶店-孙祖断裂、丈八丘断裂,是主要的控矿和导矿构造。东西向断裂主要有清泥沟断裂、铁铜沟断裂,对地层、岩浆活动和矿产分布有一定的控制作用。南北向断裂是热液活动的重要通道,F_5断裂控制Ⅳ号铁矿体的形成。

区内及其周围岩浆岩活动较强烈,以侵入岩为主,属中生代燕山期侵入岩。主要为铁铜沟杂岩体,以中性岩为主,伴有少量基性岩和酸性岩。主要岩石类型为辉石闪长岩、苏长辉长岩、黑云母闪长岩、角闪闪长岩、闪长玢岩和花岗闪长岩,其中靳家桥单元角闪闪长玢岩是形成矽卡岩型铁矿床的主要岩石类型。

2. 矿体特征

铁铜沟铜矿床已探明的工业矿体主要位于铁铜沟杂岩体西接触带附近的围岩捕虏体中,矿体形态受捕虏体形态控制,多呈似层状扁豆体或马鞍形以及不规则的囊状体。自北向南矿体排列次序为Ⅰ号、Ⅱ号、Ⅲ号、XX号、XIX号、Ⅳ号矿体,其中XIX号、Ⅳ号矿体为主矿体。

XIX号矿体95m标高以上分XIX-1、XIX-2南北两个子矿体,呈肾形。95～45m合并为一个矿体,呈脉状,剖面上呈中间宽两头窄的纺缍形,矿体走向145°,倾向55°,倾角65°左右。矿体控制长度222m,矿体厚度2.06～7.11m。铜品位一般0.25%～0.31%,平均品位为0.29%。

Ⅳ号矿体产于碎屑岩捕虏体之断层内。矿体在空间上呈不规则的台柱状(图1-19),平面上呈中间宽两头窄的纺锤形,矿体轴向由北东至近南北向,倾向北东东,倾角50°左右。矿体铜平均品位为0.18%。

3. 矿石特征

矿石中金属矿物主要为磁铁矿、黄铁矿,少量赤铁矿,微量黄铜矿、金矿。非金属矿物主要为蛇纹石、透辉石、透闪石,呈分散状或聚集状分布于金属矿物间隙中;其次为金云母、滑石、绿泥石、方柱石。

矿石结构以鳞片粒状变晶结构为主,其次为鳞片纤状变晶结构、柱状—纤状变晶结构。矿石构造以块状构造为主,镜下观察金属矿物集合体呈致密浸染状或稀疏浸染状构造。

矿石自然类型主要为磁铁矿化矽卡岩和黄铁矿化磁铁矿化矽卡岩。矿石工业类型为矽卡岩型铁铜金矿石。

4. 共伴生矿产评价

铁铜沟矿区主矿产为铁、金,伴生铜,以往勘查工作累计查明铁矿石资源量140.6万t,TFe平均品位46.25%;金矿石资源量115.4万t,金金属量1328kg,平均品位1.10g/t。

5. 矿床围岩及夹石

Ⅳ号矿体顶、底板皆为矽卡岩。XIX号矿体第5勘查线以南顶板为矽卡岩,底板为大理岩;第5勘查线以北顶板为大理岩,底板为矽卡岩。矿体不含夹石。

6. 成因模式

莱芜铁铜沟矿床位于莱芜断陷盆地的东南边缘,铜冶店-孙祖断裂与清泥沟断裂的交会处。区内燕山期岩浆岩十分发育,主要岩石类型有辉石闪长岩、苏长辉长岩、黑云母闪长岩、角闪闪长岩、闪长玢岩和花岗闪长岩,是矿床形成的内部条件;区内奥陶纪马家沟群灰岩、白云岩分布广泛,构成岩体的围岩,是矿床形成的外部条件。

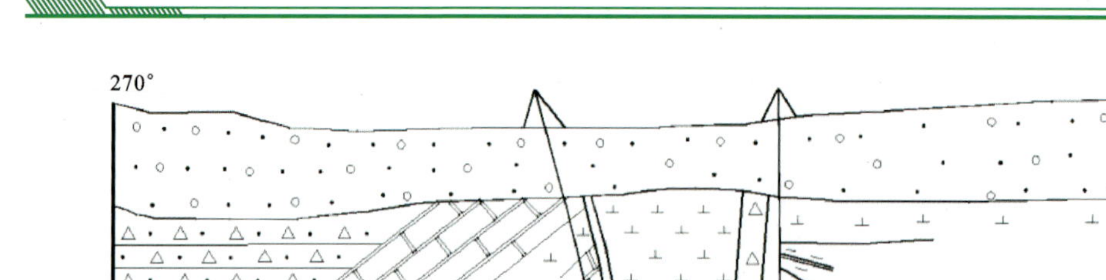
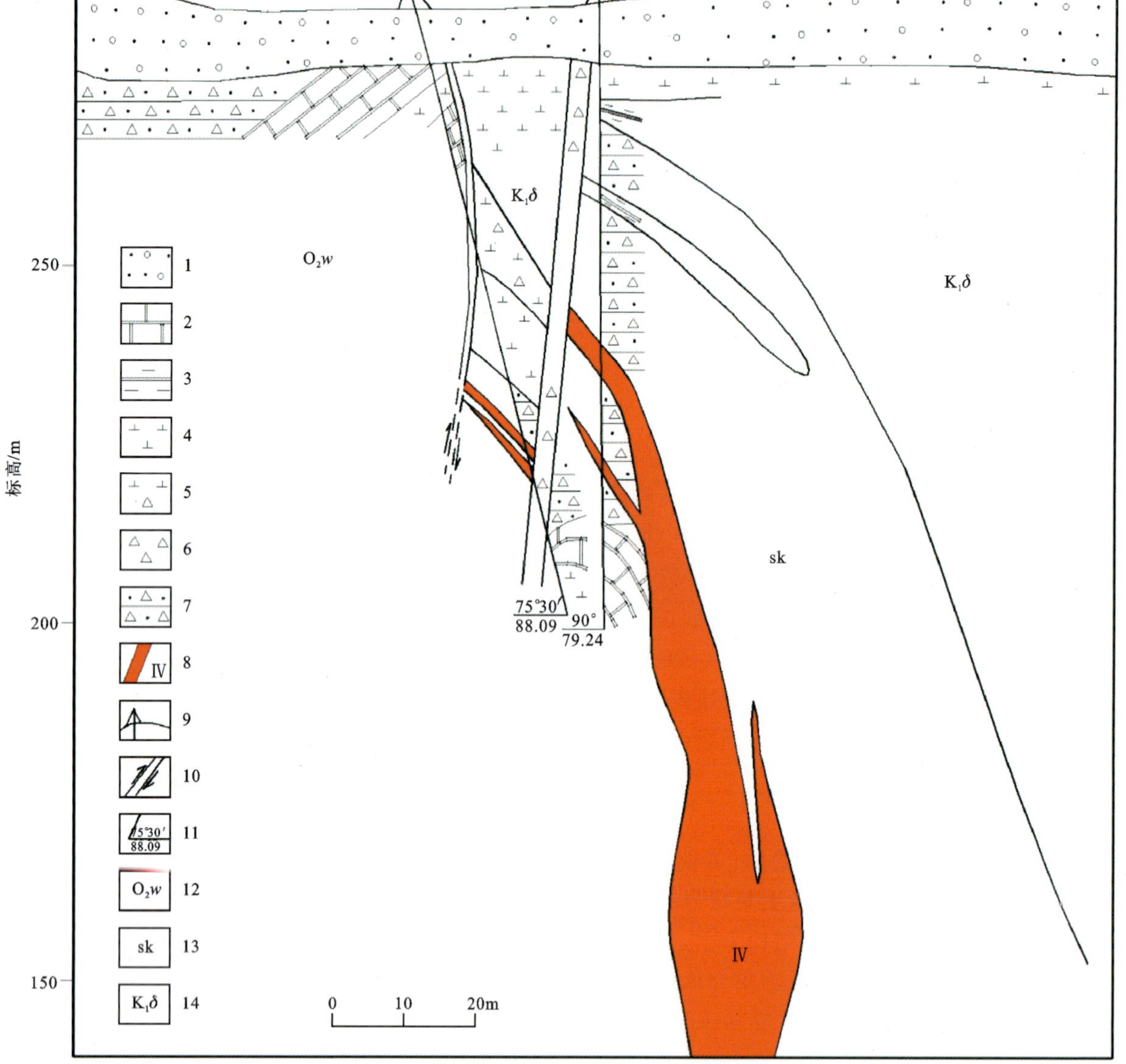

1.第四纪砂质黏土;2.大理岩;3.黏板岩;4.闪长岩;5.碎裂状蚀变闪长岩;6.构造角砾岩;7.矽卡岩;8.矿体及编号;9.钻孔位置;10.断层;11.钻孔深度及倾角;12.五阳山组;13.矽卡岩;14.白垩纪闪长岩

图1-19　铁铜沟铜矿床4号勘查线剖面简图(据肖丙建,2015)

燕山早期,受燕山运动的影响,该区铜冶店-孙祖断裂活动加剧,导致早期较基性的辉石闪长岩、苏长辉长岩沿断裂侵入,使该区温度升高,有利于矿物质的富集;随着岩浆的脉动侵入,尤其是燕山中晚期,闪长岩和闪长玢岩的大规模侵入,与奥陶纪马家沟群五阳山组灰岩接触形成矽卡岩。在矽卡岩形成阶段,成矿物质主要来自岩浆的深部分异,随着构造活动,伴随着岩浆侵入,含铁的高温气水溶液沿断裂上升,在一定构造形式中产生接触交代作用。由于围岩中Ca、Mg等成分的进一步加入,使含矿热液的介质条件显著改变,随着温度、压力条件的下降,促使磁铁矿在构造有利部位沉淀、富集而形成磁铁矿和部分透辉石以及大量的含水硅酸盐矿物等。岩浆后期,由于岩体的温度和压力进一步下降,残余的含矿溶液在中低温作用下,进一步对围岩和早期矽卡岩、磁铁矿发生交代作用,生成大量蛇纹石、绿泥石、方解石、石英等热液蚀变矿物以及黄铁矿、黄铜矿、斑铜矿等金属硫化物,同时伴随生成部分磁铁矿。根据区内矿石矿物、矿物成分、结构构造、围岩蚀变、成矿等特征分析,该矿床属接触交代型矿床。

7. 矿床系列标本简述

本次标本采自铁铜沟矿床矿石堆，共采集标本6块，岩性分别为黄铁矿化绿帘透闪矽卡岩铁铜矿石、黄铁矿化透辉绿帘矽卡岩闪锌矿石、绿帘矽卡岩、辉石闪长岩、大理岩、条带状细晶灰岩（表1－11），较全面地采集了铁铜沟铜矿床的矿石和围岩标本。

表1－11　铁铜沟铜矿床采集标本一览表

序号	标本编号	光薄片编号	标本名称	标本类型
1	TTG－B1	TTG－g1/TTG－b1	黄铁矿化绿帘透闪矽卡岩铁铜矿石	矿石
2	TTG－B2	TTG－g2/TTG－b2	黄铁矿化透辉绿帘矽卡岩闪锌矿石	矿石
3	TTG－B3	TTG－b3	绿帘矽卡岩	围岩
4	TTG－B4	TTG－b4	辉石闪长岩	围岩
5	TTG－B5	TTG－b5	大理岩	围岩
6	TTG－B6	TTG－b6	条带状细晶灰岩	围岩

注：TTG－B代表铁铜沟铜矿床标本，TTG－g代表该标本光片编号，TTG－b代表该标本薄片编号。

8. 图版

（1）标本照片及其特征描述

TTG－B1

黄铁矿化绿帘透闪矽卡岩铁铜矿石。岩石呈灰黑色—黑色，块状构造。主要成分为磁铁矿、黄铁矿、黄铜矿，可见少量角闪石。磁铁矿：灰黑色，强金属光泽，多呈自形晶粒状，粒径约1.0mm，含量约75%。黄铁矿：浅铜黄色，半自形粒状，金属光泽，粒径约1.0mm，含量约10%。黄铜矿：铜黄色，他形粒状，粒径约1.0mm，含量约10%。角闪石：浅褐色，短柱状或粒状，粒径约1.0mm，含量约5%。

TTG－B2

黄铁矿化透辉绿帘矽卡岩闪锌矿石。岩石呈浅绿色，块状构造。主要成分为绿帘石、透辉石、黄铁矿。绿帘石：黄绿色，半自形粒状，玻璃光泽，粒径＜2.0mm，含量约55%。透辉石：浅绿色，半自形长柱状，白色条痕，玻璃光泽，粒径＜2.0mm，含量约40%。黄铁矿：浅铜黄色，自形—半自形晶粒状结构，金属光泽，粒径＜1.0mm，含量约为5%。

TTG-B3

透辉矽卡岩。岩石呈浅绿色，块状构造。主要成分为绿帘石、透辉石。绿帘石：黄绿色，半自形粒状，玻璃光泽，粒径＜1.0mm，含量约80%。透辉石：浅绿色，半自形长柱状，白色条痕，玻璃光泽，粒径＜1.0mm，含量约20%。

TTG-B4

辉石闪长岩。岩石呈灰绿色，块状构造。主要成分为斜长石、角闪石、辉石，可见少量金属矿物。斜长石：无色，板状或长柱状，粒径约1.0mm，含量约60%。角闪石：褐色，长柱状，可见菱形解理，粒径约1.0mm，含量约30%。辉石：灰绿色，短柱状，粒径约1.0mm，含量约10%。金属矿物：黑色，半自形粒状，粒径约1.0mm，含量＜5%。

TTG-B5

大理岩。岩石呈纯白色，块状构造。主要成分为方解石，可见少量黏土矿物。方解石：纯白色，不规则粒状，可见菱形解理及闪闪发亮的解理面，硬度小于小刀，条痕为白色，滴加冷稀盐酸岩石剧烈冒泡，粒径约1.0mm，含量＞95%。黏土矿物：土黄色，为粉末状，粒径＜1.0mm，含量＜5%。

TTG-B6

条带状细晶灰岩。岩石呈灰黑色，块状构造，局部可见条带状。主要成分为方解石，可见少量石英、黏土矿物。方解石：纯白色，不规则粒状，可见菱形解理及闪闪发亮的解理面，硬度小于小刀，条痕为白色，滴加冷的稀盐酸岩石剧烈冒泡，粒径＜1.0mm，含量约90%。石英：无色，他形粒状，粒径小于1.0mm，含量约5%。黏土矿物：土黄色，为粉末状，粒径＜1.0mm，含量约5%。

（2）标本镜下鉴定照片及特征描述

TTG－g1

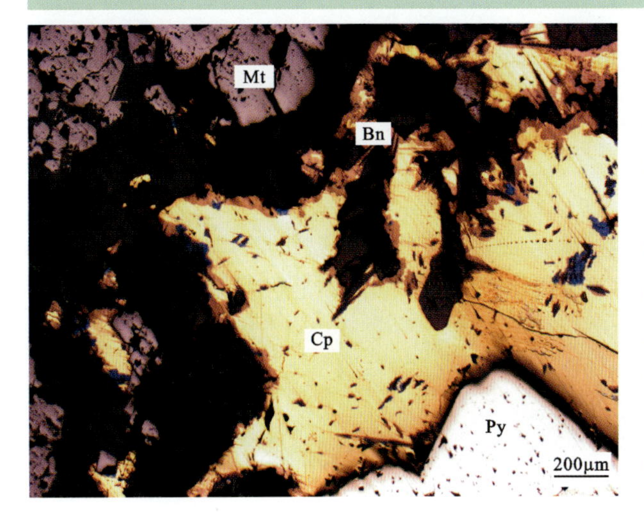

黄铁矿化绿帘透闪矽卡岩铁铜矿石。岩石呈灰黑色至黑色，自形—半自形粒状结构。金属矿物为磁铁矿（Mt）、黄铁矿（Py）、黄铜矿（Cp）、斑铜矿（Bn）、铜蓝（Cov）。磁铁矿：自形—半自形粒状，显均质性，多具不规则破碎现象，矿物边缘呈不规则状，多被其他金属矿物及透明矿物交代，局部形成交代残余结构，粒径0.1～0.5mm，含量约70％。黄铁矿：浅黄色—黄白色，为半自形晶粒状，也可见脉状黄铁矿，具高反射率，硬度较高，不易磨光，可见黄铁矿交代磁铁矿及黄铜矿颗粒，也可见黄铁矿脉被黄铜矿脉穿插，粒径0.2～0.6mm，含量约10％。黄铜矿：铜黄色，他形粒状，显均质性，较易磨光，黄铜矿颗粒多呈团块状或脉状，可见黄铁矿、斑铜矿交代黄铜矿颗粒，粒径0.2～0.8mm，含量约10％。斑铜矿：淡玫瑰棕色，他形粒状，显均质性，不显内反射，易形成蓝色的锖色，可见斑铜矿交代黄铜矿，粒径0.2～0.4mm，含量约5％。

矿石矿物生成顺序：磁铁矿→脉状黄铁矿→黄铜矿→粒状黄铁矿→斑铜矿。

TTG－g2

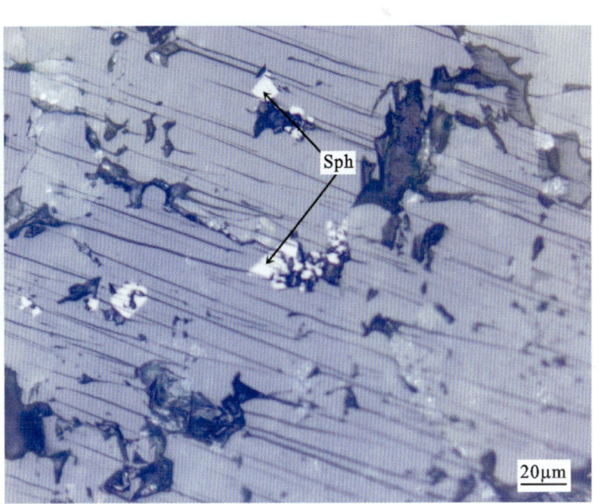

黄铁矿化透辉绿帘矽卡岩闪锌矿石。自形—半自形晶粒状结构，星散状构造。金属矿物为黄铁矿（Py）、闪锌矿（Sph）。黄铁矿：黄白色，自形—半自形晶粒状，多呈集合体分布于脉石矿物之间，显均质性，硬度较高，粒径0.1～1.0mm，含量约5％。闪锌矿：灰色，半自形晶粒状，中等硬度，易磨光，显均质性，零星分布于脉石矿物之间，粒径0.02～0.08mm，含量微少。

矿石矿物生成顺序：黄铁矿→闪锌矿。

TTG－b1

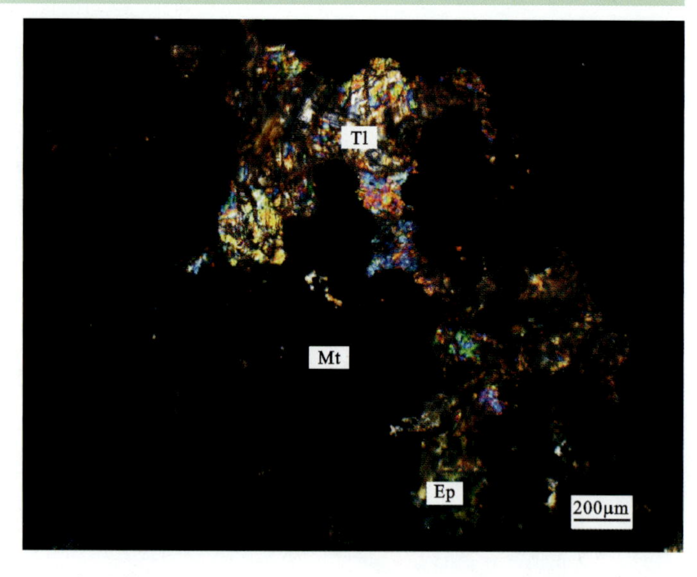

黄铜黄铁磁铁矿化绿帘透闪矽卡岩。粒状柱状变晶结构。主要成分为金属矿物，可见少量透闪石(Tl)、绿帘石(Ep)。脉石矿物多为粒状—柱状变晶结构。金属矿物：自形—半自形粒状，显均质性，多具不规则破碎现象，矿物边缘呈不规则状，多数填充于透明矿物之间，据其晶形判断为磁铁矿(Mt)，粒径0.1～0.3mm，含量约95%。透闪石：无色，长柱状，可见针柱状晶体组成的放射状集合体，正中突起，干涉色二级蓝，斜消光，可见两组菱形解理，为辉石蚀变产物，粒径0.3～0.5mm，含量约5%。绿帘石：浅黄色，长柱状，正高突起，可见解理发育，干涉色为一级，可见异常干涉色；粒径0.1～0.2mm，含量较少。

TTG－b2

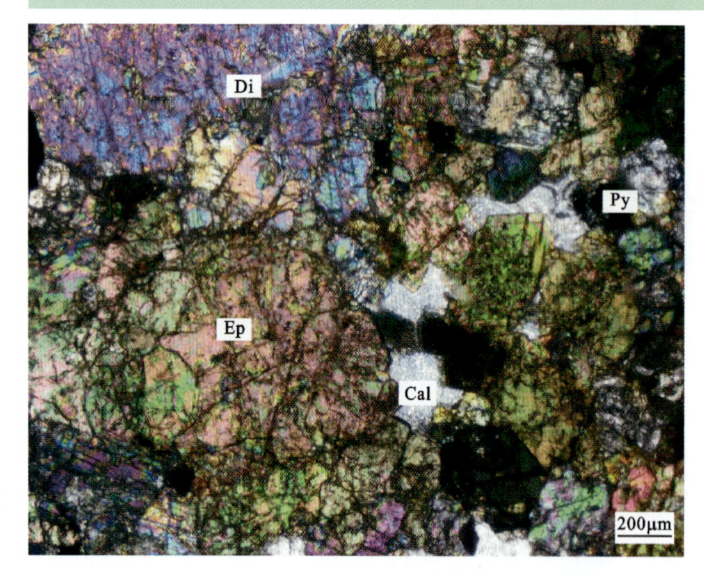

透辉绿帘矽卡岩。半自形柱状粒状变晶结构。主要成分为绿帘石(Ep)，其次为透辉石(Di)、金属矿物、方解石(Cal)。绿帘石：黄色，半自形—他形柱状、粒状集合体，正极高突起，表面粗糙，黄色—无色多色性明显，干涉色达二级至三级，且干涉色常出现颜色分布不均匀的现象，粒径0.1～2.2mm，含量55%～60%。透辉石：近于无色，半自形短柱状、粒状，常成群集中分布在一起，干涉色可达二级，普遍具碳酸盐化蚀变，粒径0.4～2.0mm，含量35%～40%。金属矿物：黑色，自形—半自形粒状，推测为黄铁矿(Py)，呈集合体分布在上述矿物之间，粒径0.4～1.0mm，含量约5%。方解石：无色，半自形—他形粒状，闪突起明显，高级白干涉色，零星分布于上述矿物集合体之间，粒径0.2～0.6mm，含量较少。

TTG－b3

绿帘矽卡岩。半自形柱状粒状变晶结构。主要成分为绿帘石(Ep)，其次为透辉石(Di)、白云母(Mu)、方解石(Cal)、金属矿物。绿帘石：黄色，半自形—他形柱状、粒状集合体，正极高突起，表面粗糙，黄色—无色多色性明显，干涉色达二级至三级，且干涉色常出现颜色分布不均匀的现象，粒径 0.1～1.2mm，含量 75%～80%。透辉石：近于无色，半自形短柱状、粒状，常成群集中分布在一起，干涉色可达二级，普遍具碳酸盐化蚀变，粒径 0.4～1.0mm，含量 15%～20%。白云母：无色，为半自形鳞片状，常呈集合体形式分布在绿帘石之间，粒径 0.2～0.6mm，含量约 5%。方解石：无色，半自形—他形粒状，闪突起明显，高级白干涉色，零星分布于绿帘石集合体之间，粒径 0.2～0.6mm，含量较少。金属矿物：黑色，半自形—他形粒状，零星分布在绿帘石集合体中，零星可见，含量微少。

TTG－b4

辉石闪长岩。自形—半自形粒状结构。主要成分为斜长石(Pl)、普通角闪石(Hb)、普通辉石(Aug)，可见少量金属矿物。斜长石多较为自形，角闪石及辉石为半自形，金属矿物据晶形判断为磁铁矿(Mt)。斜长石：无色，自形—半自形长柱状或板状，负低突起，干涉色为一级黄白，可见聚片双晶较为发育，多为较宽的钠长石双晶，部分长石颗粒可见环带构造，斜长石表面混浊，呈土灰色，粒径 0.2～0.4mm，含量 55%～60%。普通角闪石：绿褐色，半自形长柱状，正中突起，有较强的多色性和吸收性，可见两组解理发育，干涉色为二级，可见聚片双晶及环带构造，部分角闪石颗粒变化为磁铁矿，粒径 0.2～0.6mm，含量 25%～30%。普通辉石：浅绿色，半自形粒状，正高突起，可见两组近正交的解理，干涉色为二级，辉石颗粒边部可见绿褐色角闪石反应边，粒径 0.3～0.5mm，含量 5%～10%。金属矿物：黑色，半自形粒状，显均质性，据晶形判断为磁铁矿，多环绕在角闪石颗粒边部，含量约 5%。

TTG－b5

大理岩。锯齿状变晶结构，不等粒粒状变晶结构。主要成分为方解石（Cal），可见少量黏土矿物。大理岩由粒状方解石构成，呈粒状变晶结构，方解石矿物界面曲折，呈锯齿状粒状变晶结构，或粒径相差很大，构成不等粒粒状变晶结构。方解石：无色，不规则粒状，闪突起，干涉色为高级白，发育菱形解理，可见聚片双晶，双晶带多与菱形解理长对角线平行或近平行，方解石颗粒界面曲折，粒径相差很大，少量方解石颗粒中心可见白云石化，粒径0.2～1.5mm，含量约95%。黏土矿物：浅黄褐色，微粒状集合体，正低突起，干涉色一级灰白，多为蚀变或风化分解产物，粒径<0.01mm，含量约5%。

TTG－b6

条带状细晶灰岩。细晶结构。主要成分为方解石（Cal），可见少量石英（Qz）、黏土矿物。灰岩中可见方解石形成的条带状构造，条带中方解石颗粒较大，其余方解石颗粒均较为细小。方解石：无色，不规则粒状，闪突起，干涉色为高级白，发育菱形解理，可见聚片双晶，双晶带多与菱形解理长对角线平行或近平行，可见方解石条带发育，条带中方解石颗粒多发育聚片双晶，粒径0.02～0.5mm，含量约90%。石英：无色，他形粒状，正低突起，表面光洁，无解理，一级黄白干涉色，粒径约1.0mm，含量约5%。黏土矿物：浅黄褐色，微粒状集合体，正低突起，干涉色一级灰白，多为风化分解产物，粒径<0.01mm，含量约5%。

第六节 岩浆熔离型（桃科式）铜镍矿床

岩浆熔离型铜镍矿床发育在鲁西地区的新太古代阜平期辉长岩类岩体中，矿石中黄铜矿-镍黄铁矿-磁黄铁矿的矿物组合，为典型的岩浆型铜镍硫化物矿床的矿物组合，岩石及矿物特征表明矿床为岩浆作用的产物，且矿床在后期遭受了强烈的热液叠加改造作用。典型矿床有历城桃科和泗水北孙徐铜镍矿床。

一、历城桃科铜镍矿

桃科铜矿区位于济南市历城区东南17km，行政区划隶属于历城区柳埠镇，大地构造位置位于华北板块（Ⅰ）鲁西隆起区（Ⅱ）鲁中隆起（Ⅲ）泰山-济南断隆（Ⅳ）泰山凸起（Ⅴ）北缘。桃科铜镍矿位于新太

古代泰山岩群岩浆岩区，矿体产在新太古代万山庄序列基性岩变角闪石岩-变辉长岩中。矿区累计查明铜金属量234t，矿床规模属小型。

1. 矿区地质特征

区内地层不发育，主要为新太古代泰山岩群片岩、斜长角闪岩(图1-20)。

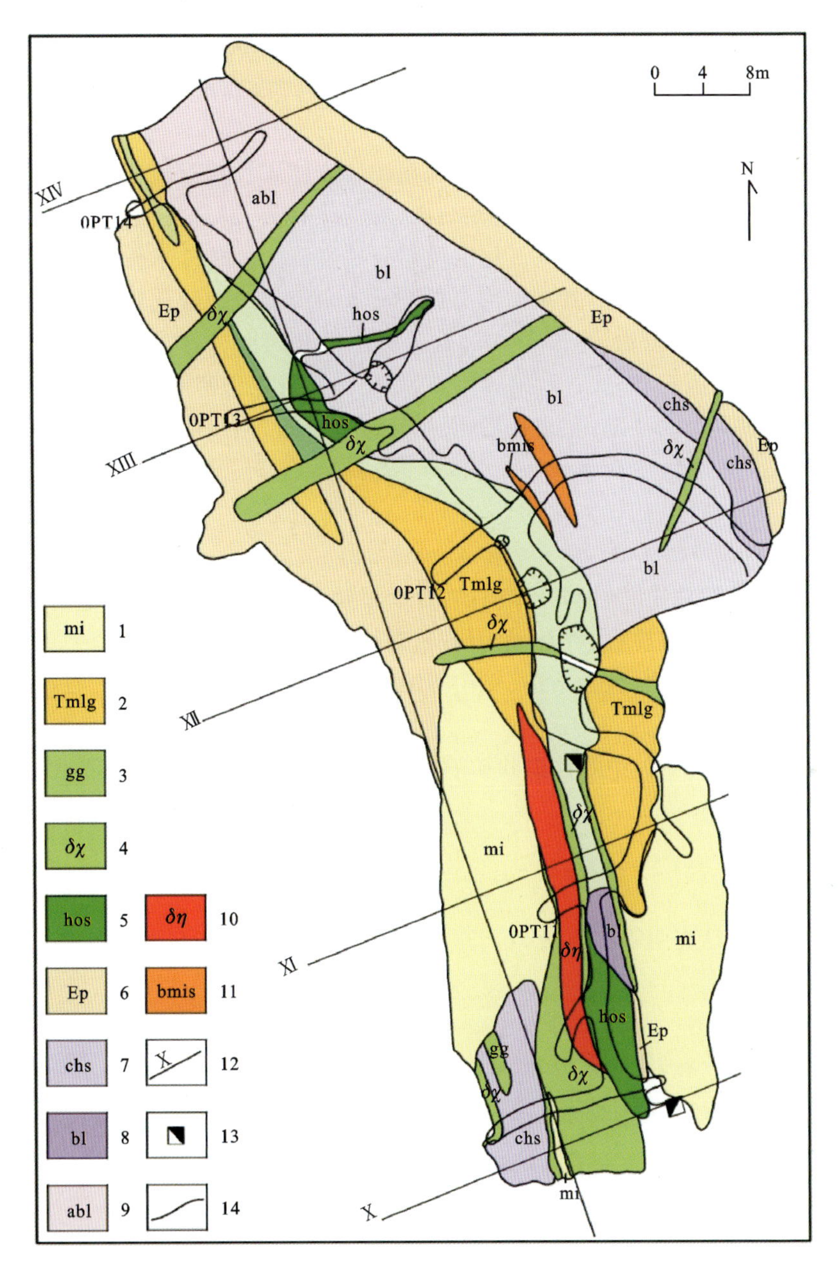

1. 混合岩；2. 含硫化物混合岩；3. 花岗片麻岩；4. 角闪斜长煌斑岩；5. 片状角闪岩；6. 黑云母绿帘石岩；7. 绿泥石片岩；8. 角闪岩；9. 斜长角闪岩；10. 闪长岩；11. 黑云母片岩；12. 勘查线及编号；13. 竖井；14. 地质界线

图1-20　桃科铜镍矿区平面地质简图(据邵寿生等，1958)

区内构造主要为北西向，与区域构造方向基本一致，断裂构造不发育，次级构造为北东向展布。

区内岩浆岩主要为新太古代泰山序列二长花岗岩、奥长花岗岩和呈包体状分布的万山庄序列变角闪石岩、变角闪辉长岩和变辉长岩以及少量脉岩等。岩体呈带状分布，总的延伸方向为330°～340°，与区域构造方向一致。与铜、镍矿化有关的岩体主要为安子沟单元中粗粒变角闪石岩、张家庄中粒变角闪辉长岩和南官庄单元细粒变辉长岩，其形成顺序为变角闪石岩→变角闪辉长岩→变细粒辉长岩。

2. 矿体特征

桃科铜镍矿床共由5个矿体组成，其中红洞沟矿体最大、最具代表性。矿体呈陡倾斜的侧幕状、透镜体状分布在橄榄苏长辉长岩中，矿体向下延深100～200m，宽1～5m，与岩石产状一致。岩石常蚀变成角闪岩，呈细—中粒状、纤维状，并且已经片理化，硫化物呈细脉状、浸染状分布于岩石片理或碎块之中；在阳起石化、绿泥石化越强的部位，硫化物含量越高。矿体厚度自南东往北西方向逐渐变厚，品位也逐渐增高。

红洞沟含矿矿化带长约500m，宽1～70m，北宽南窄。岩体岩性相对较简单，主要由变角闪辉长岩、变辉长岩、变角闪石岩组成，具有堆晶结构、包含结构、辉长结构等；总体基性程度不高；岩石蚀变较强，常发生较强的绿泥石化、钠黝帘石化、纤闪石化以及部分蛇纹石化。橄榄苏长辉长岩主要分布在红洞沟岩体中，长约500m，宽一般20～30m，其东南部分已变质成角闪岩或含硫化物的阳起岩或绿泥绿帘阳起岩；变辉长岩从桃科经黄庄、大错沟、枣园、石窖，直至艾庄呈北西向分布，长约18km，宽几十米至几百米，主要矿物成分为次生角闪石、斜长石及钠黝帘石；变角闪石岩在岱密庵至湖太一带有较大的岩体，长约5km，最宽处700m，其他如黄庄前山、黄庄后山、石窖皆有分布，但一般规模不大，长仅几百米，宽几十米，可能是由橄榄苏长辉长岩蚀变而来(图1-21)。

3. 矿石特征

矿石金属矿物主要为黄铁矿、黄铜矿、针镍矿，含少量镍黄铁矿、铂族矿物、磁黄铁矿、磁铁矿、铬铁矿、钛铁矿。脉石矿物主要为橄榄石、辉石、角闪石和斜长石。

矿石结构为固熔体分离结构、包含结构、交代溶蚀结构和交代残余结构。矿石构造为浸染状构造、裂隙充填构造和残余构造等。

矿石类型主要为珠滴状矿石、中等浸染状矿石、稀疏浸染状矿石、星点状矿石。矿石工业类型为需选铜镍矿石。

4. 共伴生矿产评价

铜镍为共生矿产。累计查明镍矿石量96 633.42t，镍金属量173.51t，平均品位0.11%～0.54%。

5. 矿体围岩和夹石

矿体围岩主要为云母片麻岩、变角闪岩、绿帘石角闪岩等。

矿体夹石主要为混合岩、云母片麻岩、含硫化物阳起岩或绿泥绿帘阳起岩等。角闪岩与片麻岩之间混合岩化作用明显。

6. 成因模式

桃科岩体主要由橄榄辉长苏长岩、蚀变辉长苏长岩、变辉长岩、角闪岩组成，岩石的矿物组合为橄榄石-斜方辉石-单斜辉石-角闪石-斜长石，为典型的玄武质岩浆矿物组合；矿石矿物中原生的黄铜矿-镍黄铁矿-磁黄铁矿组合，为典型的岩浆型铜镍硫化物矿床的矿物组合；以上特征表明矿床为岩浆成因。但是，在地表或近地表，岩石发生了强烈的热液蚀变，如强烈的绿泥石化、钠黝帘石化、纤闪石化等，地表岩石几乎见不到原生矿物组成，仅在钻孔岩芯中尚能见到部分稍新鲜的岩石样品。矿区主要的含矿岩石为角闪岩，其原岩可能为橄榄辉长苏长岩。矿石中针镍矿、斑铜矿等热液矿物的出现，表明岩浆期后有热液作用的存在；黄铜矿交代熔蚀黄铁矿以及黄铜矿也有被针镍矿交代残余等特征，表明矿石在形成

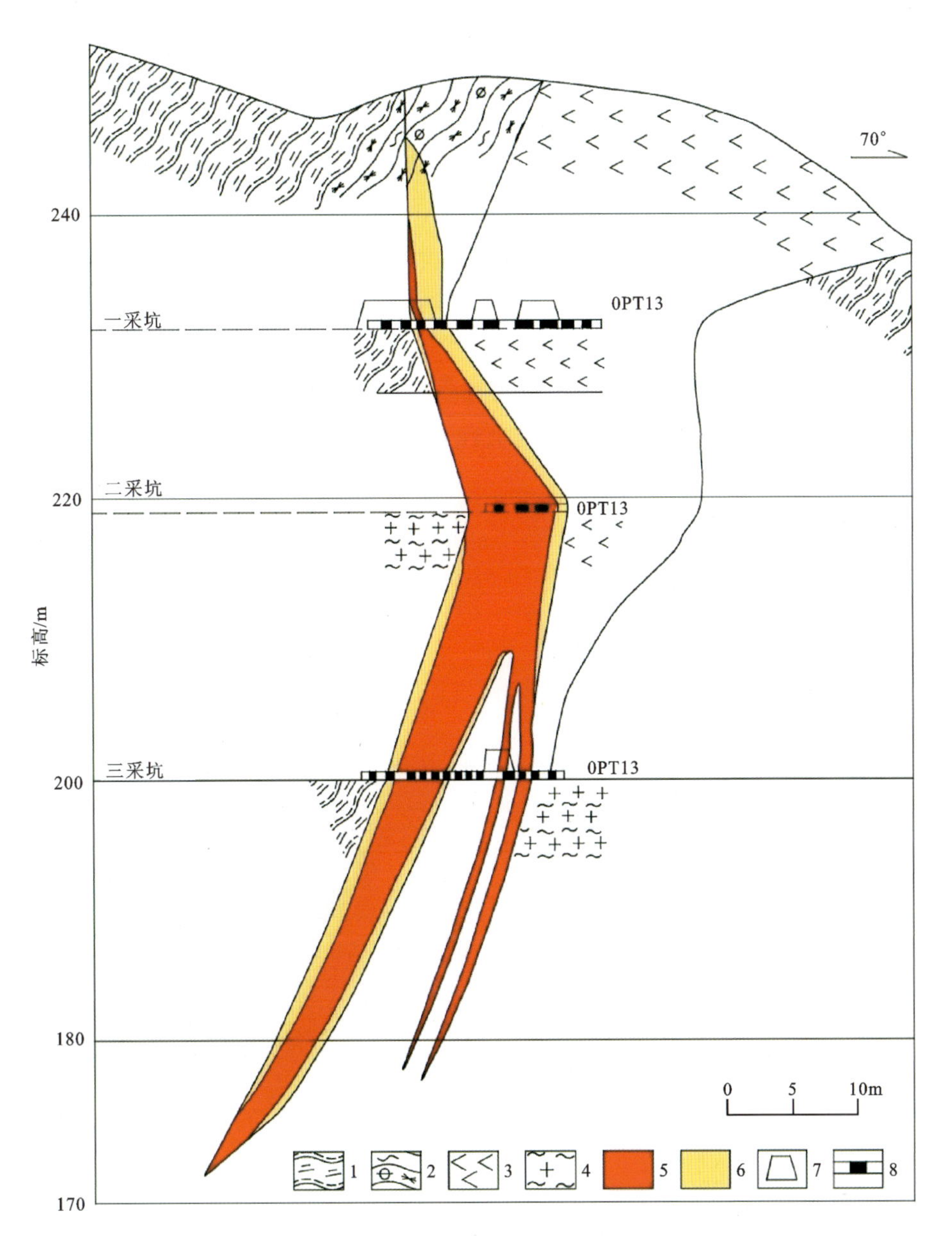

1.云母片麻岩;2.含硫化物阳起岩;3.角闪岩;4.混合岩;5.矿体;6.矿化体;7.穿脉坑口断面;8.取样位置

图 1-21 桃科铜镍矿床第Ⅻ-Ⅻ′勘查线横剖面图(据邵寿生等,1958)

过程中发生了热液交代作用。山东桃科矿床可能是来源于地幔的玄武质岩浆在深部发生硫化物熔离、上升、就位成矿,矿石中针镍矿、斑铜矿的出现,说明矿体在地壳浅部发生了较强烈的热液蚀变作用,所以该矿床应该属于岩浆熔离-热液改造成因。

7.矿床系列标本简述

本次标本采自桃科铜镍矿床矿石堆及渣石堆,采集标本6块,岩性分别为磁铁黄铁矿化角闪岩铜矿石、孔雀石化含暗色包体花岗岩、绿泥石化阳起石片岩、角闪阳起绿泥岩、斜长角闪岩和二长花岗岩(表1-12),较全面地采集了桃科铜镍矿床的矿石和围岩标本。

表 1-12 历城桃科铜镍矿采集标本一览表

序号	标本编号	光薄片编号	标本名称	标本类型
1	TK-B1	TK-g1/TK-b1	磁铁黄铁矿化角闪岩铜矿石	矿石
2	TK-B2	TK-g2/TK-b2	孔雀石化含暗色包体花岗岩	矿石
3	TK-B3	TK-b3	绿泥石化阳起石片岩	围岩
4	TK-B4	TK-b4	角闪阳起绿泥岩	围岩
5	TK-B5	TK-b5	斜长角闪岩	围岩
6	TK-B6	TK-b6	二长花岗岩	围岩

注:TK-B代表桃科铜镍矿标本,TK-g代表该标本光片编号,TK-b代表该标本薄片编号。

8. 图版

(1)标本照片及其特征描述

TK-B1

磁铁黄铁矿化角闪岩铜矿石。岩石为黑褐色,中—细粒粒状结构,块状构造。主要成分为金属矿物,金属矿物含量约90%。金属矿物大致可分为两类:一类为浅黄色,金属光泽,粒径1.0~2.0mm,含量约50%;一类为铜黄色,金属光泽,粒径1.0~3.0mm,含量约40%。脉石矿物为灰黑色,粒径细小,含量约10%。

TK-B2

孔雀石化含暗色包体花岗岩。岩石呈灰白色带肉红色,表面多发生孔雀石化变为翠绿色,半自形粒状结构、花岗结构,块状构造。主要成分为石英、钾长石、斜长石。石英:无色,具油脂光泽,粒径1.0~2.0mm,含量约50%。钾长石:肉红色,粒径1.0~3.0mm,含量约40%。斜长石:灰白色,粒径1.0mm左右,含量约10%。岩石含不同大小的暗色包体。暗色包体主要由普通角闪石、斜长石、黑云母组成。普通角闪石:黑色柱状,粒径<1.0mm,含量约70%。斜长石:灰白色,粒状,粒径<1.0mm,含量约20%。黑云母:黑褐色片状,粒径<1.0mm,含量约10%。

TK－B3

绿泥石化阳起石片岩。岩石为黑绿色，粒状、片状变晶结构，片状构造。主要成分为阳起石、钠长石。阳起石：绿色，针柱状，集合体呈丝绢光泽，断口呈片状，粒径0.1～0.5mm，含量约80%。钠长石：无色，粒状，玻璃光泽，粒度细小，含量约20%。

TK－B4

角闪阳起绿泥岩。岩石为黑绿色，柱状、片状变晶结构，块状构造。主要成分为绿泥石、阳起石，可见少量金属矿物。绿泥石：绿色，片状，多为集合体，粒径<0.1mm，含量约70%。阳起石：绿色，针柱状，集合体呈丝绢光泽，断口呈片状，粒径0.1～0.5mm，含量约30%。

TK－B5

斜长角闪岩。岩石呈灰黑色，中—细粒柱状、粒状变晶结构，块状构造。主要成分为普通角闪石、斜长石、石英。普通角闪石：黑绿色，柱状，可见角闪石式解理，粒径1.0～1.5mm，含量约70%。斜长石：灰白色，板状或粒状，粒径约1.0mm，含量约30%。石英：无色，具油脂光泽，粒径<1.0mm，含量较少。岩石可见两条平行的长英质脉体，宽度约0.3mm。

TK－B6

二长花岗岩。岩石呈浅黄褐色，半自形细粒粒状结构，块状构造。主要成分为石英、斜长石、钾长石。石英：无色，具油脂光泽，粒径<1.0mm，含量约40%。斜长石：灰白色，粒径约1.0mm，含量约40%。钾长石：肉红色，粒径约1.0mm，含量约20%。

（2）标本镜下鉴定照片及特征描述

TK-g1

磁铁黄铁矿化角闪岩铜矿石。自形—半自形粒状结构、包含结构。金属矿物为黄铁矿（Py）、黄铜矿（Cp）、磁铁矿（Mt）。黄铁矿：浅黄色，无多色性，无内反射，显均质性；自形—半自形晶粒状，多以集合体形式产出，具高反射率，硬度较高，不易磨光，黄铁矿包裹早期形成的较自形的磁铁矿，粒径0.2～2.0mm，多数为0.8～1.2mm，含量40%～45%。黄铜矿：铜黄色，不显多色性，无内反射，显均质性，半自形—他形晶粒状，多为集合体连接成片产出，较易磨光，可见黄铜矿呈细脉状或乳滴状交代黄铁矿，黄铜矿包裹早期形成的较自形的磁铁矿，粒径0.1～4.0mm，多数为1.5～2.5mm，含量30%～35%。磁铁矿：灰色略带棕色，无多色性及内反射，显均质性，多呈自形—半自形晶粒状，硬度较高，不易磨光，多数磁铁矿位于黄铁矿和黄铜矿晶体内部，呈包含结构，粒径0.1～0.4mm，含量10%～15%。

矿石矿物生成顺序：磁铁矿→黄铁矿→黄铜矿。

TK-g2

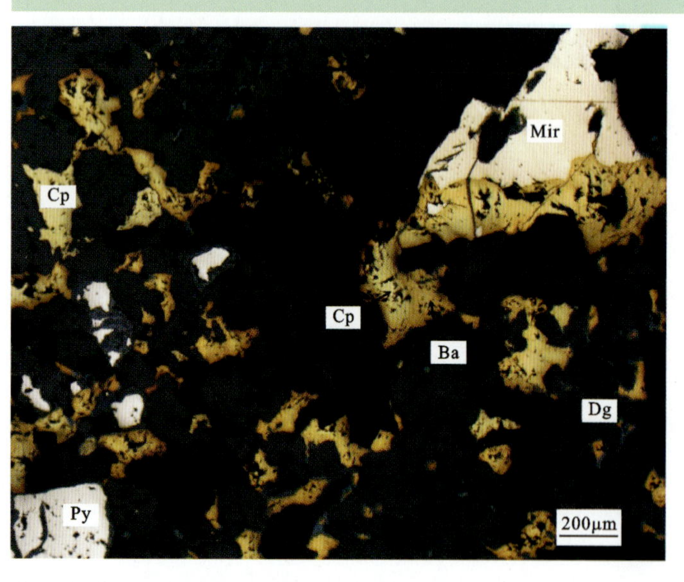

孔雀石化含暗色包体花岗质铜矿石。自形—半自形粒状结构，交代结构。金属矿物为黄铜矿（Cp）、黄铁矿（Py）、针镍矿（Mir），黄铜矿边缘多蚀变形成斑铜矿（Ba），斑铜矿边缘又被蓝辉铜矿（Dg）交代。黄铜矿：铜黄色，不显多色性，无内反射，显均质性，半自形—他形晶粒状，多以集合体形式呈脉状产出；较易磨光，粒径0.1～0.6mm，含量5%～10%。黄铜矿边缘多蚀变形成斑铜矿，有的完全变成斑铜矿，斑铜矿边缘又被蓝辉铜矿交代，形成交代结构。黄铁矿：浅黄色，无多色性，无内反射，显均质性，自形—半自形晶粒状，零星分布于岩石中，具高反射率，硬度较高，不易磨光，粒径0.1～0.6mm，多数为0.1～0.4mm，含量约5%。针镍矿：淡黄色，显多色性，无内反射，强非均质性，他形晶粒状，易磨光，粒径0.2～0.6mm，含量较少。

矿石矿物生成顺序：黄铁矿→黄铜矿→针镍矿、斑铜矿→蓝辉铜矿。

TK－b1

磁铁黄铜黄铁矿化角闪岩。半自形—他形粒状结构。主要成分为金属矿物，金属矿物含量约90％，非金属矿物主要为普通角闪石（Hb）、黑云母（Bi）。普通角闪石：黄褐色，半自形—他形粒状，正中突起，多色性明显，未见解理，干涉色二级中部，但受自身颜色干扰而不易辨别，粒径0.1～0.2mm，含量约5％。黑云母：红褐色，半自形长条形，正中突起，多色性弱，未见解理，干涉色被自身颜色掩盖而难以辨认，粒径0.1～0.2mm，含量约5％。

TK－b2

孔雀石化含暗色包体花岗岩。岩石具半自形粒状结构，花岗结构。主要成分为石英（Qz）、钾长石（Kf）、斜长石（Pl）、普通角闪石（Hb），可见少量黑云母（Bi）。斜长石、普通角闪石和黑云母多呈半自形，钾长石呈半自形—他形，石英呈他形，构成花岗结构。石英：无色，他形粒状，多以集合体形式聚集，多呈浑圆状，表面光洁，部分石英可见波状消光，干涉色最高为一级黄白，粒径0.2～2.0mm，多数为0.5～1.5mm，含量40％～50％。钾长石：无色，表面因蚀变而浑浊不清，半自形—他形粒状或板状，一级灰白干涉色，偶见双晶，普遍发生泥化，粒径0.5～3.0mm，多数为1.0～2.0mm，含量30％～40％。斜长石：无色，他形粒状，负低突起，干涉色最高为一级灰白，多发生绢云母化，粒径0.2～1.0mm，含量10％～20％。普通角闪石：绿色—黄绿色，多色性明显；他形粒状，未见解理，干涉色受自身颜色影响严重，普通角闪石多蚀变为绿泥石，粒径0.1～0.3mm，含量较少。黑云母：褐色，半自形片状，褐色—黄色多色性明显，可见一组极完全解理，干涉色多被自身颜色所掩盖，粒径0.1～0.4mm，含量较少。暗色包体主要由普通角闪石、斜长石、黑云母组成，可见少量石英、金属矿物。普通角闪石：绿色—黄绿色，半自形柱状或粒状，多色性明显，部分普通角闪石蚀变为绿泥石，粒径0.1～0.3mm，含量60％～70％。斜长石：无色，他形粒状，粒径0.1～0.3mm，含量15％～25％。黑云母：褐色，片状，多色性明显，粒径0.1～0.4mm，含量约10％。

TK－b3

绿泥石化阳起石片岩。岩石具粒状片状变晶结构。主要成分为阳起石(Act)、钠长石(Ab),阳起石为针柱状集合体,定向排列构成片理。阳起石:浅绿色,自形—半自形针柱状,多以集合体形式产出,部分阳起石变为绿泥石,正中突起,多色性明显,干涉色可达二级黄,斜消光,粒径0.1～0.3mm,含量80%～90%。钠长石:无色,受蚀变影响表面略浑浊,他形粒状,多以集合体形式产出,负低突起,最高干涉色为一级黄白,斜消光,多数钠长石粒径<0.1mm,粒度稍大者可达0.1mm,含量15%～20%。

TK－b4

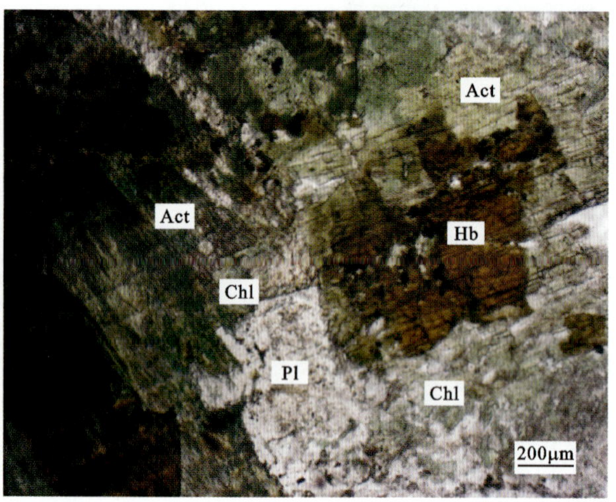

角闪阳起绿泥岩。岩石具柱状片状变晶结构,块状构造。主要成分为绿泥石(Chl)、阳起石(Act),含少量普通角闪石(Hb)、斜长石(Pl),可见少量金属矿物。绿泥石:淡绿色—绿色,片状,多以集合体形式产出,正低突起,多色性明显,干涉色为一级灰白,粒径0.1～0.2mm,含量55%～65%。阳起石:浅绿色,自形—半自形针柱状,多以集合体形式产出,正中突起,多色性明显,干涉色可达二级黄,斜消光,粒径0.1～0.6mm,含量20%～30%。普通角闪石:普通角闪石可分为两类。一类普通角闪石为绿色—黄绿色,粒状,正中突起,多色性明显,干涉色为二级黄,主要与绿泥石和阳起石接触,部分蚀变为绿泥石,粒径1.0～2.0mm,含量约5%;另一类普通角闪石为浅黄—黄褐色,粒状,正中突起,多色性明显,干涉色受自身颜色干扰严重,部分蚀变为阳起石或绿泥石,粒径2.0～3.0mm,含量约5%。斜长石:无色,他形粒状,负低突起,干涉色最高为一级灰白,多发生绢云母化,粒径0.1～0.3mm,含量较少。

TK－b5

斜长角闪岩。岩石具中—细粒柱状粒状变晶结构。主要成分为普通角闪石(Hb)、斜长石(Pl)、石英(Qz)。普通角闪石:黄绿色—深绿色,多数为半自形柱状,正中—正高突起,多色性明显,两组斜交解理,解理夹角为56°;干涉色最高为二级黄,但受自身颜色干扰致使干涉色颜色不鲜艳;粒径0.2～2.0mm,多数为0.5～1.0mm,含量60%～70%。斜长石:无色,多呈半自形—他形粒状或板状,负低突起;干涉色最高为一级灰白,偶见双晶,粒径0.1～0.8mm,多数为0.3～0.5mm,含量30%～35%。石英:无色,他形粒状,多呈浑圆状,表面光洁,干涉色最高为一级黄白,粒径0.1～0.3mm,含量约5%。

TK－b6

二长花岗岩。岩石具半自形细粒粒状结构,花岗结构。主要成分为石英(Qz)、斜长石(Pl)、钾长石(Kf),可见少量黑云母(Bi)。斜长石、普通角闪石和黑云母多呈半自形,钾长石呈半自形—他形,石英呈他形,构成花岗结构。石英:无色,他形粒状,多以集合体形式聚集,多呈浑圆状,表面光洁,部分石英可见波状消光,干涉色最高为一级黄白,粒径0.1～0.5mm,多数为0.1～0.3mm,含量40%～45%。斜长石:无色,表面因蚀变而浑浊不清,多呈半自形粒状或板状,负低突起,干涉色最高为一级灰白,偶见双晶,普遍发生绢云母化,粒径0.1～0.8mm,多数为0.3～0.5mm,含量35%～40%。钾长石:无色,表面因蚀变而浑浊不清,半自形—他形粒状或板状,一级灰白干涉色,偶见双晶,普遍发生泥化,粒径0.2～0.5mm,含量20%～25%。黑云母:褐色,半自形片状,褐色—黄色多色性明显,闪突起,可见一组极完全解理,干涉色多被自身颜色所掩盖,粒径0.1～0.3mm,少量较少。

二、泗水北孙徐铜矿

北孙徐铜矿位于济宁市泗水县城东南9km,行政区划隶属于泗水县济河街道办事处,大地构造位置位于华北板块(Ⅰ)鲁西隆起区(Ⅱ)鲁中隆起(Ⅲ)尼山-平邑断隆(Ⅳ)尼山凸起(Ⅴ)。北孙徐铜矿位于仲都断裂之北侧,四开山-四海山-张庄基底背斜的轴部,近于其倾没端。矿体产在老的侵入基性岩角闪辉长岩体内。矿区累计探明铜金属量1374t,矿床规模属小型。

1.矿区地质特征

区内地层由老至新为新太古代泰山岩群黑云角闪质混合岩、混合质花岗岩,寒武纪灰岩、砂质页岩、页岩,新生代第四纪残坡积。

区内构造表现为褶皱和断裂两种。褶皱为四开山-四海山-张庄背斜,发育在基底当中;断裂为居龙山断裂及其次级断裂，居龙山断裂晚于岩体和矿体，对矿体有一定的破坏作用，次级断裂在通过岩体的局部地方有矿化现象。

区内岩浆岩主要为角闪辉长岩岩体，铜矿体几乎全部产于岩体的过渡相内，见有少量黄铜矿呈脉状伸入内部相中，岩体总体沿120°方向延伸，东西长约300m，南北宽约200m，地表形态呈西宽东窄的舌状，空间形态上呈岩盘状；岩体岩性分带可分为边缘相、过渡相和内部相，以过渡相为主。寒武纪地层呈不整合覆盖在岩体之上。

2. 矿体特征

矿体产在角闪辉长岩岩体内，并严格受其控制。在岩体内共有大小矿体12条，规模较大矿体8条（表1－13）。

表1－13　矿体特征一览表

矿体编号	产状/(°)		规模/m			形态变化		备注
	走向/倾向	倾角	长	厚	延深	沿走向	沿倾向	
Ⅰ	295/NE	45	150	3.14	52～98	脉状	板状	铜在矿石中含量比较稳定，整个矿区Ⅱ号矿体最高，平均含量0.65%，Ⅴ号矿体最低，平均含量0.40%，一般在0.5%左右，总平均含量0.5%
Ⅱ	295/—	90	200	2.96	25～34	脉状	楔状	
Ⅲ	300/NE	83	100	2.59	15～37	脉状	楔状	
Ⅳ	280～300/NE	87	200	2.40	22～52	脉状	楔状	
Ⅴ	295/—	90	68	0.59	8	脉状	楔状	
Ⅵ	305/—	90	133	1.75	16～36	脉状	楔状	
Ⅶ	300/NE	82	65	0.72	32	脉状	楔状	
Ⅷ	295/NE	76	40	1.15	22	透镜状	楔状	

矿体长短不一，大小不等，最长200m，最短40m，平均100m左右；平均厚度一般1～2m，最厚可达3.14m，最薄只有0.59m；矿体延深受岩体控制，一般西深东浅，平均延伸最深可达90m，最浅者8m，一般20～50m。矿体一般呈脉状，少数小矿体呈透镜状。矿体沿走向和倾向变化较大，分支复合现象较常见（图1－22）。

3. 矿石特征

矿石主要成分为黄铜矿，其次为斑铜矿、铜兰、曜铜矿、蓝辉铜矿、方黄铜矿、孔雀石等。伴生的金属矿物有黄铁矿、磁铁矿、磁黄铁矿，钛铁矿、赤铁矿、白铁矿、褐铁矿和紫硫镍铁矿等。脉石矿物有辉石、长石、角闪石、黑云母、绢云母、磷灰石、绿帘石、绿泥石、阳起石、透闪石、榍石、石英和碳酸盐矿物等。

矿石结构一般呈变余辉长结构。矿石构造为块状和细脉浸染状构造。

矿石自然类型为氧化矿石和硫化矿石。矿石工业类型为需选铜镍矿石。

4. 共伴生矿产评价

矿床伴生有益组分为镍和钴。累计查明伴生钴镍矿石量10.27万t，镍金属量279.30t，钴金属量13.11t。一般镍的含量为0.2%～0.4%，最高可达1.24%；钴含量为0.009%～0.010%，最高可达0.021%。

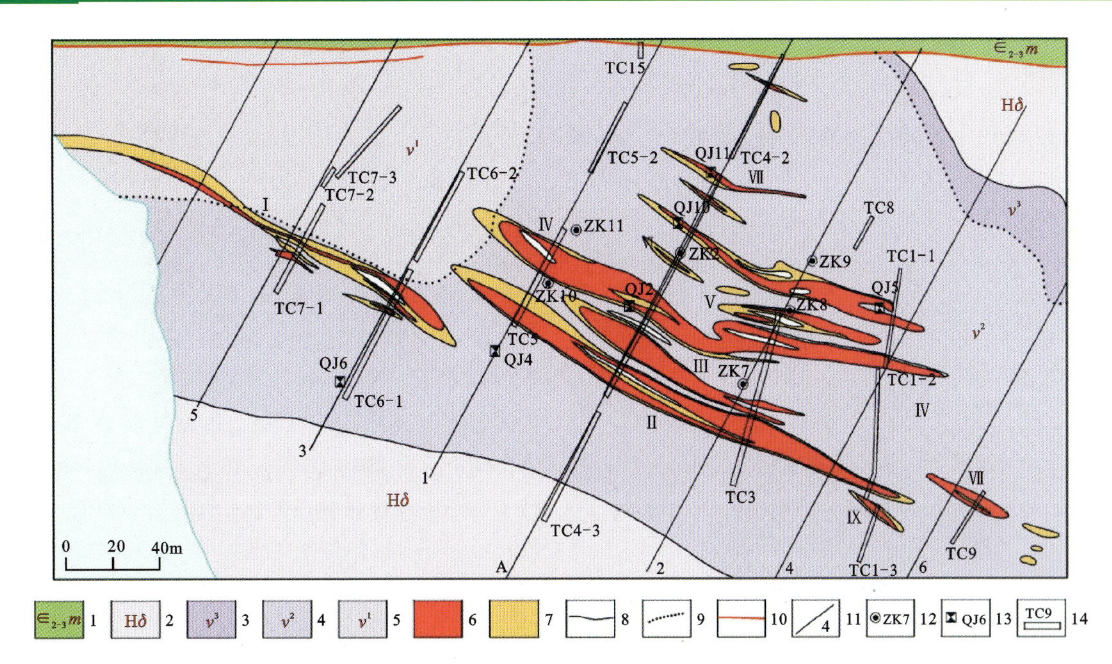

1. 寒武纪馒头组；2. 角闪黑云母混合岩；3. 细粒角闪辉长岩；4. 中粒角闪辉长岩；5. 粗粒角闪辉长岩；6. 矿体；7. 矿化带；8. 地质界线；9. 辉长岩岩体界线；10. 断层；11. 勘探线及编号；12. 钻孔及编号；13. 浅井及编号；14. 探槽及编号

图 1-22　北孙徐铜镍矿体分布平面图(据叶育清等，1973)

5. 矿体围岩

矿体围岩为中粒和粗粒角闪辉长岩。

6. 成因模式

矿体赋存于老的角闪辉长岩体中，并受其严格控制，岩体向西倾没，矿体向西侧伏，而且到达边缘相时矿床尖灭。

矿体和围岩界线不清，呈过渡关系，矿石共伴生有镍和钴，初步认为该矿的成因属晚期岩浆矿体。

据岩矿鉴定资料，黄铁矿、黄铜矿、磁黄铁矿等金属硫化物呈细脉状穿入岩石中，并沿着斜长石、角闪石等矿物间隙充填分布，且石英脉和金属硫化物分布在一起，故认为可能也有后期热液成矿现象。

通过对矿区内地层、控矿构造、侵入岩、矿体特征和矿石质量的分析论述，认为该矿床为岩浆熔离-热液改造成因。

7. 矿床系列标本简述

本次标本采自北孙徐铜镍矿床矿石堆及渣石堆，采集标本4块，岩性分别为含角闪石孔雀石绢云绿泥石化辉长岩铜矿石、绿泥石化角闪辉长岩铜矿石、绿泥石化角闪辉长岩和混合岩化斑块状角闪辉长岩(表1-14)，较全面地采集了北孙徐铜镍矿床的矿石和围岩标本。

表 1-14　北孙徐铜镍矿床采集标本一览表

序号	标本编号	光薄片编号	标本名称	标本类型
1	BSX-B1	BSX-g1/BSX-b1	含角闪石孔雀石绢云绿泥石化辉长岩铜矿石	矿石
2	BSX-B2	BSX-g2/BSX-b2	绿泥石化角闪辉长岩铜矿石	矿石
3	BSX-B3	BSX-b3	绿泥石化角闪辉长岩	围岩
4	BSX-B4	BSX-b4	混合岩化斑块状角闪辉长岩	围岩

注：BSX-B代表北孙徐矿标本，BSX-g代表该标本光片编号，BSX-b代表该标本薄片编号。

8. 图版

(1)标本照片及其特征描述

BSX - B1

含角闪石孔雀石绢云绿泥石化辉长岩铜矿石。岩石呈灰绿色—墨绿色,块状构造。主要成分为斜长石、辉石,其次为角闪石,表面可见暗绿色孔雀石。斜长石:无色,呈长柱状或板状,粒径<1.0mm,含量约50%。辉石:灰绿色,短柱状,粒径<1.0mm,含量约30%。角闪石:褐色,长柱状,粒径<1.0mm,含量约10%。孔雀石:鲜绿色,簇状集合,粒径<1.0mm,含量约10%。岩石绿泥石化、绢云母化蚀变强烈,多数角闪石、辉石受蚀变作用强烈,部分颗粒几乎被完全取代,仅表现为假晶。

BSX - B2

绿泥石化角闪辉长岩铜矿石。岩石呈灰绿色,块状构造,表面可见蓝铜矿矿化。主要成分为斜长石、角闪石、辉石、黑云母。斜长石:无色,呈长柱状或板状,粒径<1.0mm,含量约40%。角闪石:褐色,长柱状,粒径<1.0mm,含量约30%。辉石:灰绿色,短柱状,粒径<1.0mm,含量约25%。黑云母:褐色,片状,粒径<1.0mm,含量约5%。岩石中辉石发育强烈的绿泥石化,角闪石主要为普通角闪石,普遍发育绢云母化、绿泥石化及绿帘石化;斜长石发育有绢云母化及高岭土化。

BSX - B3

绿泥石化角闪辉长岩。岩石呈灰绿色,块状构造。主要成分为斜长石、辉石、角闪石、黑云母。斜长石:无色,呈长柱状或板状,粒径<1.0mm,含量约45%。辉石:灰绿色,短柱状,粒径<1.0mm,含量约30%。角闪石:褐色,长柱状,粒径<1.0mm,含量约20%。黑云母:褐色,片状,粒径<1.0mm,含量约5%。岩石中辉石具强烈的绿泥石化;角闪石主要为普通角闪石,普遍发育绢云母化、绿泥石化及绿帘石化;斜长石发育有绢云母化及高岭土化。

BSX－B4

混合岩化斑块状角闪辉长岩。岩石呈灰绿色，斑块状构造。主要成分为斜长石、辉石、角闪石、黑云母。斜长石：无色，长柱状或板状，粒径<1.0mm，含量约50%。辉石：灰绿色，短柱状，粒径<1.0mm，含量约25%。角闪石：褐色，长柱状，粒径<1.0mm，含量约20%。黑云母：褐色，片状，粒径<1.0mm，含量约5%。岩石中暗色矿物如辉石、角闪石分布于浅色长石脉体中，且矿物均有粒度增大现象；辉石具强烈的绿泥石化；角闪石主要为普通角闪石，普遍发育绢云母化和绿泥石化；斜长石发育有绢云母化及高岭土化。

(2)标本镜下鉴定照片及特征描述

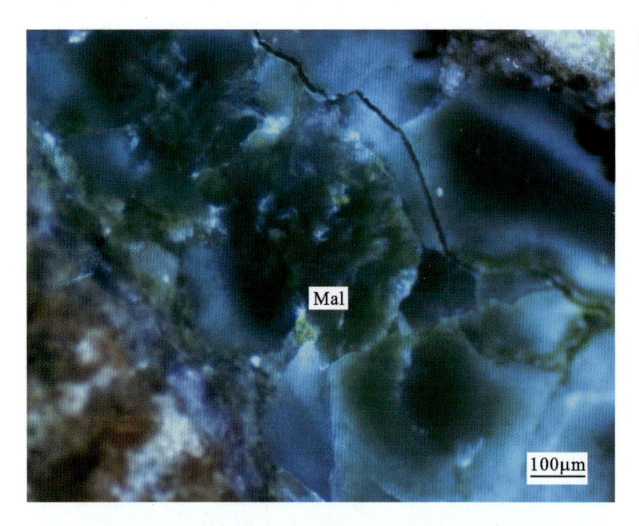

BSX－g1

含角闪石孔雀石绢云绿泥石化辉长岩。他形粒状结构。孔雀石(Mal)：灰绿色—棕灰色，多呈粒状集合体，具有多色性，显翠绿色内反射色，显强非均质性，易磨光，多为后期氧化带产物，充填于透明矿物间隙，集合体粒径>0.5mm，含量约5%。

BSX－g2

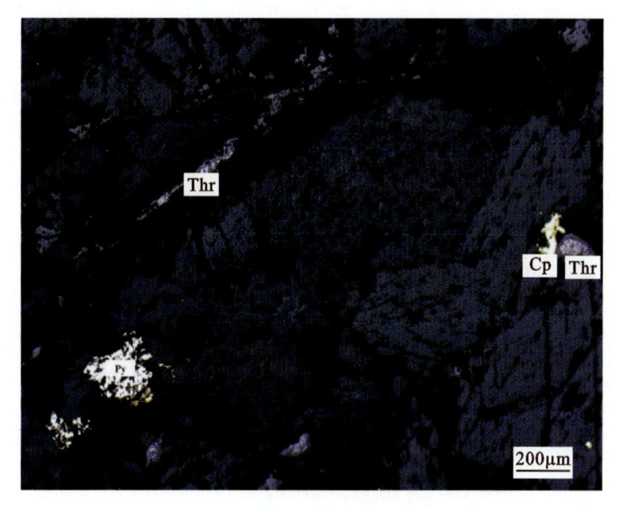

绿泥石化角闪辉长岩。自形—半自形粒状结构。金属矿物为黄铁矿(Py)、黄铜矿(Cp)、黝铜矿(Thr)。黄铁矿：浅黄色，自形—半自形晶粒状，显均质性，硬度较高，不易磨光，黄铁矿颗粒多较为细小，零星分布，可见黄铁矿颗粒交代黄铜矿颗粒，也可见与黝铜矿同期形成的透明矿物交代黄铁矿，粒径0.1～0.3mm，含量约1%。黄铜矿：铜黄色，半自形—他形粒状，显均质性，较易磨光，可见黄铁矿、黝铜矿交代黄铜矿颗粒，粒径0.05～0.2mm，含量较少。黝铜矿：灰色，不规则粒状集合体，显均质性，无内反射，易磨光，可见黝铜矿交代黄铜矿颗粒，也可见黝铜矿呈脉状集合体发育在透明矿物中，集合体粒径0.1～0.5mm，含量较少。

矿石矿物生成顺序：黄铜矿→黄铁矿、黝铜矿。

BSX - b1

含角闪石孔雀石绢云绿泥石化辉长岩。交代残余结构。主要成分为斜长石(Pl)、辉石(Prx),其次为孔雀石(Mal)、角闪石(Hb),角闪石、辉石受蚀变作用强烈,大部分颗粒被绢云母(Ser)、绿泥石(Chl)取代,仅表现为假晶。斜长石:无色,多呈板状或柱状,负低突起,一级灰白干涉色,斜长石颗粒较为破碎,表面可见碳酸盐化,可见钠长石双晶,粒径 0.4～0.8mm,含量 45%～50%。辉石:无色—淡绿色,短柱状,可见近六边形切面;正高突起,干涉色为二级,可见两组解理,多发生纤闪石化和绿泥石化蚀变,部分颗粒被完全取代,表现为假晶,粒径 0.2～0.4mm,含量 35%～40%。孔雀石:鲜绿色,多为簇状、填充脉状;正高突起,具有明显的多色性,干涉色通常被自身颜色掩盖,多为后期氧化带产物,充填于矿物间隙,粒径 0.2～0.4mm,含量 5%～10%。角闪石:褐色,可见菱形横切面,正中突起,有明显的多色性及吸收性,可见两组菱形解理,干涉色为二级,多发生绿泥石化、绢云母化蚀变,粒径 0～0.5mm,含量 5%～10%。

BSX - b2

绿泥石化角闪辉长岩。辉长结构,中—细粒半自形结构。主要成分为斜长石(Pl)、角闪石(Hb)、辉石(Prx),其次为黑云母(Bi);矿物多见绿泥石化蚀变,也可见绢云母化蚀变;暗色矿物如辉石、角闪石与基性斜长石均为半自形,且粒度相近,相互穿插不规律排列,形成辉长结构。斜长石:无色,多呈板状或柱状,负低突起,一级灰白干涉色,斜长石颗粒较为破碎,表面可见由绢云母化和黏土化而导致的浑浊不清,可见钠长石双晶及聚片双晶,粒径 0.2～0.8mm,含量 35%～40%。角闪石:褐色,可见菱形横切面,正中突起,有明显的多色性及吸收性,可见两组菱形解理,干涉色为二级,多发生绿泥石化、绢云母化蚀变,粒径 0.2～1.0mm,含量 25%～30%。辉石:淡绿色,短柱状,可见近六边形切面,正高突起,可见两组近正交解理,干涉色为二级,可见简单双晶及聚片双晶,多发生纤闪石化和绿泥石化蚀变,粒径 0.2～0.8mm,含量 20%～25%。黑云母:褐色,半自形片状集合体,褐色—黄色多色性明显,可见一组极完全解理,干涉色多被自身颜色所掩盖,表面多发生绢云母化蚀变,粒径 0.2～0.4mm,含量约 5%。

BSX－b3

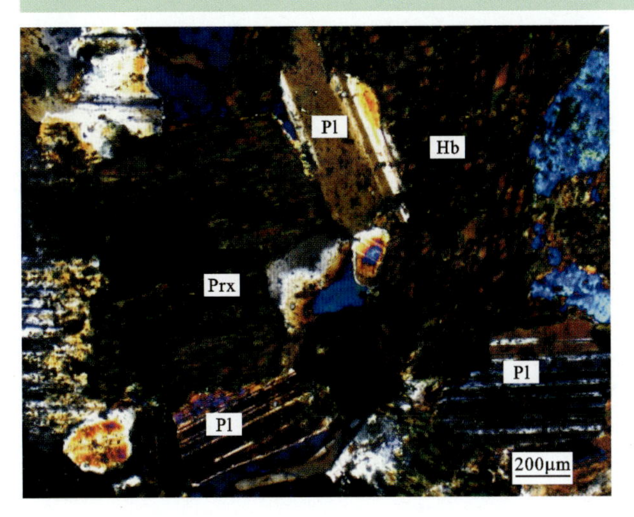

绿泥石化角闪辉长岩。辉长结构。主要成分为斜长石(Pl)、辉石(Prx)、角闪石(Hb)，其次为黑云母(Bi)；矿物多见绿泥石化蚀变，也可见绢云母化蚀变；暗色矿物如辉石、角闪石与基性斜长石均为半自形，且粒度相近，相互穿插不规律排列，形成辉长结构。斜长石：无色，多呈板状或柱状，负低突起，一级灰白干涉色，斜长石颗粒较为破碎，表面可见由绢云母化和黏土化而导致的浑浊不清，可见钠长石双晶及聚片双晶，粒径0.2～0.6mm，含量40%～45%。辉石：淡绿色，短柱状，可见近六边形切面，正高突起，可见两组近正交解理，干涉色为二级，可见简单双晶及聚片双晶，多发生纤闪石化和绿泥石化蚀变，粒径0.2～0.6mm，含量25%～30%。角闪石：褐色，可见菱形横切面，正中突起，有明显的多色性及吸收性，可见两组菱形解理，干涉色为二级，多发生绿泥石化、绢云母化蚀变，粒径0.2～0.8mm，含量15%～20%。黑云母：褐色，半自形片状集合体，褐色—黄色多色性明显，可见一组极完全解理，干涉色多被自身颜色所掩盖，表面多发生绢云母化蚀变，粒径0.2～0.4mm，含量约5%。

BSX－b4

混合岩化斑块状角闪辉长岩。变斑状结构。主要成分为斜长石(Pl)、辉石(Prx)、角闪石(Hb)，其次为黑云母(Bi)；矿物多见绿泥石化蚀变，也可见绢云母化蚀变；暗色矿物如辉石、角闪石分布于浅色长石脉体中，且矿物均有粒度增大现象；基性斜长石较为破碎，多呈脉状，多呈集合体。斜长石：无色，多呈板状或柱状，负低突起，一级灰白干涉色，斜长石颗粒较为破碎，表面可见由绢云母化和黏土化而导致的浑浊不清，可见钠长石双晶及聚片双晶，长石颗粒破碎，粒度较为细小，多呈集合体，粒径0.2～0.6mm，含量45%～50%。辉石：淡绿色，短柱状，可见近六边形切面，正高突起，可见两组近正交解理，干涉色为二级，可见简单双晶及聚片双晶，多发生纤闪石化和绿泥石化蚀变，粒径0.4～0.8mm，含量20%～25%。角闪石：褐色，可见菱形横切面，正中突起，有明显的多色性及吸收性，可见两组菱形解理，干涉色为二级，多发生绿泥石化、绢云母化蚀变，粒径0.4～0.8mm，含量15%～20%。黑云母：褐色，半自形片状集合体，褐色—黄色多色性明显，可见一组极完全解理，干涉色多被自身颜色所掩盖，表面多发生绢云母化蚀变，粒径0.2～0.4mm，含量约5%。

第二章　山东典型铅锌矿床标本及光薄片

第一节　山东铅锌矿概况

一、山东铅锌矿的分布

山东铅锌矿床及矿点较多(近 70 处)，累计查明铅金属量约 85 万 t，锌金属量约 69 万 t，但矿床规模一般较小，除平度鑫汇、福山王家庄、五莲七宝山、栖霞香夼及栖霞虎窝顶矿床达到中型规模，其余的矿床均为小型。山东省铅锌矿区在区域上主要分布在鲁东地区，如烟台市的栖霞、招远、龙口，青岛市的平度，威海市的荣成、乳山及潍坊市的安丘等地。在鲁西地区仅见于汶上县、沂水县、邹平市。在地质构造部位上，铅锌为主的多金属矿床主要分布在沂沭断裂带、胶莱盆地周缘、胶南-威海造山带及其他中生代火山岩盆地内。从成矿时间上来看，燕山晚期是铅锌矿形成的主成矿期，部分可能延续至古近纪，成矿与太平洋板块向欧亚板块俯冲挤压期后的伸展拉张阶段相吻合。

山东省铅锌矿床以金银及铜矿床的共伴生矿床为主，如平度旧店金矿、平度谢格庄多金属矿、福山张家庄金矿、招远十里堡银矿、招远原疃金矿、招远大尹格庄金矿、莱州留村金矿、栖霞百里店金矿、栖霞下瑶沟多金属矿、栖霞虎鹿夼银矿、牟平下雨村及松乐顶金矿、威海范家埠金矿、乳山白石金矿、荣成金角口多金属矿等。以铅锌为主的矿床有 9 处，即栖霞香夼铅锌矿、安丘白石岭铅锌矿、龙口凤凰山铅锌矿、安丘担山铅锌矿、安丘宋官疃及胶南七宝山-高城现铅-重晶石矿、荣成产里铅锌矿、沂水夏蔚王村铅矿及汶上毛村铅矿等。

二、山东铅锌矿床类型

山东铅锌矿床主要有矽卡岩型、层控热液型、热液裂隙充填脉型及共伴生型 4 种类型。

矽卡岩型铅锌矿床：该类型铅锌矿床省内仅有栖霞香夼 1 处。矿化主要发育在中生代花岗闪长斑岩体与震旦纪蓬莱群香夼组灰岩接触带内，少部分位于接触带两侧的蚀变围岩中。伴生有铜硫矿化和铜钼矿化，铅锌矿化主要发育于上部，铜硫矿化主要发育于中部，铜钼矿化主要发育于下部。矿体形态复杂，产状变化很大，常呈透镜状、脉状、囊状、似层状产出，沿接触带向下与其下部的铜硫矿体呈渐变过渡关系。

层控热液型铅锌矿床：矿化以裂隙充填形式为主(如沂源金家山、沂源土门等铅锌矿)。矿化蚀变带赋存于寒武纪朱砂洞组丁家庄白云岩段中，普遍发育呈岩床状顺层侵入的闪长玢岩。矿化蚀变带上部岩性为中薄层灰质白云岩，下部岩性为厚层白云岩、灰质白云岩，带内岩性为角砾状厚层白云岩、白云质灰岩。带内岩石蚀变主要以褐铁矿化、菱铁矿化、硅化、碳酸盐化、方铅矿化、闪锌矿化等为主。其中碳酸盐化、褐铁矿化、菱铁矿化蚀变较普遍，蚀变强烈地段往往形成矿体。

热液裂隙充填脉型铅锌矿床：矿化以裂隙充填形式为主(如安丘白石岭、安丘宋官疃、龙口凤凰山等

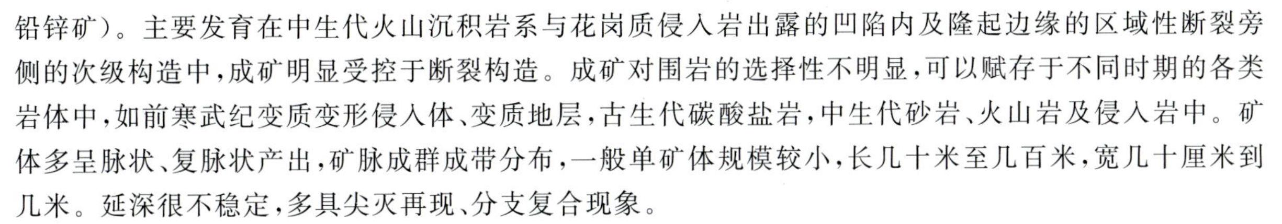

铅锌矿)。主要发育在中生代火山沉积岩系与花岗质侵入岩出露的凹陷内及隆起边缘的区域性断裂旁侧的次级构造中,成矿明显受控于断裂构造。成矿对围岩的选择性不明显,可以赋存于不同时期的各类岩体中,如前寒武纪变质变形侵入体、变质地层,古生代碳酸盐岩,中生代砂岩、火山岩及侵入岩中。矿体多呈脉状、复脉状产出,矿脉成群成带分布,一般单矿体规模较小,长几十米至几百米,宽几十厘米到几米。延深很不稳定,多具尖灭再现、分支复合现象。

共伴生型铅锌矿床:铅锌矿以共伴生的形式存在于其他矿种矿床类型中,如与铜矿共伴生的铅锌矿床、与金矿共伴生的矿床、与银矿共伴生的热液型矿床。

除上述 4 种主要类型外,在沂水县夏蔚地区发育有碳酸盐岩型铅锌矿床,该类型铅矿床只有 1 个矿区,矿床规模较小。

第二节　矽卡岩型(香夼式)铅锌矿床

矽卡岩型(香夼式)铅锌矿床主要发育在中生代花岗闪长斑岩体与震旦纪蓬莱群香夼组灰岩接触带内,少部分位于接触带两侧的蚀变围岩中,并伴有铜硫矿化和铜钼矿化。由于岩石经受不同阶段的热变质作用重复的改造,蚀变作用极强烈,除花岗斑岩本身的自变质作用外,在岩浆期后的热液作用下,接触带的岩石发生了矽卡岩化、绿泥石化、硅化、碳酸盐化、黄铁矿化、绢云母化和大理岩化。典型矿床为栖霞香夼铅锌矿。

栖霞香夼铅锌矿床位于烟台栖霞市北东约 22km,行政区划隶属于栖霞市臧家庄镇,大地构造位置位于华北板块(Ⅰ)胶辽隆起区(Ⅱ)胶北隆起(Ⅲ)胶北断隆(Ⅳ)胶北凸起(Ⅴ)的西北部。矿区累计探明铅金属量 14 万 t,锌金属量 20 万 t,矿床规模为中型。

1. 矿区地质特征

区内地层自下而上分别为新元古代蓬莱群南庄组黄绿色厚层板岩夹千枚岩、硅质板岩、绢云绿泥大理岩夹钙质板岩、黄绿色板岩夹钙质板岩、泥灰岩和香夼组灰岩,白垩纪青山群玄武安山岩、安山质角砾岩夹细砂岩、流纹岩、英安岩、英安质凝灰岩及第四系(图 2-1)。

区内断裂构造发育。主要有近东西走向的龙窝铺-翰家疃断裂、北东东走向的南徐村断裂、枣林河断裂和蒙家断裂,形成矿区构造骨架。其次有北东走向的张扭性断裂,规模较大的为 F_2、F_3、F_4。目前已知与矿床关系密切的断裂构造有龙窝铺-翰家疃断裂、枣林河断裂。

区内岩浆岩主要为中生代燕山晚期雨山序列的中酸性浅成—超浅成侵入岩,岩石类型有流纹质英安斑岩、花岗闪长斑岩、含角砾英安斑岩。这 3 种岩石分 3 次侵入该区。该类型的浅成—超浅成侵入岩在矿区中东部广泛出露,且主体分布于矿区中部,习惯上统称为香夼岩体。上述 3 种岩体中,以花岗闪长斑岩与成矿关系最为密切,花岗闪长斑岩体与香夼组灰岩接触产生双交代作用,形成矽卡岩体和矽卡岩型铅锌矿体及硫-铜矿体,矽卡岩化晚期形成的含矿热液交代围岩又形成了充填交代式铅锌硫铜矿体。脉岩有早期侵入到蓬莱群的蚀变辉绿玢岩和燕山中晚期以后的石英闪长玢岩、安山玢岩、煌斑岩、流纹斑岩、隐角砾岩等。

2. 矿体特征

栖霞香夼矿区是 Pb-Zn-Cu-S 这 4 种主要元素组合矿床,矿体多发育在白垩纪青山期花岗闪长斑岩与震旦纪蓬莱群香夼组灰岩接触带内,少量分布在接触带两侧的蚀变围岩中。矿化范围宽约 600m,长约 1700m,延深大于 700m。在矿化范围内已经查明矿体 60 余个,主要矿体有 4 个,即Ⅰ号、Ⅱ号铜硫矿体及Ⅳ号、Ⅴ号铅锌矿体。矿区内除地表有零星铅锌矿体露头外,都是埋深于 200m 以下的隐伏矿体。矿

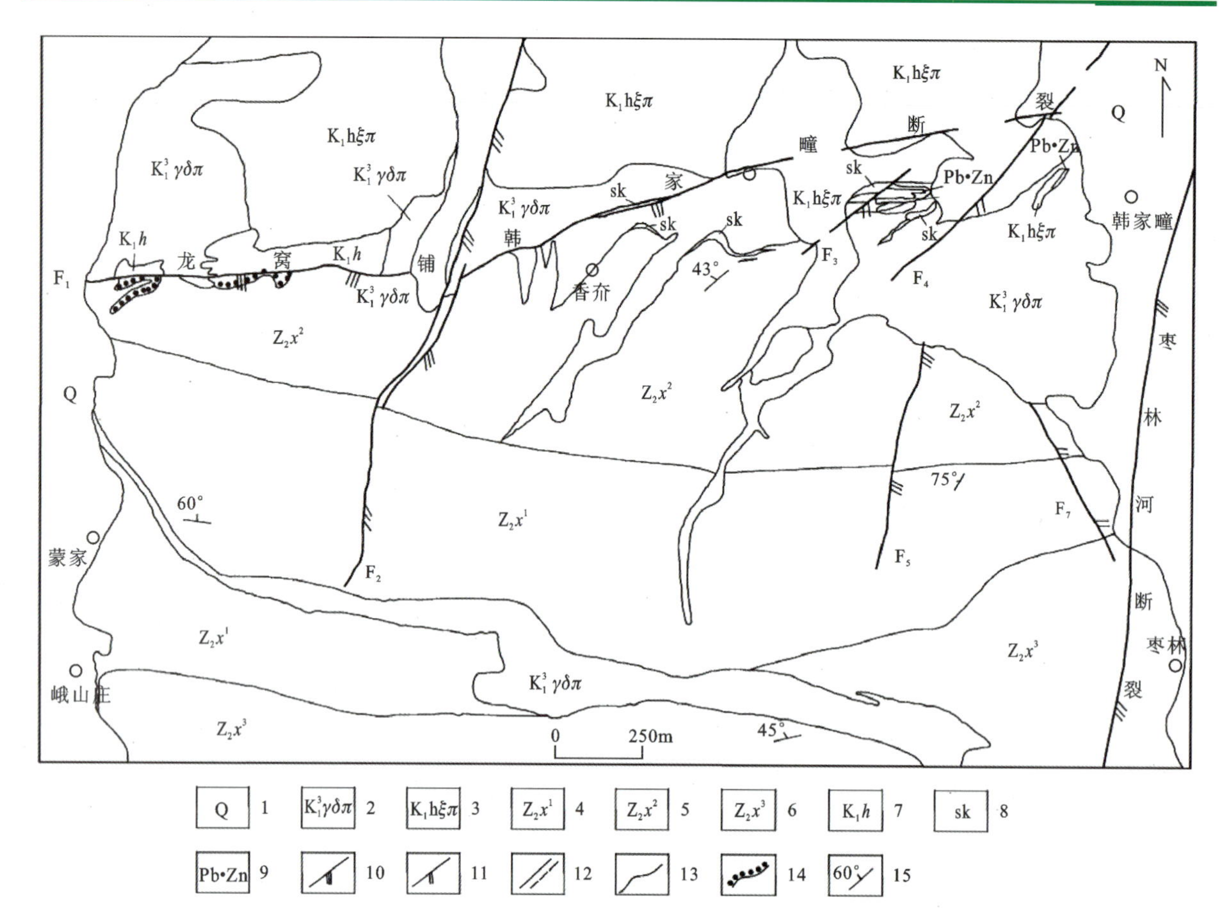

1.第四纪砂质黏土;2.英安质-流纹质火山碎屑岩、碎屑熔岩;3.角砾状英安斑岩;4.香夼组一段厚层灰岩夹泥质灰岩、板岩;5.香夼组二段泥灰岩、灰岩互层夹薄层板岩;6.香夼组三段钙质板岩、板岩夹泥灰岩;7.白垩纪贺家沟单元花岗闪长斑岩;8.矽卡岩;9.铅锌矿体;10.压扭性断层;11.张扭性断层;12.性质不明断层及推测断层;13.地质界线;14.角度不整合界线;15.岩层产状

图 2-1　香夼铅锌矿床区域地质简图(据李杰等,2014)

体沿接触带断续分布,产状与接触带基本一致,整体呈近东西走向,倾向南—南南东,倾角 30°～60°。矿体自上而下存在着明显的垂直分带现象:浅部为铅锌矿体,中部为铜硫矿体,深部为铜钼矿化体(图 2-2)。

Ⅳ号矿体产于外接触带的矽卡岩中。呈似层状,走向 50°,倾向南东,倾角 40°～50°。矿体平均厚度 7.98m,最大厚度 26.32m,厚度变化系数 64%,厚度稳定程度属较稳定型。铅品位在 0.03%～9.66%之间,平均 1.14%,变化系数 67%;锌品位在 0.13%～13.22%之间,平均 2.74%,变化系数 58%,有用组分分布均匀程度均属均匀型。

Ⅴ号矿体为单一铅锌矿体。位于Ⅳ号矿体上部,赋存在超覆岩体与灰岩接触部位的矽卡岩中,Ⅳ号、Ⅴ号矿体间垂直间距一般为 10～30m。矿体呈似层状、透镜状,矿体走向 35°,倾向南东,倾角 40°～50°。矿体平均厚度 7.62m,最大厚度 21.39m。铅品位在 0.02%～7.90%之间,平均 1.56%,锌品位在 0.10%～9.63%之间,平均 2.80%。

矿床中零星的铅锌矿体比较多,共有 30 个,其赋存部位,一种是在超覆岩体、岩枝和灰岩接触带,多呈脉状、透镜状,埋藏浅,多数在－200m 标高以上,少数在－200～－300m,倾角较缓,一般为 20°～44°;另一种是赋存于灰岩、矽卡岩裂隙中,呈似层状、透镜状,规模较小,埋藏较深,倾角在 40°～50°之间。

3. 矿石特征

矿石矿物成分主要为方铅矿、闪锌矿、黄铁矿、黄铜矿、磁铁矿;脉石矿物成分主要为石英、斜长石、绿帘石、石榴子石、透辉石。

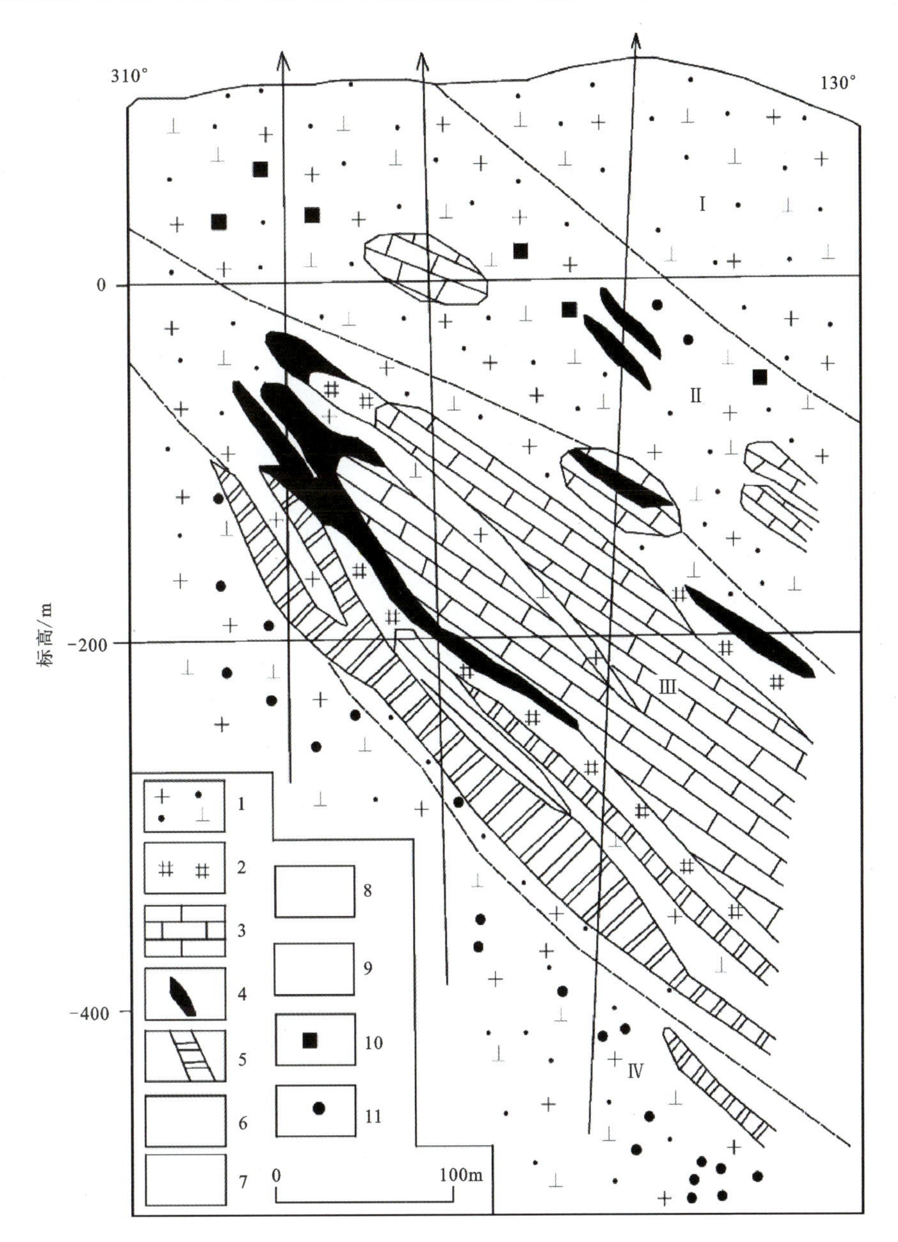

1.中生代白垩纪花岗闪长斑岩；2.矽卡岩；3.新元古代蓬莱群香夼组灰岩；4.铅锌矿体；5.黄铁矿-黄铜矿矿体；6.碳酸盐化-绢云母化带；7.弱绿泥石化绿帘石化带；8.矽卡岩化带；9.弱钾长石-强硅化-绢云母化-碳酸盐化带；10.铅锌矿化；11.铜钼矿化

图 2-2　香夼铅锌矿床围岩蚀变和矿化分带剖面图(据李杰等,2014)

矿石结构主要为晶粒结构、反应边结构、残余结构、乳滴状结构、压碎结构。矿石构造主要为块状构造、浸染状构造、网脉状和微网脉状构造、交错构造。

矿石自然类型为原生矿。矿石工业类型按矿化蚀变特征及围岩类型把矿石分为矽卡岩型铅锌矿石、蚀变灰岩型铅锌矿石、矽卡岩型硫铜矿石、蚀变花岗闪长斑岩型硫铜矿石、蚀变灰岩型硫铜矿石；按金属矿物组分大致可以分为铅锌矿石、铜矿石、铜钼矿石。

4.共伴生矿产评价

香夼铅锌矿床共伴生有益组分除了铜、硫外，还有银、镉。共生硫铁矿矿石量 2 326.6 万 t，纯硫量 3 230 167t，硫平均含量为 13.87%；铜矿石量 2 903.2 万 t，金属量 157 399t，铜平均含量为 0.55%。伴生元素银金属量 622t，一般含量为 5～55g/t，最高含量 177.50g/t；镉金属量 404t，最高含量 0.038%，一般含量0.006%～0.014%。

5. 矿体围岩和夹石

矿体的围岩及夹石主要有两种：矽卡岩、蚀变灰岩。

矽卡岩包括绿帘石矽卡岩和绿帘石石榴子石矽卡岩。矽卡岩常为矿体顶、底板围岩及夹石。

蚀变灰岩包括大理岩化灰岩、硅化灰岩等，主要分布于铅锌矿体头部。铅锌矿体与围岩、夹石之间，界限比较明显。

6. 成矿模式

通过研究香夼铅锌矿床矿石（单矿物）和围岩的微量、稀土元素地球化学特征及硫、铅、氢、氧同位素组成特征认为，香夼铅锌矿床成矿物质具有壳幔混合来源特点，成矿元素多来源于赋矿围岩——蓬莱群，成矿热液流体则与区域上的早白垩世岩浆活动——伟德山花岗岩关系密切。

通过分析香夼铅锌矿床的地质特征、地球化学特征、成矿物理化学条件等认为，香夼铅锌矿床的火山活动存在着中性→中酸性→酸性的演化规律，其成矿体系和围岩蚀变均表现出明显的垂直分带现象，即浅部为铅锌矿体、中部为铜硫矿体、深部为铜钼矿化，不同类型矿体是在不同阶段形成的，与不同类型岩浆作用有关，多阶段热液作用造就了铅锌矿床成矿流体的高盐度值。

太平洋板块对欧亚板块的俯冲，导致岩浆活动，引起俯冲造山作用，胶东地区在早白垩世呈现出不均匀的挤压，形成挤压带与引张带相间分布的特点，在挤压带内形成壳源岩浆侵位，形成了与此类侵入岩有关的铜、铅锌、钼等矿床（图2-3）。栖霞香夼矿床为与中生代花岗闪长斑岩岩浆活动有关的矽卡岩-斑岩型矿床。

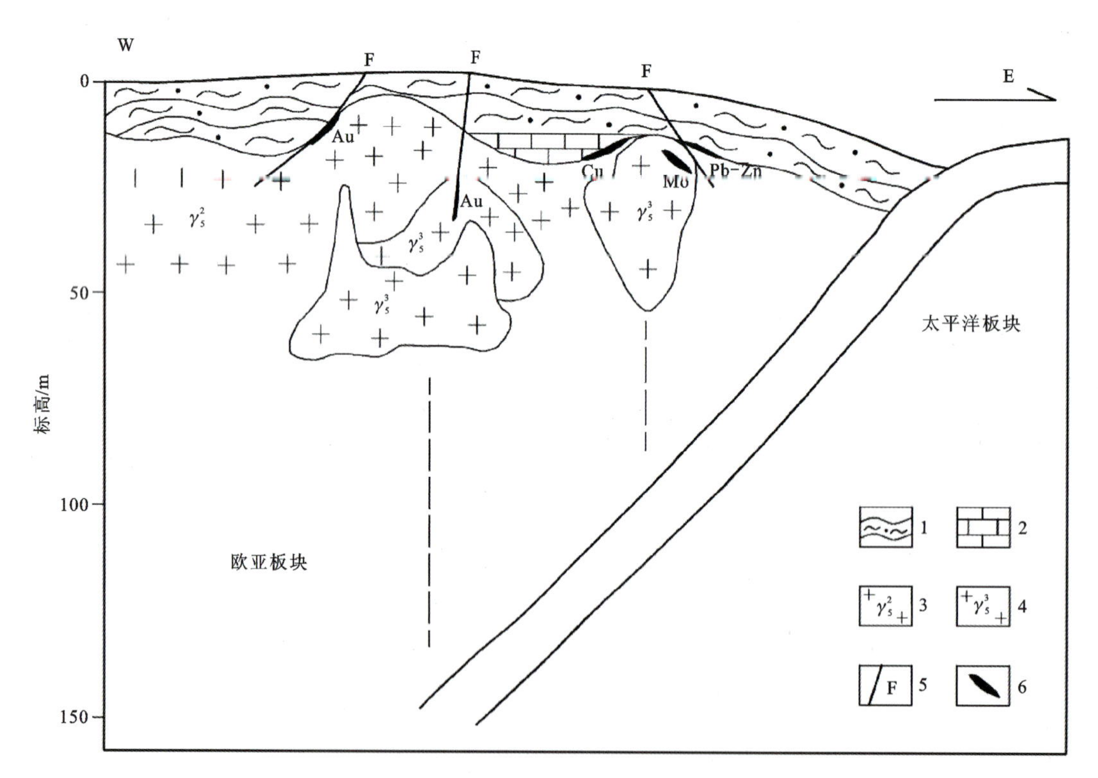

1.前寒武纪变质基底；2.大理岩；3.侏罗纪花岗岩；4.白垩纪花岗岩；5.断层；6.矿体

图2-3 胶东地区矿床成矿模式图（据李杰，2012）

7. 矿床系列标本简述

本次标本采自香夼铅锌矿床矿石堆，采集标本6块，岩性分别为灰绿色硅化碳酸盐化蚀变岩型硫铜铅锌矿石、灰绿色石榴子石矽卡岩型硫铜铅锌矿石、浅绿色石榴子石矽卡岩型硫铜矿石、灰绿色蛇纹绿帘大理岩、灰绿色绢英岩化大理岩化硫铜铅锌矿石和灰白色花岗闪长斑岩(表 2-1),较全面地采集了香夼铅锌矿床的矿石和围岩标本。

表 2-1　香夼铅锌矿床采集标本一览表

序号	标本编号	光薄片编号	标本名称	标本类型
1	XK-B1	XK-g1/XK-b1	灰绿色硅化碳酸盐化蚀变岩型硫铜铅锌矿石	矿石
2	XK-B2	XK-g2/XK-b2	灰绿色石榴子石矽卡岩型硫铜铅锌矿石	矿石
3	XK-B3	XK-g3/XK-b3	浅绿色石榴子石矽卡岩型硫铜矿石	矿石
4	XK-B4	XK-b4	灰绿色蛇纹绿帘大理岩	围岩
5	XK-B5	XK-g5/XK-b5	灰绿色绢英岩化大理岩化硫铜铅锌矿石	矿石
6	XK-B6	XK-b6	灰白色花岗闪长斑岩	围岩

注:XK-B 代表香夼铅锌矿标本,XK-g 代表该标本光片编号,XK-b 代表该标本薄片编号。

8. 图版

(1)标本照片及其特征描述

XK-B1

灰绿色硅化碳酸盐化蚀变岩型硫铜铅锌矿石。岩石呈灰绿色,半自形粒状变晶结构,块状构造。主要成分为黄铁矿、方解石、石英。黄铁矿:浅铜黄色,自形—半自形晶粒状结构,金属光泽,粒径＜1.0mm,含量约 80%。方解石:灰白色,半自形粒状,玻璃光泽,粒径＜1.0mm,含量约 15%。石英:灰白色,他形粒状,玻璃光泽,粒径＜1.0mm,含量约 5%。

XK-B2

灰绿色石榴子石矽卡岩型硫铜铅锌矿石。岩石呈灰绿色,半自形粒状变晶结构,块状构造。金属矿物为闪锌矿、黄铁矿、方铅矿。闪锌矿:铁黑色,半自形晶粒状,褐色条痕,金刚光泽,粒径约 1.0mm,含量约 20%。黄铁矿:浅铜黄色,自形—半自形晶粒状结构,金属光泽,分布较均匀,粒径＜1.0mm,含量约 10%。方铅矿:铅灰色,半自形晶粒状,金属光泽,分布于闪锌矿、黄铁矿周边,粒径＜1.0mm,含量约 5%。透明矿物为方解石、石榴子石、绿泥石。方解石:灰白色,半自形粒状,玻璃光泽,粒径＜1.0mm,含量约 35%。石榴子石:黄褐色,呈等晶形粒状集合体,条痕略呈淡黄色,玻璃光泽,粒径＜1.0mm,含量约 20%。绿泥石:绿黑色,呈鳞片状集合体,淡绿色条痕,玻璃光泽,粒径＜0.5mm,含量约 10%。

XK－B3

浅绿色石榴子石矽卡岩型硫铜矿石。岩石呈浅绿色，局部可见红褐色的石榴子石，半自形粒状变晶结构，块状构造。岩石主要由石榴子石，石英、透辉石和黄铁矿组成。石榴子石：红褐色，呈等晶形粒状，条痕略呈淡褐色，玻璃光泽，粒径<2.0mm，含量约40%。石英：灰白色，他形粒状，玻璃光泽，粒径<0.5mm，含量约20%。透辉石：浅绿色，半自形柱状，白色条痕，玻璃光泽，粒径<0.5mm，含量约20%。黄铁矿：浅铜黄色，自形—半自形晶粒状结构，金属光泽，均匀分布于脉石矿物之间，粒径<2.0mm，含量约20%。

XK－B4

灰绿色蛇纹绿帘大理岩。岩石呈灰绿色，半自形粒状变晶结构，块状构造。主要成分为方解石、绿帘石、蛇纹石。方解石：灰白色，半自形粒状，玻璃光泽，粒径<0.5mm，含量约60%。绿帘石：黄绿色，半自形粒状，玻璃光泽，粒径<0.5mm，含量约25%。蛇纹石：浅绿色，冻胶状，蜡状光泽，粒径<0.5mm，含量约15%。

XK－B5

灰绿色绢英岩化大理岩化硫铜铅锌矿石。岩石呈灰绿色，半自形鳞片粒状变晶结构，块状构造。主要成分为方解石、石英、绢云母、黄铁矿。方解石：灰白色，半自形粒状，玻璃光泽，粒径<0.5mm，含量约45%。石英：灰白色，他形粒状，玻璃光泽，粒径<0.5mm，含量约30%。绢云母：浅绿色，极其细小鳞片状集合体，丝绢光泽，粒径细小，含量约15%。黄铁矿：浅铜黄色，自形—半自形晶粒状结构，金属光泽，粒径<0.2mm，含量约10%。

XK－B6

灰白色花岗闪长斑岩。岩石呈灰白色，斑状结构，块状构造。斑晶主要为斜长石，其次为石英、黑云母。斜长石：灰白色，半自形粒状，白色条痕，玻璃光泽，粒径<3.0mm，含量约35%。石英：灰白色，滚圆状，玻璃光泽，粒径<2.0mm，含量约10%。黑云母：浅褐色，半自形片状，玻璃光泽，粒径<1.0mm，含量约10%。基质含量约45%，由长英质矿物组成，粒径细小。

(2)标本镜下鉴定照片及特征描述

XK-g1

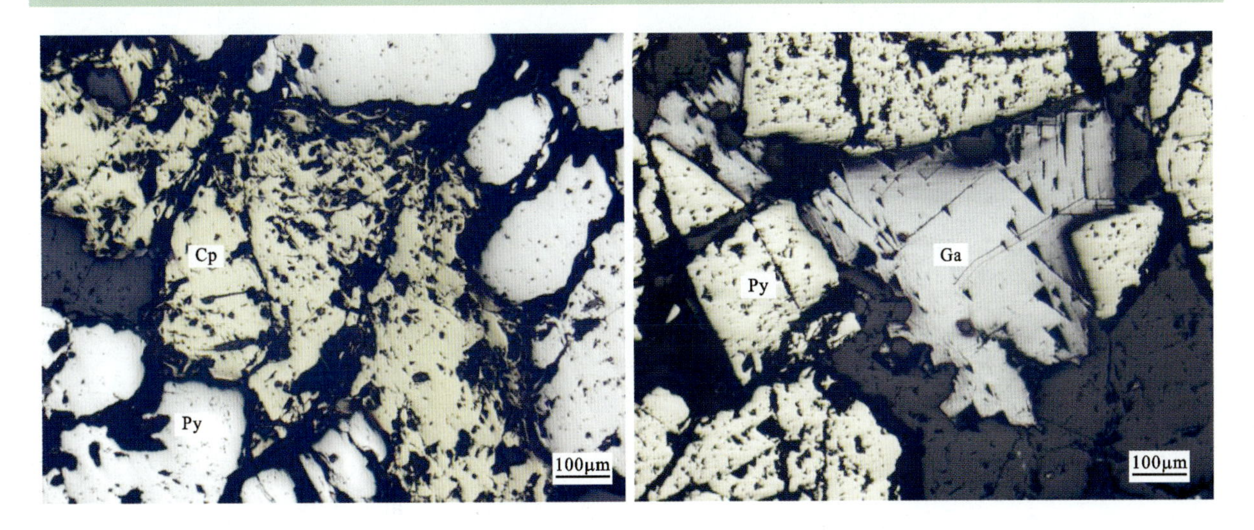

灰绿色硅化碳酸盐化蚀变岩型硫铜铅锌矿石。自形—半自形晶粒状结构，块状构造。金属矿物为黄铁矿(Py)，其次为少量黄铜矿(Cp)、方铅矿(Ga)。黄铁矿：黄白色，自形—半自形晶粒状，显均质性，常常聚集在一起，粒径0.2～1.4mm，含量75%～80%。黄铜矿：铜黄色，半自形粒状，显均质性，沿黄铁矿颗粒之间分布，或呈不规则状分布于脉石矿物之间，粒径0.2～0.6mm，含量约5%。方铅矿：半自形晶粒状，沿黄铁矿周边进行交代，粒径0.05～0.4mm，含量较少。

矿石矿物生成顺序：黄铁矿→黄铜矿→方铅矿。

XK-g2

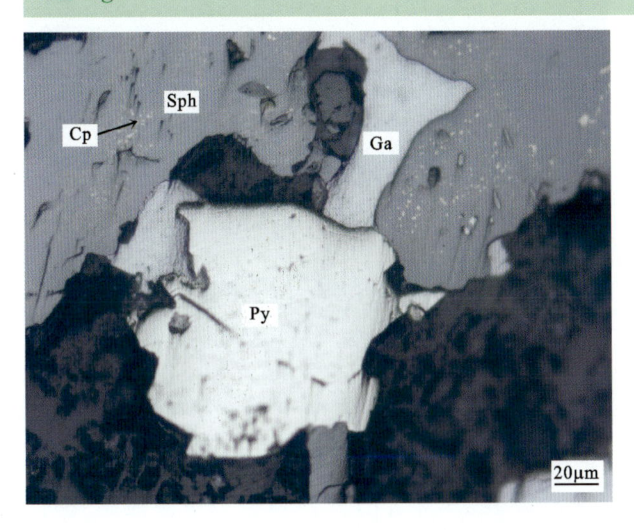

灰绿色石榴子石矽卡岩型硫铜铅锌矿石。半自形晶粒状结构，稀疏浸染状构造。金属矿物为闪锌矿(Sph)、黄铁矿(Py)、方铅矿(Ga)，其次为少量黄铜矿(Cp)。闪锌矿：灰色微带褐色调，半自形—他形晶粒状，显均质性，可见乳滴状黄铜矿呈固溶体分离结构分布于闪锌矿中，粒径0.05～1.0mm，含量20%～22%。黄铁矿：黄白色，自形—半自形晶粒状，显均质性，较均匀分布于脉石矿物之间，沿其矿物颗粒周边被闪锌矿、方铅矿交代，粒径0.05～0.8mm，含量5%～10%。方铅矿：白色，不规则晶粒状，显均质性，三组解理相交呈黑三角形孔，沿黄铁矿、闪锌矿周边进行交代，粒径0.1～1.2mm，含量5%～8%。黄铜矿：铜黄色，呈乳滴状，显均质性，在闪锌矿中呈乳滴状固溶体分离结构，粒径0.002～0.006mm，含量较少。

矿石矿物生成顺序：黄铁矿→闪锌矿、黄铜矿→方铅矿。

XK－g3

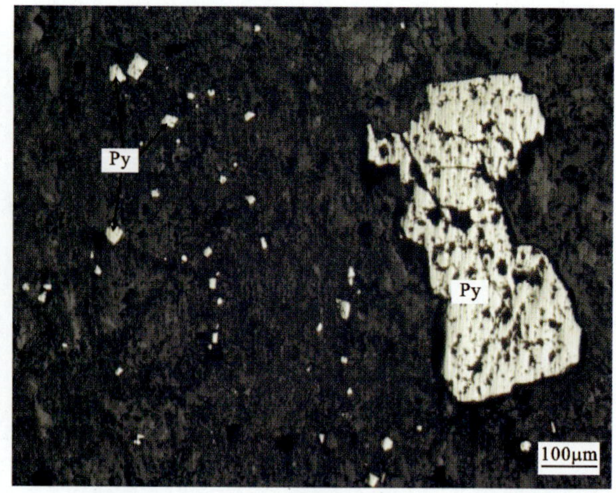

浅绿色石榴子石矽卡岩型硫铜矿石。半自形晶粒状结构，稀疏浸染状构造。金属矿物为黄铁矿(Py)、黄铜矿(Cp)。黄铁矿：黄白色，自形—半自形晶粒状，显均质性，粗大的黄铁矿呈集合体分布，细小的黄铁矿单晶均匀分布于脉石矿物之间，粒径0.05～1.60mm，含量20%～25%。黄铜矿：铜黄色，不规则粒状，显均质性，多沿脉石矿物颗粒之间分布，零星分布于黄铁矿晶粒中，粒径0.02～0.10mm，含量较少。

矿石矿物生成顺序：黄铁矿→黄铜矿。

XK－g5

灰绿色绢英岩化大理岩化硫铜铅锌矿石。半自形—他形粒状结构，浸染状构造。金属矿物为磁黄铁矿(Pyrh)、黄铁矿(Py)、黄铜矿(Cp)、闪锌矿(Sph)。磁黄铁矿：乳黄色微带粉褐色，半自形板状或他形粒状，强非均质性，无内反射，含固溶体分离物黄铜矿，也可见黄铁矿、黄铜矿交代磁黄铁矿，粒径0.2～0.5mm，含量约20%。黄铁矿：浅黄色—黄白色，半自形晶粒状，也可见脉状黄铁矿，具高反射率，硬度较高，不易磨光，可见黄铁矿交代磁黄铁矿及黄铜矿颗粒，也可见闪锌矿交代黄铁矿，粒径0.2～0.6mm，含量约20%。黄铜矿：铜黄色，他形粒状，显均质性，较易磨光，黄铜矿颗粒多呈团块状或脉状，也可见黄铜矿呈乳滴状出溶于磁黄铁矿中，粒径0.1～0.4mm，含量约5%。闪锌矿：灰色，不规则粒状，显均质性，易磨光，显浅黄色内反射色，可见闪锌矿颗粒交代黄铁矿，粒径0.1～0.2mm，含量约2%。

矿石矿物生成顺序：磁黄铁矿、黄铜矿→黄铁矿→闪锌矿。

XK－b1

灰绿色硅化碳酸盐化蚀变岩型硫铜铅锌矿石。半自形粒状变晶结构。主要成分为金属矿物，其次为方解石(Cal)、石英(Qz)。金属矿物：黑色，自形—半自形粒状，推测为黄铁矿(Py)，沿其颗粒之间分布方解石和石英，粒径0.4～1.2mm，含量75%～85%。方解石：无色，半自形粒状，闪突起明显，高级白干涉色，颗粒之间紧密镶嵌在一起，沿金属矿物颗粒之间分布，粒径0.4～1.2mm，含量10%～15%。石英：无色，可见呈半自形板条状石英，或呈他形细小粒状集合体，推测为硅化石英，一级黄白干涉色，均匀分布于方解石之间，板条状石英粒径0.4～1.0mm，细小的石英粒径不足0.05mm，含量5%～10%。

XK－b2

灰绿色石榴子石矽卡岩型硫铜铅锌矿石。半自形粒状变晶结构。主要成分为金属矿物、方解石(Cal)、石榴子石(Gr)、绿泥石(Chl)，其次为少量石英(Qz)。金属矿物：黑色，半自形粒状，较均匀分布于上述矿物之间，粒径0.2～1.0mm，含量30%～35%。方解石：无色，半自形板条状、他形粒状，闪突起明显，高级白干涉色，颗粒之间紧密镶嵌在一起，粒径0.4～1.0mm，含量30%～35%。石榴子石：浅黄色，自形—半自形粒状，正极高突起，显均质性，局部显异常非均质性，多呈集合体形式分布，粒径0.2～0.6mm，集合体可达2.0mm，含量20%～25%。绿泥石：浅绿色，半自形片状，具异常靛蓝干涉色，多集中分布于方解石集合体之间，粒径0.2～0.6mm，含量10%～15%。石英：无色，呈细小半自形板状或他形细小粒状集合体，分布于方解石集合体之间，一级黄白干涉色，粒径0.05～0.25mm，含量较少。

XK - b3

浅绿色石榴子石矽卡岩型硫铜矿石。半自形粒状变晶结构。主要成分为石榴子石(Gr),其次为金属矿物、石英(Qz)、透辉石(Di)。石榴子石:自形—半自形粒状,正高突起,具异常干涉色,中心部位常常含石英包体且局部具较强碳酸盐化,粒径0.8～2.0mm,含量40%～45%。金属矿物:黑色,自形—半自形粒状,推测为黄铁矿(Py),均匀分布于上述矿物之间,局部较集中,粒径0.2～1.6mm,含量20%～25%。石英:无色,半自形—他形粒状,一级黄白干涉色,颗粒之间紧密镶嵌在一起,分布于石榴子石颗粒之间,粒径0.1～0.6mm,含量20%～25%。透辉石:近无色,半自形柱状集合体,分布于石榴子石和石英集合体之间,局部较集中,普遍具透闪石化和碳酸盐化蚀变,粒径0.02～0.6mm,含量10%～15%。

XK - b4

灰绿色蛇纹绿帘大理岩。半自形粒状变晶结构。主要成分为方解石(Cal),其次为绿帘石(Ep)、蛇纹石(Sep)、金属矿物。方解石:半自形—他形粒状,紧密镶嵌在一起,闪突起明显,高级白干涉,粒径0.02～0.20mm,含量60%～65%。绿帘石:浅黄色,半自形粒状,正极高突起,绿黄色—浅黄色多色性明显,具不均匀干涉色,常常呈集合体形式分布在一起,粒径0.05～0.15mm,含量25%～30%。蛇纹石:无色,半自形片状集合体,近于平行消光,一级灰干涉色,呈团块状分布在方解石集合体之中,粒径0.03～0.06mm,含量10%～15%。金属矿物:半自形粒状,零星分布在方解石之间,含量较少,粒径0.05～0.10mm,含量较少。

XK－b5

灰绿色绢英岩化大理岩化硫铜铅锌矿石。半自形鳞片粒状变晶结构。该岩石普遍遭受较强的碳酸盐化、绢英岩化等蚀变作用，主要成分为方解石(Cal)、石英(Qz)、绢云母(Ser)，其次为金属矿物。方解石：无色，半自形—他形粒状，闪突起明显，高级白干涉色，呈团块状或脉状分布，粒径0.05～0.40mm，含量40%～45%。石英：无色，半自形板状或他形粒状，表面光洁，分布不均匀，推测为硅化作用形成，粒径0.02～0.60mm，含量30%～35%。绢云母：浅褐色，细小鳞片状集合体，干涉色极其鲜艳，呈集合体不均匀分布，推测为原岩长石矿物蚀变，粒度细小，含量15%～20%。金属矿物：黑色，自形—半自形粒状，推测可能为黄铁矿(Py)，呈团块状或脉状分布，粒径0.05～0.25mm，含量5%～10%。

XK－b6

灰白色花岗闪长斑岩。斑状结构，基质为显微嵌晶结构。主要成分为斜长石(Pl)、石英(Qz)、黑云母(Bi)、金属矿物。斑晶含量45%～55%，由斜长石、石英、黑云母组成。斜长石：无色，自形—半自形板状，聚片双晶发育，局部可见环带构造，具较强绢云母化、土化蚀变，一级灰白干涉色，显微裂隙发育，最大斑晶可达2.8mm，含量30%～35%。石英：无色，滚圆状，表面较光洁，一级灰白干涉色，且石英斑晶被熔蚀呈港湾状，显微裂隙发育，粒径0.4～1.6mm，含量10%～12%。黑云母：半自形片状，多以斑晶形式均匀分布，局部呈集合体，均具褪色现象，干涉色鲜艳，粒径0.2～1.0mm，含量3%～8%。基质含量45%～50%，粒径<0.2mm，矿物成分为斜长石(30%)和石英(15%)，含量及分布均匀，颗粒之间紧密镶嵌呈显微嵌晶结构。金属矿物：黑色，自形粒状，推测为黄铁矿(Py)，粒径0.1～0.35mm，含量<5%。

第三节 层控热液型(金家山式)铅锌矿床

层控热液型(金家山式)铅锌矿床主要赋存在寒武纪朱砂洞组丁家庄段白云岩中,矿体顺层分布,受岩层控制,并分布在细粒角闪闪长玢岩、中细粒辉石闪长岩体外接触带的矽卡岩带内。成矿地质体主要为寒武纪碳酸盐岩建造和燕山晚期中酸性侵入岩建造。典型矿床为沂源金家山铅锌矿。

沂源金家山铅锌矿位于淄博市沂源县南19km处,行政区划隶属于沂源县西里镇,大地构造位置位于华北板块(Ⅰ)鲁西隆起区(Ⅱ)鲁中隆起(Ⅲ)马牧池-沂源断隆(Ⅳ)沂源凹陷(Ⅴ),东邻沂沭断裂带。矿区累计查明铅金属量为5411t,锌金属量为13 221t,矿床规模属小型。

1. 矿区地质特征

区内地层自下而上分别为新太古代泰山岩群雁翎关组斜长角闪岩、磁铁透闪石英岩、黑云变粒岩及含石榴子石斜长角闪岩,寒武纪长清群李官组、朱砂洞组、馒头组,寒武纪—奥陶纪九龙群张夏组、崮山组、炒米店组、三山子组及第四纪松散堆积物(图2-4)。

其中朱砂洞组仅出露丁家庄白云岩段,主要岩性为灰质白云岩、细晶白云岩、角砾状白云岩、含燧石结核条带灰岩等,厚度70m左右。该组底部的角砾状白云岩、灰质白云岩为区内金及多金属矿的主要赋矿部位。

区内构造主要为断裂构造,以脆性断裂为主,分为北东向、北西向、近南北向及近东西向4组。根据断裂构造与矿化蚀变带的相互切割关系,区内的断裂构造主要为成矿期后形成的,对矿化蚀变带的连续性有破坏作用,与本区铅锌矿的形成关系不密切。

区内侵入岩主要为古元古代吕梁期傲徕山序列蒋峪单元条带状中粒含黑云二长花岗岩、松山单元弱片麻状中粒二长花岗岩及中生代燕山期沂南序列清明沟单元、东明生单元、靳家桥单元、于山单元中基性岩体。其中燕山期岩浆岩与矿化关系密切。燕山期的多次岩浆活动为本区矿液的富集提供了热源及成矿物质。

2. 矿体特征

区内共圈定铅锌矿体5个,编号为Ⅰ-1、Ⅰ-2、Ⅰ-3、Ⅰ-4、Ⅲ-1。其中,Ⅰ-1号铅锌矿体中共生金,Ⅰ-2号铅锌矿体共生金、银(图2-5)。

Ⅰ-1号矿体总体走向106°左右,倾向16°左右,倾角4°～13°,呈不规则的透镜状、似层状。矿体长度210m,斜深25m,平均厚度3.56m,单工程平均品位(Pb+Zn)0.62%～13.15%,矿体平均品位(Pb+Zn)4.12%。伴生金平均品位0.50g/t,伴生银平均品位12.36g/t。

Ⅰ-2号矿体总体走向70°左右,倾向340°左右,倾角4°～13°,呈不规则的透镜状、似层状。矿体长度360m,斜深228m,平均厚度4.64m。单工程平均品位(Pb+Zn)0.82%～12.11%,矿体平均品位(Pb+Zn)3.48%。伴生金平均品位0.24g/t,伴生银平均品位6.51g/t。

Ⅰ-3号矿体走向70°—120°,总体倾向北,倾角6°～9°,呈不规则的透镜状、似层状。矿体长度360m,斜深65m,平均厚度3.94m。单工程平均品位(Pb+Zn)0.95%～3.28%,矿体平均品位(Pb+Zn)2.61%,伴生银平均品位11.75g/t。

Ⅰ-4号矿体总体走向125°左右,倾向35°左右,倾角14°,呈不规则的透镜状。矿体长度160m,斜深25m,平均厚度3.92m。单工程平均品位(Pb+Zn)1.17%～3.05%,矿体平均品位(Pb+Zn)2.42%,伴生银平均品位3.79g/t。

Ⅲ-1号矿体总体走向0°左右,倾向西,倾角5°,呈不规则的透镜状。矿体长度40m左右,斜深

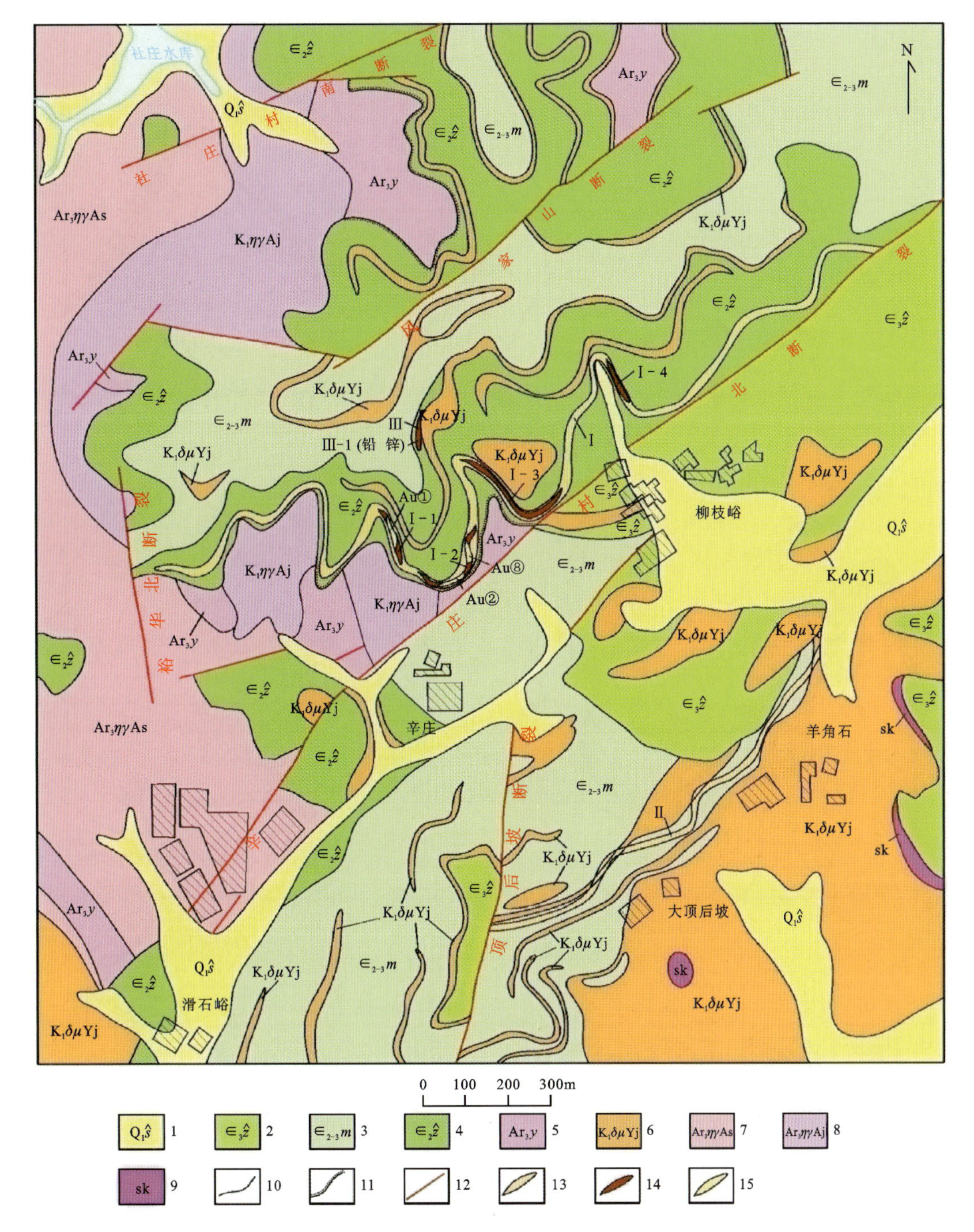

1.第四纪山前组；2.寒武纪张夏组；3.寒武纪馒头组；4.寒武纪朱砂洞组；5.太古宙雁翎关组；6.沂南序列靳家桥单元；7.傲徕山序列松山单元；8.傲徕山序列蒋峪单元；9.矽卡岩；10.地质界线；11.不整合界线；12.断层；13.矿化蚀变带；14.铅锌矿体；15.金矿体

图 2-4　金家山矿区地质图(据李秀章等,2011)

20m,厚度为 2.34m。矿体平均品位(Pb+Zn)1.56%,伴生金平均品位 0.15g/t,伴生银平均品位4.76g/t。

3.矿石特征

矿石主要金属矿物为褐铁矿、黄铁矿、黄铜矿、孔雀石、方铅矿、闪锌矿、自然金、碲金矿、银金矿和自

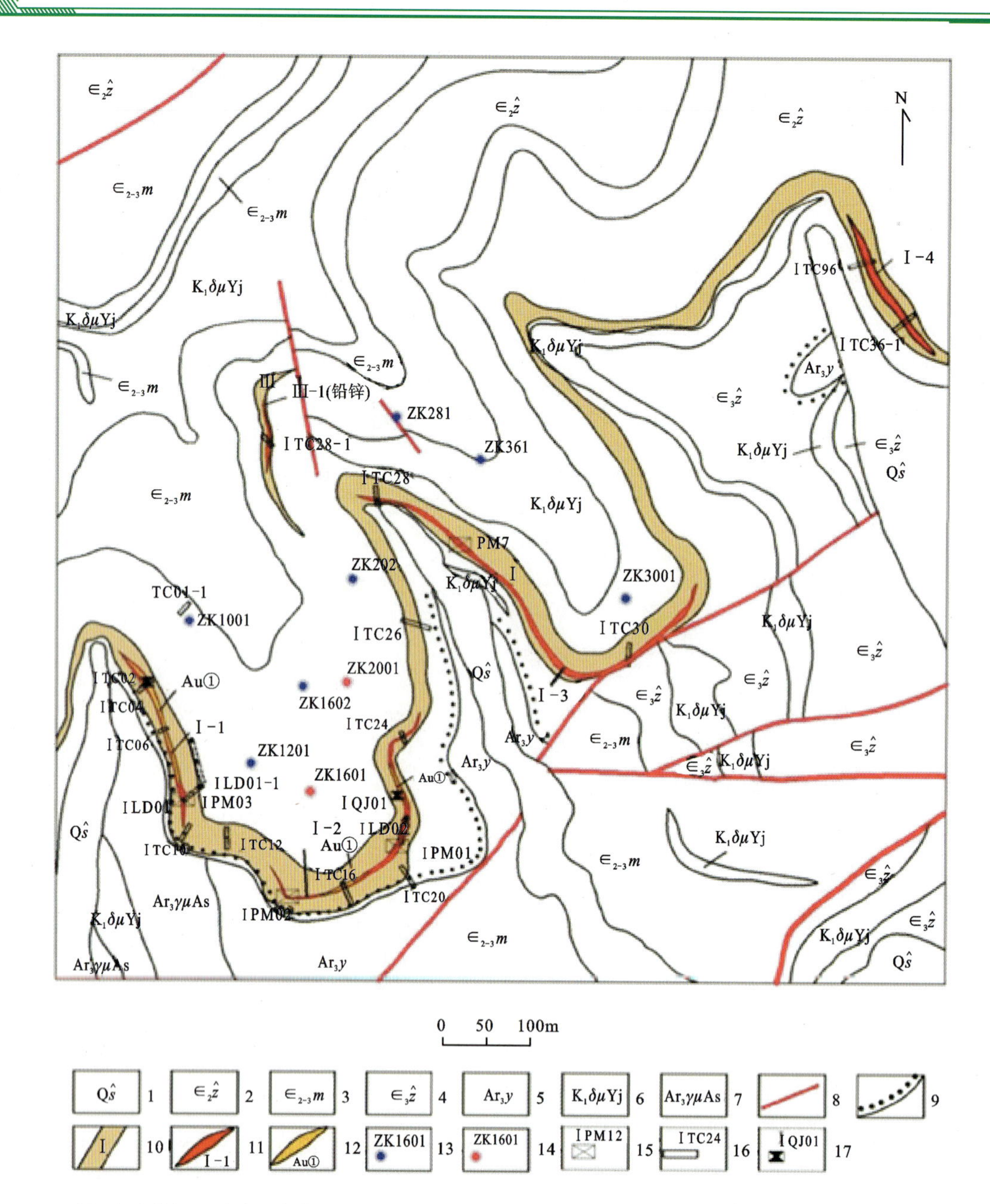

1. 第四纪山前组;2. 寒武纪朱砂洞组;3. 寒武纪馒头组;4. 寒武纪张夏组;5. 太古宙雁翎关组;6. 沂南序列靳家桥单元;7. 傲徕山序列松山单元;8. 断层;9. 不整合界线;10. 矿化带及编号;11. 铅锌矿体;12. 金银矿体 13. 未见矿钻孔及编号;14. 见矿钻孔及编号;15. 劈面位置及编号;16. 探槽位置及编号;17. 浅井位置及编号

图 2-5 金家山矿体分布图(据李秀章等,2011)

然银等;主要非金属矿物为方解石、白云石、绿帘石等。

矿石结构主要为他形—半自形粒状结构、交代溶蚀结构、碎裂结构、填隙结构、交代假象结构。矿石构造主要为浸染状构造、角砾状构造、细脉状构造、斑杂构造、条带状构造、块状构造。

矿石自然类型为角砾状矿石、细脉状矿石、浸染状矿石。矿石工业类型主要为碳酸盐岩型铅锌矿。按矿石的金属化学成分,可将矿石分为金矿石、银矿石、含金银铅锌矿石、含金银铅矿石、含金银锌矿石。

4. 共伴生矿产评价

该区主要金属矿种为铅、锌,伴生金、银,局部共生。铅锌矿体中共生金金属资源量为 5.44kg,平均

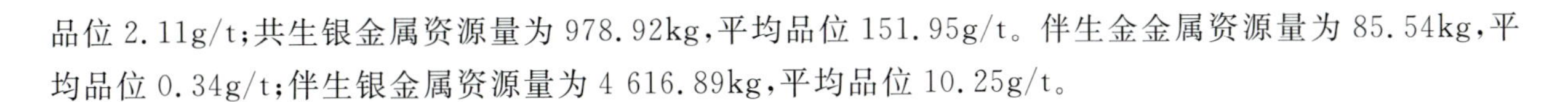

品位 2.11g/t；共生银金属资源量为 978.92kg，平均品位 151.95g/t。伴生金金属资源量为 85.54kg，平均品位 0.34g/t；伴生银金属资源量为 4 616.89kg，平均品位 10.25g/t。

5. 矿体围岩和夹石

矿体顶底板围岩为褐铁矿化角砾状白云岩、褐铁矿化白云质灰岩、褐铁矿化含燧石结核白云岩。矿体厚度较薄，其内无夹石出现。

6. 成因模式

多期次的构造活动产生了众多的层间裂隙和层内微裂隙，成为矿液运移、充填的有利场所，具角砾状、孔洞状、鸟眼状结构，性脆，化学性质活泼，有利于热液渗透和交代。成矿物质主要来源于中生代岩体内的热液，含矿热液沿构造及层间裂隙上升，在化学性质较为活泼的丁家庄白云岩节理、裂隙等处运移、沉淀、充填、交代形成以铅锌为主的矿床。该矿床为受层位控制的低温热液充填交代型矿床(图 2-6)。

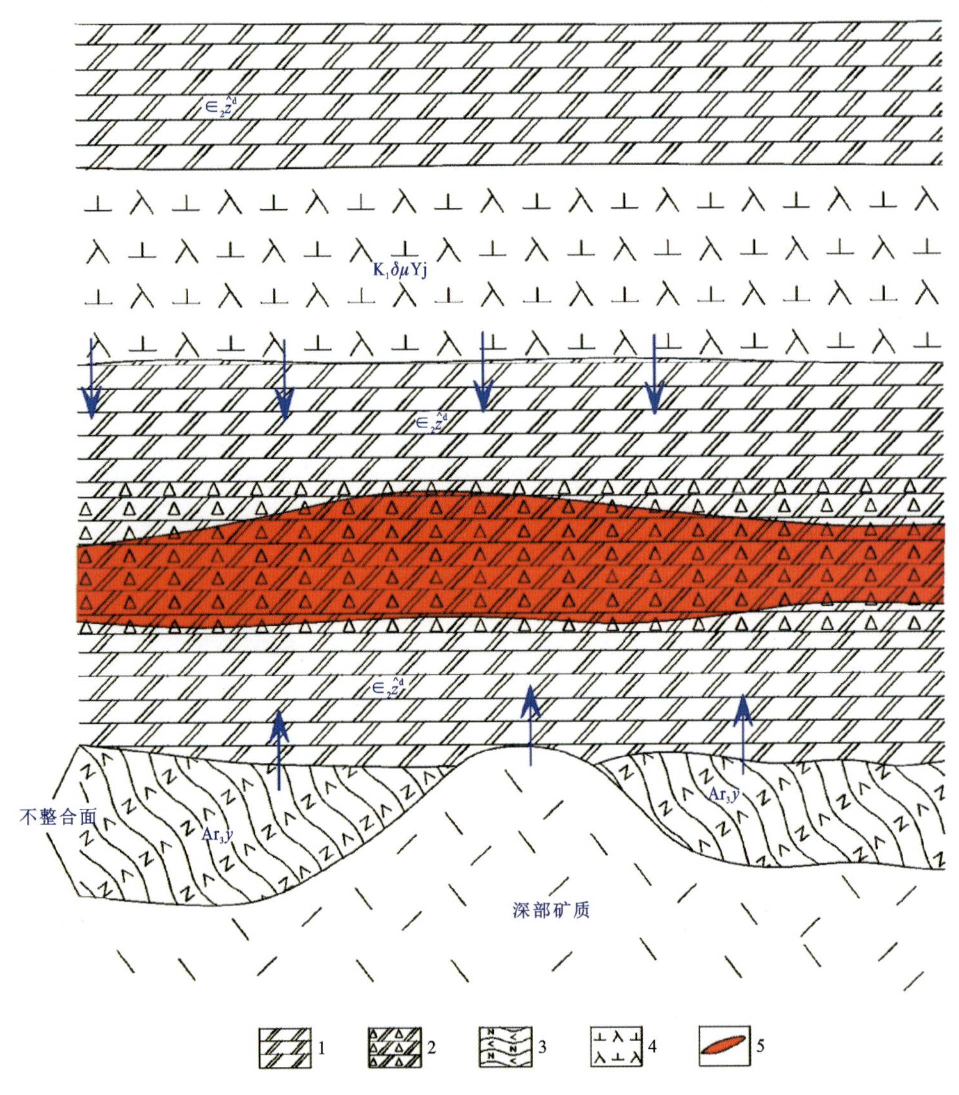

1. 白云岩；2. 角砾状白云岩；3. 斜长角闪岩；4. 闪长玢岩；5. 铅锌矿体

图 2-6　金家山矿区成矿模式图(据李秀章等，2011)

7. 矿床系列标本简述

本次标本采自金家山矿山，采集标本5块，岩性分别为蜂窝状褐铁矿化硅化蚀变岩矿石、硅质角砾岩矿石、辉石闪长玢岩、弱片麻状绢云母化黑云斜长变粒岩和含蛇纹石大理岩（表2－2），较全面地采集了金家山矿床的矿石和围岩标本。

表2－2　金家山铅锌矿采集标本一览表

序号	标本编号	光薄片编号	标本名称	标本类型
1	JJS－B1	JJS－g1/JJS－b1	蜂窝状褐铁矿化硅化蚀变岩矿石	矿石
2	JJS－B2	JJS－g2/JJS－b2	硅质角砾岩矿石	矿石
3	JJS－B3	JJS－b3	辉石闪长玢岩	围岩
4	JJS－B4	JJS－b4	弱片麻状绢云母化黑云斜长变粒岩	围岩
5	JJS－B5	JJS－b5	含蛇纹石大理岩	围岩

注：JJS－B代表金家山铅锌矿标本，JJS－g代表该标本光片编号，JJS－b代表该标本薄片编号。

8. 图版

（1）标本照片及其特征描述

JJS－B1

蜂窝状褐铁矿化硅化蚀变岩矿石。岩石呈黄褐色，该岩石遭受风化作用，形成蜂窝状构造，在骨架中常有粉末状的褐铁矿分布。半自形粒状变晶结构，主要成分为石英和褐铁矿。石英：灰白色，他形粒状，玻璃光泽，粒径<1.0mm，含量约80%。褐铁矿：深褐色，隐晶质集合体，土状光泽，粒径细小，呈脉状、团块状或分布于风化后的骨架中，含量约20%。

JJS－B2

硅质角砾岩矿石。岩石呈黄褐色，该岩石遭受风化作用，形成蜂窝状构造，在骨架中常有粉末状的褐铁矿分布。砾屑结构，砾屑成分主要为变粒岩，呈土黄色，粒径>2.0mm，含量约50%。胶结物矿物成分为石英。石英：灰白色，他形粒状，玻璃光泽，粒径<1.0mm，含量约30%。褐铁矿：深褐色，隐晶质集合体，土状光泽，粒径细小，呈脉状、团块状或分布于风化后的骨架中，含量约20%。

JJS - B3

辉石闪长玢岩。岩石呈灰绿色，块状构造。斑状结构，岩石中斑晶为普通角闪石和普通辉石。普通角闪石：浅绿色，半自形长柱状，玻璃光泽，粒径<3.0mm，含量约25%。普通辉石：黑绿色，半自形短柱状，玻璃光泽，粒径<4.0mm，含量约20%。基质由细小斜长石组成。斜长石：灰白色，他形粒状，玻璃光泽，粒径细小，含量约55%。

JJS - B4

弱片麻状绢云母化黑云斜长变粒岩。岩石新鲜面呈灰绿色—墨绿色，块状构造，局部为弱片麻状构造。主要成分为斜长石、石英、黑云母，可见绢云母化蚀变。斜长石：无色，他形粒状，粒径<1.0mm，含量约35%。石英：无色，他形粒状，油脂光泽，粒径约1.0mm，含量约40%。黑云母：褐色，片状，具定向分布，呈弱片麻状，粒径1.0～2.0mm，含量约20%。绢云母：灰绿色，片状及鳞片状，丝绢光泽，集合体粒径>2.0mm，含量约10%。

JJS - B5

含蛇纹石大理岩。岩石呈浅灰绿色，块状构造。半自形粒状变晶结构，主要成分为方解石、蛇纹石。方解石：灰白色，他形粒状，玻璃光泽，粒径<0.5mm，含量约75%。蛇纹石：浅绿色，细小鳞片状集合体，蜡状光泽，粒径细小，含量约25%。

(2)标本镜下鉴定照片及特征描述

JJS - g1

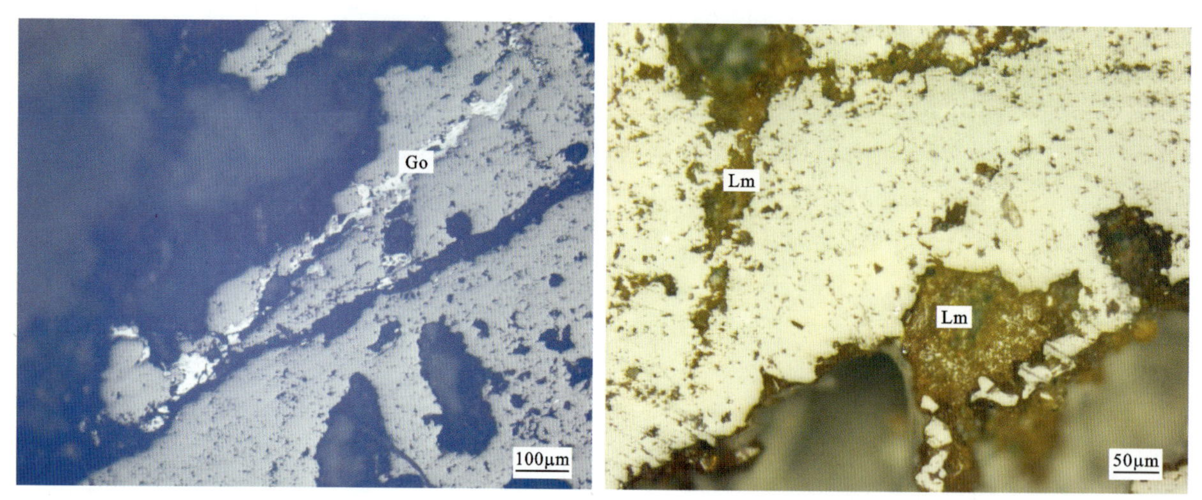

蜂窝状褐铁矿化硅化蚀变岩。半自形晶粒状结构,脉状构造。金属矿物为褐铁矿(Lm)、针铁矿(Go)。褐铁矿:褐色,隐晶质集合体,不显金属光泽,多分布于风化后的骨架中,含量13%~15%。针铁矿:灰色微带淡蓝色,半自形粒状集合体,具内反射,弱非均质性,呈团块状或细脉状分布于脉石矿物之间,粒径0.05~0.15mm,含量7%~10%。

矿石矿物生成顺序:针铁矿→褐铁矿。

JJS - g2

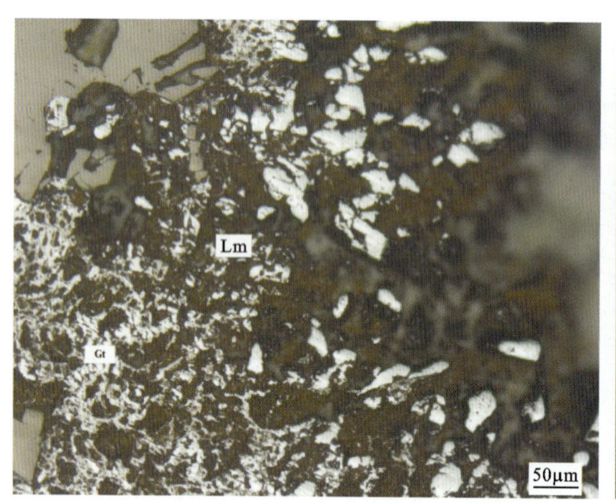

硅质角砾岩。半自形晶粒状结构,脉状构造。金属矿物为针铁矿(Go)、褐铁矿(Lm)、黄铜矿(Cp)、蓝辉铜矿(Dg)、铜蓝(Cov)。针铁矿:灰色微带淡蓝色,半自形粒状集合体,具内反射,弱非均质性,呈团块状或细脉状分布于脉石矿物之间,或沿铜蓝集合体周边进行交代,粒径0.05~0.4mm,含量13%~15%。褐铁矿:褐色,隐晶质集合体,不显金属光泽,分布于风化后的骨架中且局部交代针铁矿,含量7%~10%。黄铜矿:铜黄色,不规则粒状,显均质性,沿其边缘被蓝辉铜矿交代,粒径0.01~0.15mm,含量微少。蓝辉铜矿:浅蓝色,呈细粒状集合体,沿黄铜矿边缘进行交代,同时被铜蓝交代,粒径一般为0.02~0.04mm,含量微少。铜蓝:深蓝色,显多色性,具强非均质性,交代蓝辉铜矿的同时被针铁矿沿其边缘交代,粒径0.02~0.06mm,含量微少。

矿石矿物生成顺序:黄铜矿→蓝辉铜矿→铜蓝→针铁矿→褐铁矿。

JJS－b1

蜂窝状褐铁矿化硅化蚀变岩。半自形粒状变晶结构。该岩石遭受较强的硅化和褐铁矿化蚀变，主要成分为石英(Qz)、金属矿物。石英：无色，为半自形细小板条状石英和他形粒状石英集合体，推测为硅化作用形成，表面光洁，一级黄白干涉色，粒径 0.02～0.40mm，含量 75%～80%。金属矿物：褐黑色，为隐晶质集合体，推测为褐铁矿(Lm)，呈团块状、细脉状分布于石英集合体之间，或分布于风化后的骨架中，脉宽可达 0.2mm，含量 20%～25%。

JJS－b2

硅质角砾岩。砾屑结构，基底式胶结。岩石由碎屑、胶结物两部分组成，碎屑主要为较大的砾屑，砾屑直径＞2.0mm，胶结物为硅质胶结，其次为少量的金属矿物分布于胶结物之中。碎屑含量 45%～50%，多为较大的棱角状—次棱角状，角砾成分为变粒岩碎屑，主要成分为土化的斜长石(Pl)、石英(Qz)，角砾大小不等，多数粒径大于 2.0mm。胶结物含量 30%～35%，主要为硅质胶结，主要成分为石英，半自形板状、他形粒状，一级黄白干涉色，分布于碎屑之间，粒径大小不等，板条状石英粒径可达 1.0mm，细小他形粒状石英粒径不足 0.1mm。金属矿物：深褐色，隐晶质集合体，推测为褐铁矿(Lm)，多呈细脉状、团块状分布于风化后的骨架中，含量 15%～20%。

JJS－b3

辉石闪长玢岩。斑状结构，基质为微粒结构。斑晶含量40%～50%，主要成分为普通角闪石(Hb)、普通辉石(Aug)，粒径粗大，最大约为4.2mm。普通角闪石：淡绿色，半自形长柱状，最高干涉色达二级蓝绿，斜消光，局部具碳酸盐化蚀变，表面常见金属矿物析出，粒径0.6～2.8mm，含量25%～30%。普通辉石：浅绿色，半自形短柱状、粒状，正高突起，干涉色可达二级蓝绿，斜消光，局部具绿泥石化蚀变，粗大的普通辉石周围可见角闪石反应边，表面常见金属矿物析出，粒径1.2～4.2mm，含量15%～20%。基质含量50%～60%，粒径<0.2mm。由粒度细小的斜长石(Pl)构成微粒结构，少数褐色角闪石均匀分布于基质中。金属矿物：黑色，不透明，多分布于暗色矿物表面，少数分布于基质中，粒径0.05～0.25mm，含量较少。

JJS－b4

弱片麻状绢云母化黑云斜长变粒岩。粒状片状变晶结构，弱片麻状构造。主要成分为石英(Qz)、斜长石(Pl)、黑云母(Bi)，可见绢云母(Ser)化蚀变发育。岩石中斜长石及石英呈粒状变晶结构，黑云母呈片状变晶结构，可见黑云母定向分布，呈弱片麻状。石英：无色，他形粒状，正低突起，表面光洁，无解理，一级黄白干涉色，石英颗粒大多较为细小，粒径约0.1mm，也可见较大颗粒石英，见波状消光，为粒状变晶结构，粒径0.4～1.0mm，含量35%～40%。斜长石：无色，多呈半自形长柱状，负低突起，一级灰白干涉色；斜长石颗粒较为破碎，表面可见绢云母化，可见聚片双晶，粒径0.2～0.4mm，含量30%～35%。黑云母：褐色，呈片状，正中突起，具明显多色性和吸收性，可见一组极完全解理，干涉色二级以上，多被自身颜色掩盖，黑云母具定向排列，呈弱片麻状构造，粒径0.2～0.6mm，含量15%～20%。绢云母：无色，细小鳞片状，可见片状集合体，正低突起，干涉色鲜艳，多为二级到三级，绢云母多为斜长石的蚀变产物，粒径<0.1mm，集合体粒径多>0.5mm，含量5%～10%。

JJS－b5

含蛇纹石大理岩。半自形粒状变晶结构。主要成分为方解石(Cal)、蛇纹石(Sep)、金属矿物。方解石:无色,半自形—他形粒状,颗粒之间紧密镶嵌在一起,闪突起明显,高级白干涉色,粒径0.05～0.2mm,含量85%～90%。蛇纹石:无色,半自形鳞片状集合体,多色性不太明显,一级灰干涉色,近于平行消光,呈集合体分布在方解石集合体之中,粒径0.1～0.2mm,含量10%～15%。金属矿物:半自形粒状,零星分布在上述矿物之间,粒径0.05～0.15mm,含量较少。

第四节　热液充填脉型(白石岭式)铅锌矿床

热液充填型(白石岭式)铅锌矿床主要发育在中生代火山岩及次火山岩出露的坳陷内及隆起边缘的区域性大断裂旁侧的次级构造中。矿体明显受控于断裂构造,对围岩选择性不明显,可赋存于不同时期的地质体中,并与重晶石矿共生,矿脉成群分布。矿床形成于低温环境,成矿作用以充填为主,交代轻微,围岩没有明显的热液蚀变现象。

一、安丘白石岭铅锌矿

安丘白石岭铅锌矿位于潍坊安丘市西南38km,行政区划隶属于安丘市大盛镇,大地构造位置位于华北板块(Ⅰ)鲁西隆起区(Ⅱ)沂沭断裂带(Ⅲ)马站-苏村断陷(Ⅳ)大盛-马站凹陷(Ⅴ)西缘。矿区累计查明铅金属量2.7万t,锌金属量2.1万t,矿床规模属小型。

1. 矿区地质特征

区内地层主要为寒武纪长清群朱砂洞组,中生代白垩纪莱阳群曲格庄组、青山群八亩地组、大盛群马朗沟组、田家楼组和新生代第四系(图2-7)。

区内断裂构造发育,按其方向可分为北东向、北西向2组。沂沭断裂带的西界主干断裂鄌郚-葛沟断裂是该区构造主体。其南北两端均被第四系覆盖,在鄌郚一带裸露地表,总体走向18°,倾向南东东,倾角约75°。断裂带不同区段内构造形迹特征不尽相同,反映了断裂的多期性。在白石岭一带,鄌郚-葛沟断裂的次级断裂发育,铅锌矿液沿部分断裂面充填成矿。

区内岩浆岩发育,主要为新太古代吕梁期傲徕山序列蒋峪单元片麻状中粒黑云二长花岗岩和条花峪单元条带状中粒黑云二长花岗岩,呈岩株、岩枝状产出。辉绿岩脉呈脉状产出于鄌郚-葛沟断裂以西地区。

2. 矿体特征

白石岭铅锌矿脉多赋存于新太古代傲徕山序列蒋峪单元条带状中粒黑云二长花岗岩中,由大小不等的8条矿脉组成,呈脉状,走向10°～20°,倾向在近地表多为南东,倾角达70°～80°,总延长达3.5km,东西宽约1km(图2-8)。

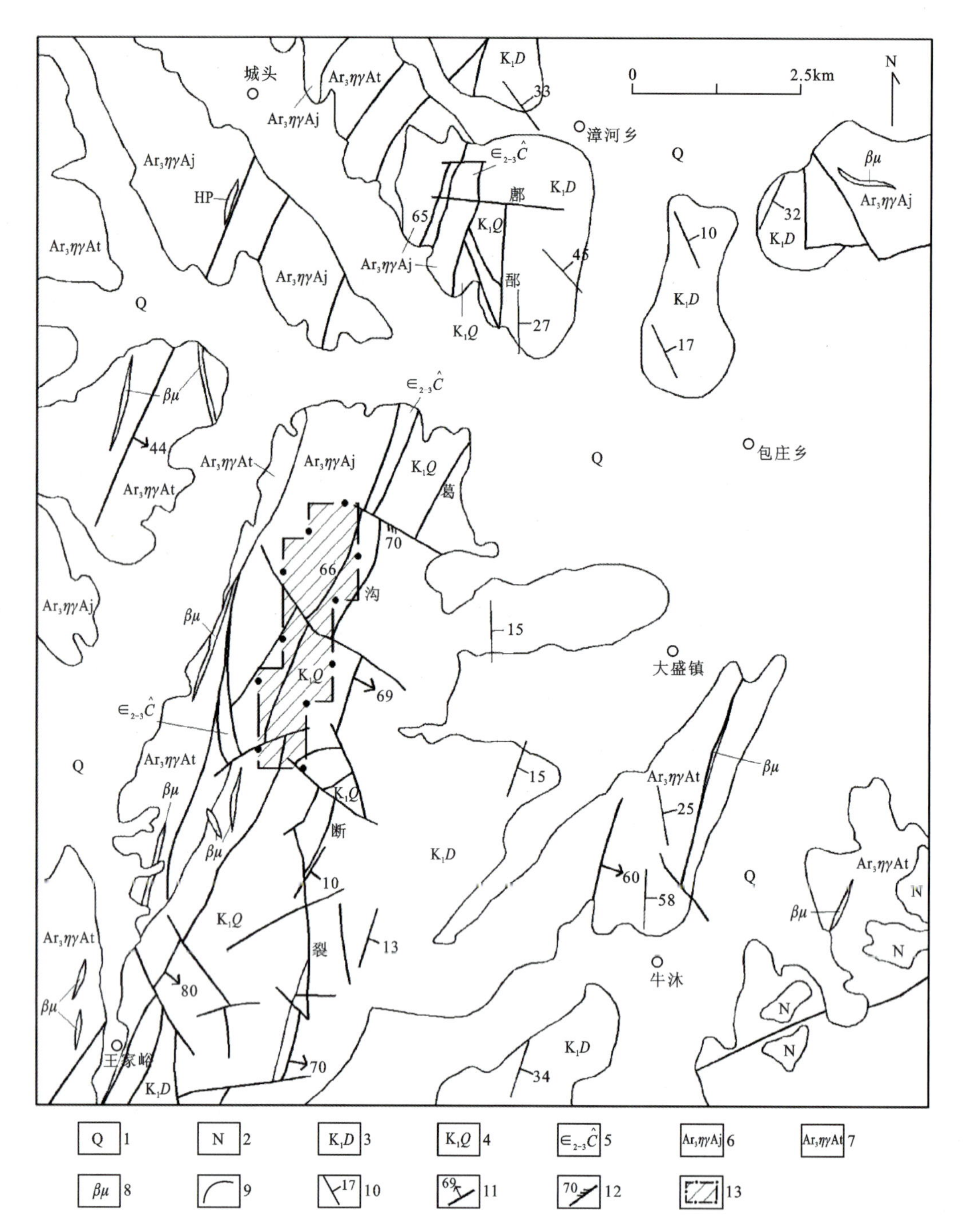

1.第四系；2.新近系；3.白垩纪大盛群；4.白垩纪青山群；5.寒武纪长清群；6.新太古代蒋峪单元；7.新太古代条花峪单元；8.辉绿岩脉；9.地质界线；10.地层产状；11.实测断层及产状；12.右行压扭断裂；13.矿区范围

图 2－7　白石岭铅锌矿床区域地质简图(据祝德成等,2013)

1～4 号矿脉组成西组矿带，发育于中粗粒黑云二长花岗岩中，5～8 号矿脉组成东组矿带，赋存于中粗粒二长花岗岩体的边缘与沉积岩接触带附近，围岩为中粗粒黑云二长花岗岩、灰岩、安山质凝灰岩。各矿化带均有沿走向膨胀狭缩现象，呈板状，上部多为平行小矿脉，而至深部归合为一。矿化带两侧围岩受热液影响常具有硅化、绿泥石化、绢云母化、高岭土化，蚀变带一般不宽。西组矿化带脉石矿物以石英为多，东组矿化带脉石矿物以方解石为多。

2－1 号矿体是矿区规模最大的矿体，长 1500m，宽 520m，斜深 332～400m，向深部逐渐变厚。矿体平面形态呈脉状，空间形态呈薄板状。走向20°，倾向南东，倾角65°～75°，产状较稳定。矿体平均真厚度4.10m，铅平均品位7.26%，锌平均品位5.39%。

2-2号矿体为隐伏矿体，平均真厚度6.45m，铅平均品位3.43%，锌平均品位5.93%，矿体沿倾向未封闭。

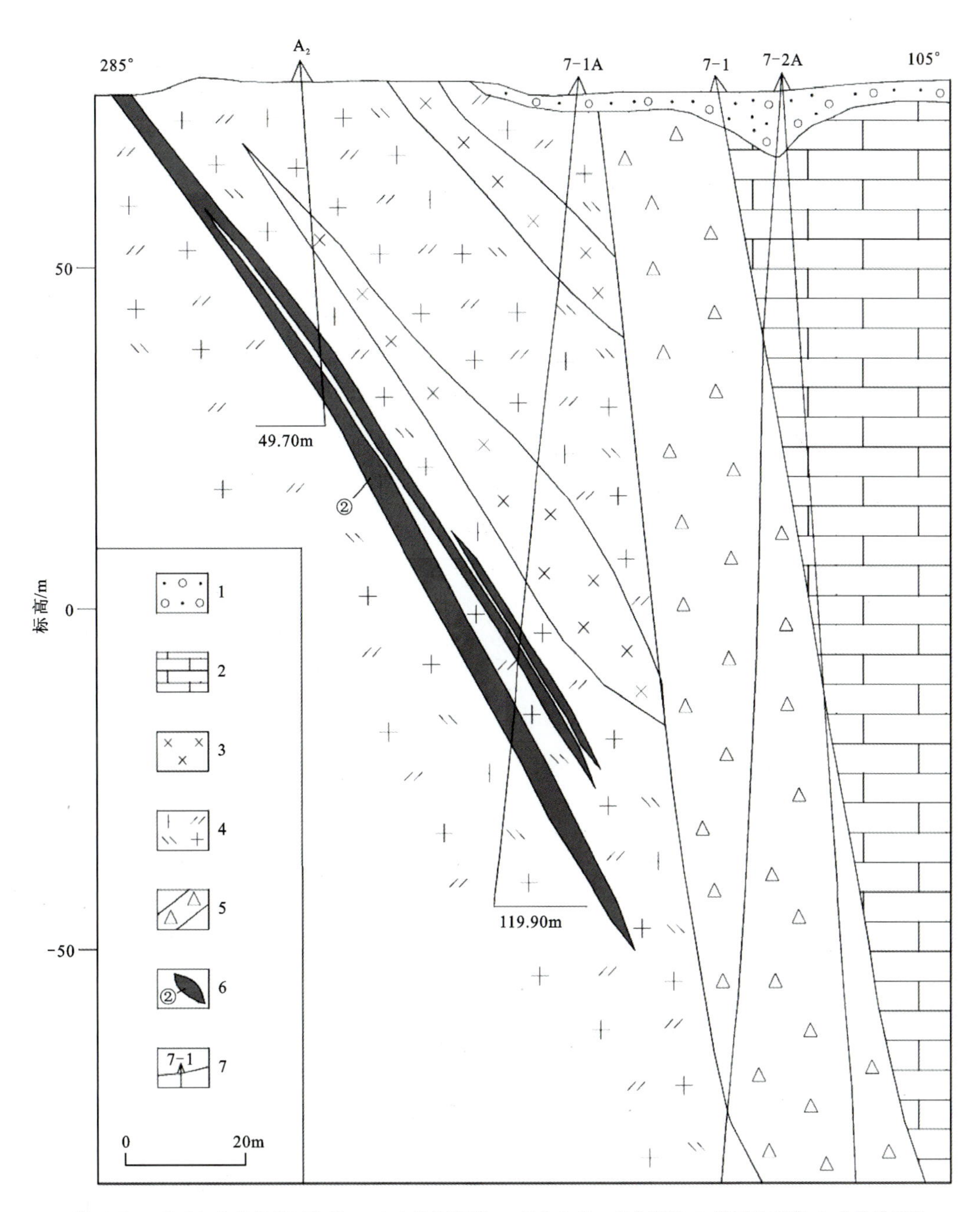

1.第四系；2.寒武纪朱砂洞组石灰岩；3.中生代辉绿岩；4.新太古代二长花岗岩；5.断层破碎带；6.矿体及编号；7.钻孔及编号

图2-8 白石岭铅锌矿第7勘查线剖面简图(据王奎峰等，2013)

3.矿石特征

矿石矿物以方铅矿、闪锌矿为主，有少量黄铜矿、辉银矿、铜蓝和孔雀石等。脉石矿物以石英、方解石及长石为主，此外有少量绿泥石、重晶石、萤石、绢云母等。

矿石结构以半自形—他形晶粒结构为主，少部分为碎裂结构、格子状结构等。矿石构造以团块状、脉状、网脉状、条带状构造为主，少部分为浸染状、晶洞晶簇状构造。

矿石自然类型为铅锌原生硫化物矿石。矿石工业类型以脉状充填的方铅矿、闪锌矿为主。

4. 共伴生矿产评价

白石岭铅锌矿床以铅、锌为主，其伴生的有益组分为金、银、铜、硫。求得伴生金金属量152kg，平均品位0.39g/t；伴生银金属量521kg，平均品位13.15g/t；伴生铜金属量389t，平均品位0.10%；伴生硫2007t，平均品位5.16%。

5. 矿体围岩和夹石

矿体围岩为黑云二长花岗岩、硅化碎裂岩、斜长角闪岩。矿体沿一组断裂裂隙充填，基本无夹石。

6. 成因模式

该矿床为热液脉状矿床，其矿脉赋存于花岗岩的裂隙中，裂隙共分东、西两组，裂隙延长的方向为北东，为张力与剪切力所形成。这两组裂隙为剖面上的共轭"X"形剪切裂隙。西组裂隙大而深，因此矿化较富且延长与延深皆大。东组裂隙多小而浅，因此矿化较贫，延长与延深皆小。构成矿脉的脉石矿物有石英、重晶石、萤石、方解石等，此外尚有少量绿泥石、蛋白石、金红石和褐帘石等。金属矿物有方铅矿、闪锌矿、黄铁矿、黄铜矿等，此外尚有少量的铜蓝，铅锌矿物为散点状与条带状分布于矿脉中。由显微镜下观察有先后贯穿的现象，因此属于多次热液活动成矿。矿脉生成的关系，经钻探验证，西组矿脉脉石矿物以石英为主，向深部方解石含量增高，表明西部矿脉经历了多次成矿作用。东组矿脉脉石矿物以方解石为主，因此矿脉亦为先后热液作用所形成。而东部矿脉后于西部矿脉生成，这也是东部矿脉含铅锌较贫的主要因素。

根据以上特征，确定该矿床成因属中低温热液裂隙充填脉型，形成时期为燕山晚期。

7. 矿床系列标本简述

本次标本采自安丘白石岭矿床巷道、矿石堆及渣石堆，采集标本4块，岩性分别为绢云母化硅化石英闪长碎裂岩铅锌矿石、片状细粒斜长角闪岩、硅化长英质碎裂岩、似斑状二长花岗岩（表2-3），较全面地采集了白石岭铅锌矿床的矿石和围岩标本。

表2-3 白石岭铅锌矿采集标本一览表

序号	标本编号	光薄片编号	标本名称	标本类型
1	BS-B1	BS-g1/BS-b1	绢云母化硅化石英闪长碎裂岩铅锌矿石	矿石
2	BS-B2	BS-b2	片状细粒斜长角闪岩	围岩
3	BS-B3	BS-b3	硅化长英质碎裂岩	围岩
4	BS-B4	BS-b4	似斑状二长花岗岩	围岩

注：BS-B代表白石岭铅锌矿标本，BS-g代表该标本光片编号，BS-b代表该标本薄片编号。

8. 图版

(1)标本照片及其特征描述

BS－B1

绢云母化硅化石英闪长碎裂岩铅锌矿石。矿石呈灰绿色，块状构造。主要由碎斑和碎基组成。碎斑主要为石英、角闪石、斜长石。石英：无色，粒径约1.0mm，含量约20%。角闪石：褐色，粒径约1.0mm，含量约20%。斜长石：无色，粒径1.0～1.5mm，含量约15%。碎基主要为斜长石、石英，粒度细小，矿物颗粒均＜1.0mm，含量分别为10%、20%。金属矿物主要为闪锌矿、方铅矿，闪锌矿：灰黑色，他形粒状，粒径＜1.0mm，含量约10%。方铅矿：浅灰色，金属光泽，粒径＜1.0mm，含量约5%。

BS－B2

片状细粒斜长角闪岩。岩石呈暗绿色，块状构造。主要成分为角闪石、斜长石、石英，可见金属矿物(如方铅矿)发育，角闪石多见绿泥石化蚀变。角闪石：灰绿色—褐色，长柱状，粒径＜1.0mm，含量约40%。斜长石：无色，他形粒状，粒径＜1.0mm，含量约40%。石英：无色，他形粒状，粒径＜1.0mm，含量约15%。方铅矿：浅灰色，自形粒状，金属光泽，条痕呈钢灰色，粒径＜1.0mm，含量约5%。

BS－B3

硅化长英质碎裂岩。岩石呈灰白色，块状构造。主要由碎斑和碎基组成。碎斑主要为石英、斜长石、角闪石。石英：无色，粒径约1.0mm，含量约30%。斜长石：无色，粒径约1.0mm，含量约15%。角闪石：褐色，粒径＜1.0mm，含量约10%。碎基主要为斜长石、石英，粒度细小，矿物颗粒均＜1.0mm，含量分别为20%、20%。此外可见金属矿物，较为自形，粒径＜1.0mm，含量约5%。

BS－B4

似斑状二长花岗岩。岩石呈浅肉红色，似斑状结构，块状构造。岩石由斑晶和基质组成。斑晶多为钾长石、斜长石，偶尔可见石英。钾长石：浅肉红色，半自形柱状，粒径 1.0～2.0mm，含量约30%。斜长石：无色，半自形粒状，粒径 1.5mm，含量约 30%。石英：无色，他形粒状，油脂光泽，粒径约 1.0mm，含量约 5%。基质为中细粒半自形粒状结构，主要成分为黑云母、石英、长石、角闪石，粒径均<1.0mm，含量分别为 10%、10%、20%及不足 1%。

（2）标本镜下鉴定照片及特征描述

BS－g1

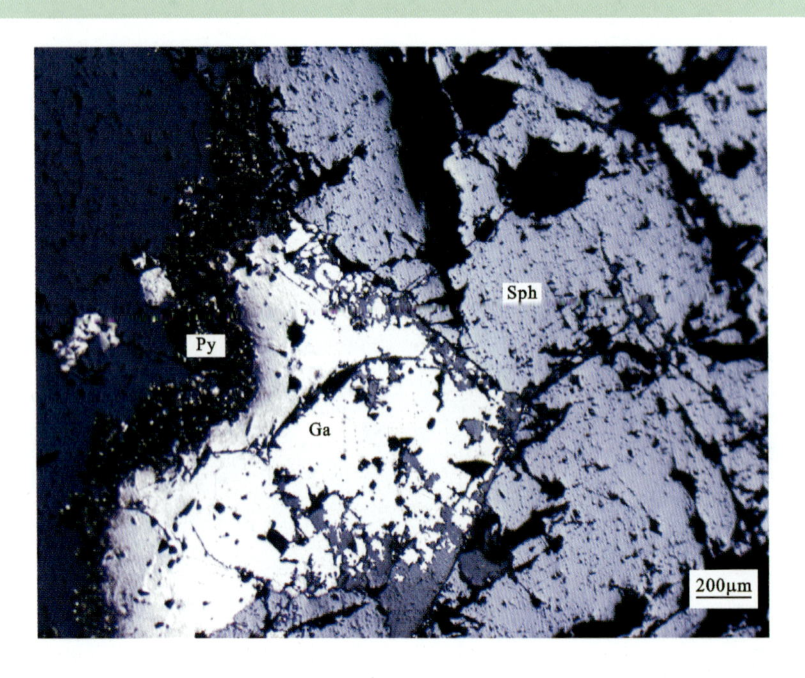

绢云母化硅化石英闪长碎裂铅锌矿石。自形—半自形粒状结构。金属矿物为闪锌矿（Sph）、方铅矿（Ga）、黄铁矿（Py）。闪锌矿：灰色，呈他形粒状集合体，显均质性，易磨光，具褐色内反射色，闪锌矿颗粒中发育裂隙，可见聚片双晶，多被方铅矿及透明矿物交代，也可见闪锌矿交代黄铁矿呈港湾结构、交代残余结构，粒径 0.2～0.4mm，含量 20%～25%。方铅矿：纯白色，呈半自形或不规则粒状集合体，偶尔可见方铅矿的六面体自形晶，显均质性，易磨光，方铅矿颗粒中可见三组解理相交形成的黑三角孔，可见方铅矿沿闪锌矿周边进行交代，或交代黄铁矿呈交代残余结构，粒径 0.2～0.4mm，含量 15%～20%。黄铁矿：浅黄色，为他形粒状及粒状集合体，偶尔可见零星的黄铁矿自形晶，显均质性，硬度较高，不易磨光，多呈不规则粒状集合体，较为破碎，可见方铅矿及闪锌矿交代黄铁矿，呈港湾结构、交代残余结构，粒径 0.1～0.4mm，含量约 5%。

矿石矿物生成顺序：黄铁矿→闪锌矿→方铅矿。

BS - b1

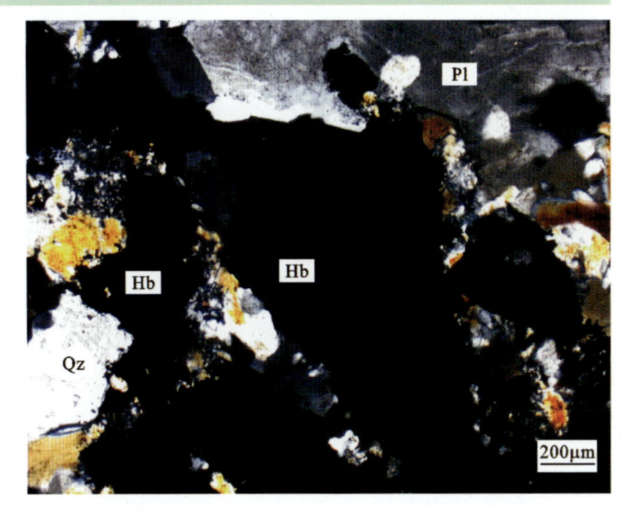

绢云母化硅化石英闪长碎裂铅锌矿石。碎裂结构。岩石由碎斑和碎基组成。岩石中裂隙较大，矿物碎斑多呈棱角状，大小不一，含量约70%；裂隙中填充细小的矿物碎斑，含量约30%。碎斑主要由石英(Qz)、角闪石(Hb)、斜长石(Pl)及金属矿物组成。石英：无色，可见他形粒状，也可见板条状自形、半自形晶体，正低突起，表面光洁，无解理，具波状消光现象，一级白干涉色，可见石英颗粒具碎裂结构，裂隙中充填碎基，石英晶体分布不均，粒径大小不一，粒径0.2～1.0mm，含量15%～20%。角闪石：褐色，长柱状，可见菱形及六边形横切面，正中突起，有明显的多色性及吸收性，可见两组菱形解理，干涉色为二级，多被矿物自身颜色所掩盖，粒径0.2～0.8mm，含量15%～20%。斜长石：无色，多呈他形，负低突起，一级灰白干涉色，可见聚片双晶，斜长石颗粒较为破碎，表面可见碳酸盐化，可见绢云母化蚀变，粒径0.4～2.0mm，含量10%～15%。金属矿物：自形—半自形粒状，多数填充于透明矿物之间，为方铅矿及闪锌矿，粒径0.2～0.6mm，含量10%～15%。碎基主要由石英(Qz)及斜长石(Pl)组成。石英：无色，他形粒状，多呈浑圆状，表面光洁，具波状消光现象，一级白干涉色，颗粒较为细小，粒径约0.1mm，含量15%～20%。斜长石：无色，多呈他形，负低突起，一级灰白干涉色，偶见双晶，颗粒较为细小，粒径约0.1mm，含量5%～10%。

BS - b2

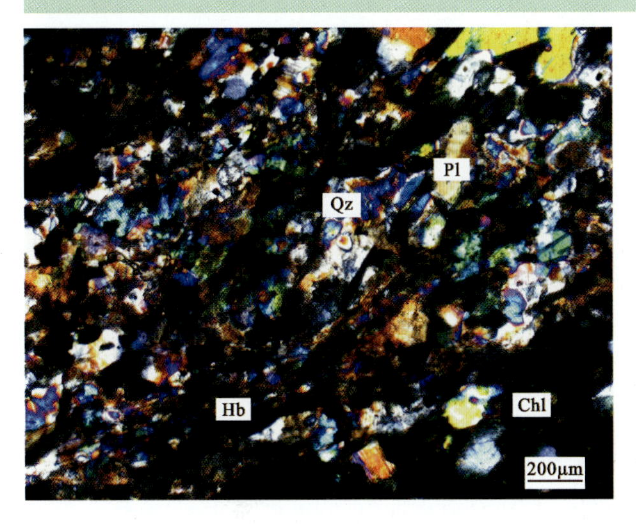

片状细粒斜长角闪岩。粒状柱状变晶结构。主要成分为角闪石(Hb)、斜长石(Pl)，其次为石英(Qz)，也可见金属矿物。长柱状角闪石呈不连续定向排列形成片状构造，角闪石多见绿泥石(Chl)化蚀变，颗粒大都<1.0mm。角闪石：褐色及绿色，长柱状，可见纤维状集合体，正中突起，有明显的多色性及吸收性，可见两组菱形解理，干涉色为二级，角闪石颗粒具定向排列，角闪石多见绿泥石化蚀变，粒径0.2～0.4mm，含量40%～45%。斜长石：无色，多呈他形，负低突起，一级灰白干涉色，斜长石颗粒较为破碎，表面可见碳酸盐化，可见聚片双晶，可见粒度较大的自形板状长石颗粒，粒径0.2～0.6mm，含量30%～35%。石英：无色，他形粒状，正低突起，表面光洁，无解理，具波状消光现象，一级白干涉色，可见石英颗粒较为细小，粒径0.1～0.2mm，含量10%～15%。金属矿物：自形—半自形粒状，多数填充于透明矿物之间，据手标本及镜下晶形推断为方铅矿，粒径0.2～0.4mm，含量约5%。

BS－b3

硅化长英质碎裂岩。碎裂结构。岩石由碎斑和碎基组成。岩石中裂隙较大，矿物碎斑多呈棱角状，大小不一，含量约60％；裂隙中填充细小的矿物碎斑，含量约40％。碎斑主要由石英(Qz)、斜长石(Pl)、角闪石(Hb)、金属矿物组成。石英：无色，可见他形粒状，也可见板条状自形、半自形晶体，正低突起，表面光洁，无解理，具波状消光现象，一级白干涉色，可见石英颗粒具碎裂组构，裂隙中充填碎基，石英晶体分布不均，粒径大小不一，粒径0.2～1.0mm，含量25％～30％。斜长石：无色，多呈他形，负低突起，一级灰白干涉色，斜长石颗粒较为破碎，表面可见碳酸盐化，可见聚片双晶，粒径0.4～1.0mm，含量10％～15％。角闪石：褐色，长柱状，也可见不规则粒状集合体，正中突起，有明显的多色性及吸收性，可见两组菱形解理，干涉色为二级，多被矿物自身颜色所掩盖，粒径0.2～0.6mm，含量5％～10％。金属矿物：自形—半自形粒状，多数填充于透明矿物之间，粒径0.2～0.4mm，含量约5％。碎基主要由斜长石(Pl)、石英(Qz)组成。斜长石：无色，多呈他形，负低突起，一级灰白干涉色，偶见双晶，颗粒较为细小，粒径约0.1mm，含量15％～20％。石英：无色，他形粒状，多呈浑圆状，表面光洁，具波状消光现象，一级白干涉色，颗粒较为细小，粒径约0.1mm，含量15％～20％。

BS－b4

似斑状二长花岗岩。似斑状结构。岩石由斑晶和基质组成。斑晶含量约60％，基质含量约40％。斑晶主要由钾长石(Kf)、斜长石(Pl)、石英(Qz)组成。钾长石：无色，半自形粒状，负低突起，表面多发生风化致表面浑浊不清，可见解理发育，一级灰白干涉色，常见双晶结构如卡斯巴双晶及格子双晶，粒径0.5～2.0mm，含量25％～30％。斜长石：无色，半自形粒状，负低突起，一级灰白干涉色，斜长石颗粒较为破碎，可见聚片双晶，表面可见由双晶结构引起的蓝绿色晕彩，粒径0.4～1.5mm，含量20％～25％。石英：无色，他形粒状，正低突起，表面光洁，无解理，具波状消光现象，一级白干涉色，粒径0.5～1mm，含量约5％。基质主要由石英(Qz)、黑云母(Bi)、斜长石(Pl)、角闪石(Hb)组成。石英：无色，他形粒状，多呈浑圆状，表面光洁，具波状消光现象，一级白干涉色，颗粒较为细小，粒径约0.1mm，含量15％～20％。黑云母：褐色，半自形片状集合体，褐色—黄色多色性明显，可见一组极完全解理，干涉色多被自身颜色所掩盖，粒径0.1～0.2mm，含量5％～10％。斜长石：无色，多呈他形，负低突起，一级灰白干涉色，偶见双晶，颗粒较为细小，粒径约0.1mm，含量5％～10％。角闪石：褐色，长柱状，正中突起，多有明显的多色性及吸收性，可见两组菱形解理，干涉色为二级，粒径0.1～0.3mm，含量较少。

二、安丘担山铅锌矿

担山铅锌矿位于潍坊安丘市东约10km处，行政区划隶属于安丘市景芝镇，大地构造位置位于华北板块(Ⅰ)鲁西隆起区(Ⅱ)沂沭断裂带(Ⅲ)汞丹山断隆(Ⅳ)夏庄凹陷(Ⅴ)。矿区查明铅金属量1918t，锌金属量2773t，矿床规模属小型。

1. 矿区地质特征

区内出露地层主要为古元古代粉子山群混合岩化黑云斜长片麻岩和第四系。

区内构造主要为褶皱构造——担山背斜，出露于担山、马踏泉一带，轴向10°左右，长约6km，核部由野头组祥山段长石石英岩组成，两翼由野头组定国寺段组成。西翼被山口-孟戈庄断裂所破坏，地层西倾，倾角25°～45°；东翼地层东倾，倾角35°～52°，为一不完整的背斜构造，背斜轴北部仰起，向南倾伏。矿区主要位于担山背斜东翼，区内大致呈北北东向延伸，倾向南东东。

区内出露岩浆岩主要为闪长岩，脉岩主要为斜长角闪岩、斜长岩以及伟晶岩等。矿区外围有钾长花岗斑岩分布，为矿区成矿热液提供了物质来源。

2. 矿体特征

矿区共有13条矿脉，分布于担山背斜东翼，仅3号、4号、10号、12号矿脉为工业矿体。

3号矿脉长度42m，斜长130m。矿化长度54m，地表出露厚度0.5～1.5m，矿脉形态为似层状、扁豆体状。地表平均品位铅0.82%、锌2.06%，地下平均品位铅1.29%、锌1.6%。

4号矿脉长度20m，斜长65m。矿化长度120m，地表出露厚度1.0～1.6m，矿脉形态为扁豆体状。地表平均品位铅0.13%、锌2.11%，地下平均品位铅0.61%、锌1.14%。

10号矿脉长度30m，斜长15m。矿化长度达75m，地表出露厚度1.0～2.6m，矿体为扁豆体状，主要呈条带状的深褐棕色铁帽，呈块状出现。地表平均品位铅2.38%、锌2.55%。

12号矿脉长度60m，延深30m。矿化带长度145m，其厚度0.9～2.9m，地表为土黄色—棕黑色铁帽。平均品位铅2.52%、锌0.75%。

3. 矿石特征

矿石矿物主要为方铅矿、闪锌矿、黄铁矿、白铁矿、磁黄铁矿、黄铜矿等，脉石矿物为石英、方解石。

矿石结构为他形晶粒状及乳滴状结构。矿石构造主要为浸染状构造。

4. 共伴生矿产评价

矿区内除铅锌外，铜、银、镉均达到伴生工业指标，伴生铜金属量25.3t，伴生银金属量791.2kg，伴生镉金属量6.089t，矿石矿物中伴生矿物可综合利用。

5. 矿体围岩和夹石

矿体顶底板围岩为透辉变粒岩、蛇纹石化大理岩及黑云母斜长片麻岩等。矿区内未见有夹石。

6. 矿床系列标本简述

本次标本采自安丘担山铅锌矿石堆，采集标本5块，岩性分别为褐铁矿化绿帘石英岩铅锌矿石、绢云母化二长花岗碎裂岩、白云大理石、蛇纹大理岩和透辉黑云长石变粒岩(表2-4)，较全面地采集了安丘担山铅锌矿床的矿石和围岩标本。

表 2-4 安丘担山铅锌矿采集标本一览表

序号	标本编号	光薄片编号	标本名称	标本类型
1	DS-B1	DS-g1/DS-b1	褐铁矿化绿帘石英岩铅锌矿石	矿石
2	DS-B2	DS-b2	绢云母化二长花岗碎裂岩	围岩
3	DS-B3	DS-b3	白云石大理岩	围岩
4	DS-B4	DS-b4	蛇纹大理岩	围岩
5	DS-B5	DS-b5	透辉黑云长石变粒岩	围岩

注：DS-B代表安丘担山铅锌矿标本，DS-g代表该标本光片编号，DS-b代表该标本薄片编号。

8. 图版

(1)标本照片及其特征描述

DS-B1

褐铁矿化绿帘石英岩铅锌矿石。岩石呈灰色，块状构造。主要成分为石英(含量约60%)、柱粒状暗色矿物(含量约30%)、金属矿物(含量约10%)。矿物粒径多<1.0mm。

DS-B2

绢云母化二长花岗碎裂岩。岩石呈灰绿色，块状构造。主要由碎斑和碎基组成。碎斑主要为钾长石、斜长石。钾长石：浅肉红色，半自形粒状，粒径1.0～2.0mm，含量约30%。斜长石：无色，他形粒状，粒径1.0～1.5mm，含量约30%。碎基主要为绢云母、长石、石英、黑云母，粒度细小，矿物颗粒均<1.0mm，含量分别为15%、10%、10%、5%。

DS-B3

白云石大理岩。岩石呈灰褐色，块状构造。主要成分为碳酸盐矿物，含量>95%，小刀划有划痕，表面滴稀盐酸冒泡。偶见金属矿物。矿物粒径多<1.0mm。

DS - B4

蛇纹大理岩。岩石呈灰白色—灰绿色，块状构造。主要成分为碳酸盐矿物(含量约 60%)和蛇纹石(含量约 40%)。碳酸盐矿物呈灰白色，小刀划有划痕，表面滴稀盐酸冒泡。蛇纹石呈青色，斑驳如蛇皮，油脂光泽。矿物粒径多<1.0mm。

DS - B5

透辉黑云长石变粒岩。岩石呈灰黑色，块状构造。主要成分为长石(含量约 50%)、石英(含量约 20%)、黑云母(含量约 20%)、辉石(含量约 10%)，可见金属矿物。长石为灰白色，石英为无色，油脂光泽。黑云母和辉石为暗色矿物，黑云母呈片状，辉石为柱状。矿物粒径多<1.0mm，黑云母粒径约 1.0mm。

(2)标本镜下鉴定照片及特征描述

DS - g1

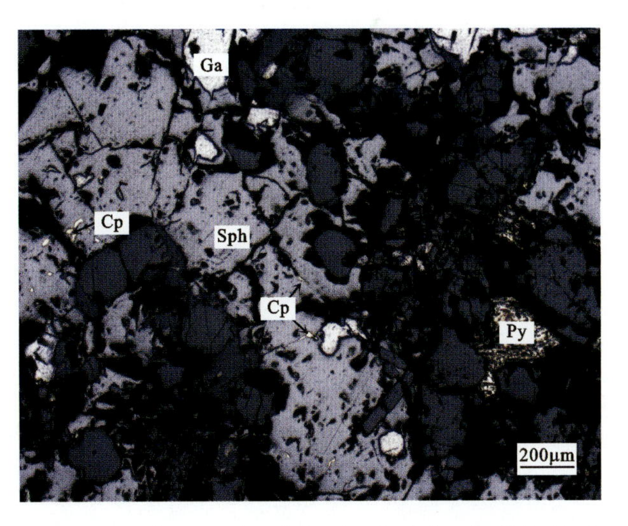

褐铁矿化绿帘石英岩铅锌矿石。自形—半自形粒状结构。金属矿物为闪锌矿(Sph)、方铅矿(Ga)、黄铁矿(Py)、黄铜矿(Cp)。闪锌矿：灰色，他形粒状集合体，显均质性，易磨光，具褐色内反射色，闪锌矿颗粒中发育裂隙，可见聚片双晶，多被方铅矿及透明矿物交代，可见黄铜矿在闪锌矿中呈乳滴状分布，粒径 0.2～0.4mm，含量 35%～40%。方铅矿：纯白色，半自形或不规则粒状集合体，显均质性，易磨光，方铅矿半自形颗粒中可见三组解理相交形成的黑三角孔，交代其他金属矿物如闪锌矿及黄铁矿，呈骸晶结构，粒径 0.2～0.4mm，含量 15%～20%。黄铁矿：浅黄色，他形粒状及粒状集合体，显均质性，硬度较高，不易磨光，多零星分布，可见方铅矿及闪锌矿交代黄铁矿，呈骸晶结构、交代残余结构，粒径 0.1～0.4mm，含量约 5%。黄铜矿：铜黄色，他形粒状，显均质性，较易磨光，呈乳滴状分布于闪锌矿中，粒径<0.05mm，含量约 1%。

矿石矿物生成顺序：黄铁矿→闪锌矿、黄铜矿→方铅矿。

DS - b1

褐铁矿化铅锌矿化绿帘石英岩。粒状变晶结构。主要成分为石英(Qz)、绿帘石(Ep),可见金属矿物,金属矿物含量为15%~20%。石英:无色,他形粒状,多呈浑圆状,正低突起,表面光洁,干涉色最高为一级黄,粒径0.1~0.3mm,含量50%~60%。绿帘石:浅黄绿色,颜色分布不均匀,半自形—他形粒状,正高突起,多色性较弱,干涉色分布不均匀,最高可达二级红,粒径0.1~0.2mm,含量20%~30%。

DS - b2

绢云母化二长花岗碎裂岩。碎裂结构。岩石由碎斑和碎基组成。岩石中裂隙较大,矿物碎斑多呈棱角状,大小不一,含量约60%;裂隙中填充细小的矿物碎斑,含量约40%。岩石中绢云母化蚀变普遍发育。碎斑主要由钾长石(Kf)、斜长石(Pl)组成。钾长石:无色,半自形粒状,负低突起,表面多发生风化致表面浑浊不清,可见解理发育,一级灰白干涉色,常见双晶结构如卡斯巴双晶及格子双晶,矿物颗粒多较为破碎,裂隙发育,局部颗粒可见边缘的粒化及双晶的错动,钾长石碎斑多发生绢云母化蚀变,粒径0.5~2.0mm,含量25%~30%。斜长石:无色,多呈他形,负低突起,一级灰白干涉色,斜长石颗粒较为破碎,表面可见碳酸盐化,可见聚片双晶,局部可见双晶的错动,粒径0.4~1.6mm,含量25%~30%。碎基主要由绢云母(Ser)、长石(Fs)、石英(Qz)、黑云母(Bi)组成。绢云母:无色,细小鳞片状,正低突起,干涉色鲜艳,多为二到三级,多为长石的蚀变产物,含量10%~15%。长石:无色,多呈他形,负低突起,一级灰白干涉色,偶见双晶,颗粒较为细小,粒径约0.1mm,含量5%~10%。石英:无色,他形粒状,多呈浑圆状,表面光洁,一级白干涉色,具波状消光现象,颗粒较为细小,粒径约0.1mm,含量5%~10%。黑云母:褐色,半自形片状集合体,褐色—黄色多色性明显,可见一组极完全解理,干涉色多被自身颜色所掩盖,粒径0.1~0.2mm,含量约5%。

DS - b3

白云石大理岩。粒状变晶结构。主要成分为粒状碳酸盐矿物，可见少量金属矿物。碳酸盐矿物主要为白云石(Do)。白云石：无色，自形程度好，多呈自形—半自形粒状，闪突起，见两组斜交解理，高级白干涉色，偶见双晶纹，双晶纹平行于菱形解理的短对角线，粒径 0.1～0.4mm，含量>95%。

DS - b4

蛇纹大理岩。粒状变晶结构。主要成分为粒状碳酸盐矿物(Cb)、蛇纹石(Sep)。碳酸盐矿物：无色，自形程度一般，多呈自形—半自形粒状，闪突起，见两组斜交解理，高级白干涉色，未见双晶纹。粒径 0.1～0.4mm，含量 50%～60%。蛇纹石：淡黄绿色，正低突起，多呈他形粒状，多色性不明显，最高干涉色为一级黄，粒径 0.1～0.3mm，含量 40%～50%。

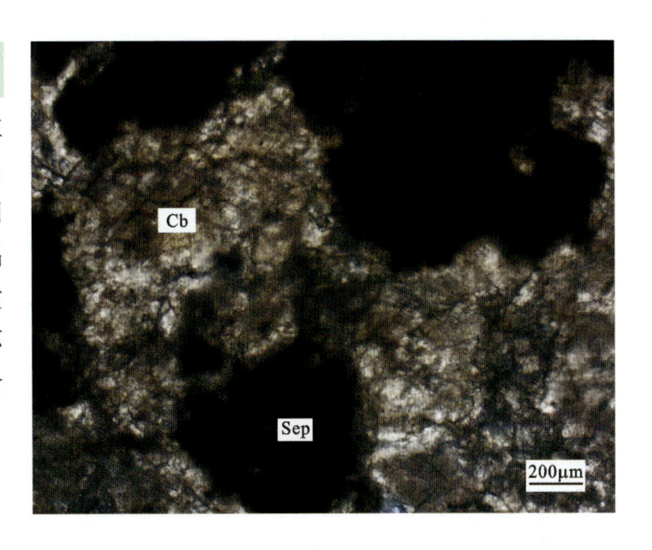

DS - b5

透辉黑云长石变粒岩。片状粒状变粒结构。主要成分为长石(Fs)、黑云母(Bi)、石英(Qz)、透辉石(Di)，可见金属矿物。长石：无色，多呈他形粒状，负低突起，干涉色最高为一级灰白，偶见双晶，粒径 0.2～0.5mm，含量 40%～50%。黑云母：黄褐色，自形—半自形片状，正中突起，见一组极完全解理，干涉色多被自身颜色所掩盖呈褐色，粒径 0.3～1.0mm，含量 20%～30%。石英：无色，他形粒状，多呈浑圆状，表面光洁，正低突起，干涉色最高为一级黄，粒径 0.1～0.2mm，含量 15%～20%。透辉石：无色，半自形—他形粒状，正高突起，未见解理，干涉色最高达二级橙黄，斜消光，粒径 0.1～0.2mm，含量约 10%。

三、胶南七宝山铅锌矿

七宝山铅锌矿床位于青岛胶南市西北约17km，行政区划隶属于胶南市七宝山镇，大地构造位置位于华北板块（Ⅰ）胶南造山带（Ⅱ）胶南-威海隆起区（Ⅲ）胶南隆起（断）（Ⅳ）之胶南凸起（Ⅴ）。矿区累计探明铅金属量41 455t，锌金属量1777t，矿床规模属小型。

1. 矿区地质特征

区内地层为古元古代荆山群陡崖组黑云变粒岩、石墨黑云变粒岩、大理岩和第四纪残坡积物（图2-9）。

区内构造发育，主要有变质变形作用过程中形成的小褶皱、韧性剪切带和断裂构造，与成矿作用较为密切的是断裂构造，总体可分为4组：北东—北东东向、北西—北北西向、近南北向和近东西向。北东向断裂是本区最发育的一组构造。其中七宝山断裂呈波状弯曲，总体走向10°～25°，总体倾向东，倾角65°～75°，长近3km，宽2～5m，两侧次级裂隙较发育，性质为左行张扭。该断裂为区内主要的容矿构造，地表硅化强烈，局部形成石英脉、铅矿脉，有方铅矿化、萤石化、黄铜矿化、孔雀石化、黄铁矿化、褐铁矿化等蚀变。主矿体赋存于该断裂中。

区内岩浆岩较为发育，主要为古元古代吕梁期侵入岩、中元古代四堡期侵入岩、新元古代晋宁期侵入岩、震旦期侵入岩、中生代印支期侵入岩和燕山晚期侵入岩。

2. 矿体特征

区内共圈定铅矿体10个，其中七宝山矿区5个，白家屯矿区3个，高城现矿区2个。七宝山矿区主矿体为1号矿体，次要矿体为5号、6号、9号、10号矿体。

1号矿体赋存于大理岩与闪长岩接触带的大理岩一侧。呈脉状，地表形态为中部稍向东凸出的弧形（图2-10）。矿体总体走向352°，倾向东，倾角51°～73°。矿体长724m，斜深545m；真厚度最小0.47m，最大10.32m，平均1.71m，厚度变化系数101.28%；单样铅最高品位8.80%，平均品位1.99%，品位变化系数106.40%。倾向上矿体具膨大狭缩、尖灭再现现象。

3. 矿石特征

矿石矿物主要为方铅矿、黄铁矿，次要为萤石、闪锌矿、黄铜矿、辉铜矿、斑铜矿、孔雀石等。脉石矿物主要为石英、方解石、长石、云母、绿泥石、绿帘石等。

矿石结构为粒状结构。矿石构造主要为团块状构造、条带状构造、星点状构造、网脉状构造、角砾状构造，其次为晶洞晶簇状构造，个别为块状构造。

矿石自然类型按脉石矿物分为萤石石英方铅矿矿石、萤石方铅矿矿石、萤石方解石方铅矿矿石和大理岩方铅矿矿石；按矿石氧化程度主要为原生矿石。矿石工业类型为硫化物矿石。

4. 共伴生矿产评价

矿石中主要有用组分为铅，伴生银、铜、萤石，局部伴生锌。锌平均品位0.1%～1.09%，铜平均品位0.01%～0.18%，银平均品位2～30g/t，萤石矿平均品位5%～30%，部分达到综合回收利用指标。

5. 矿体围岩和夹石

矿体顶底板围岩主要为煌斑岩、闪长岩、二长花岗岩、二长花岗质片麻岩、碎裂岩、透辉变粒岩、黑云变粒岩、角闪变粒岩、大理岩、石英脉等。

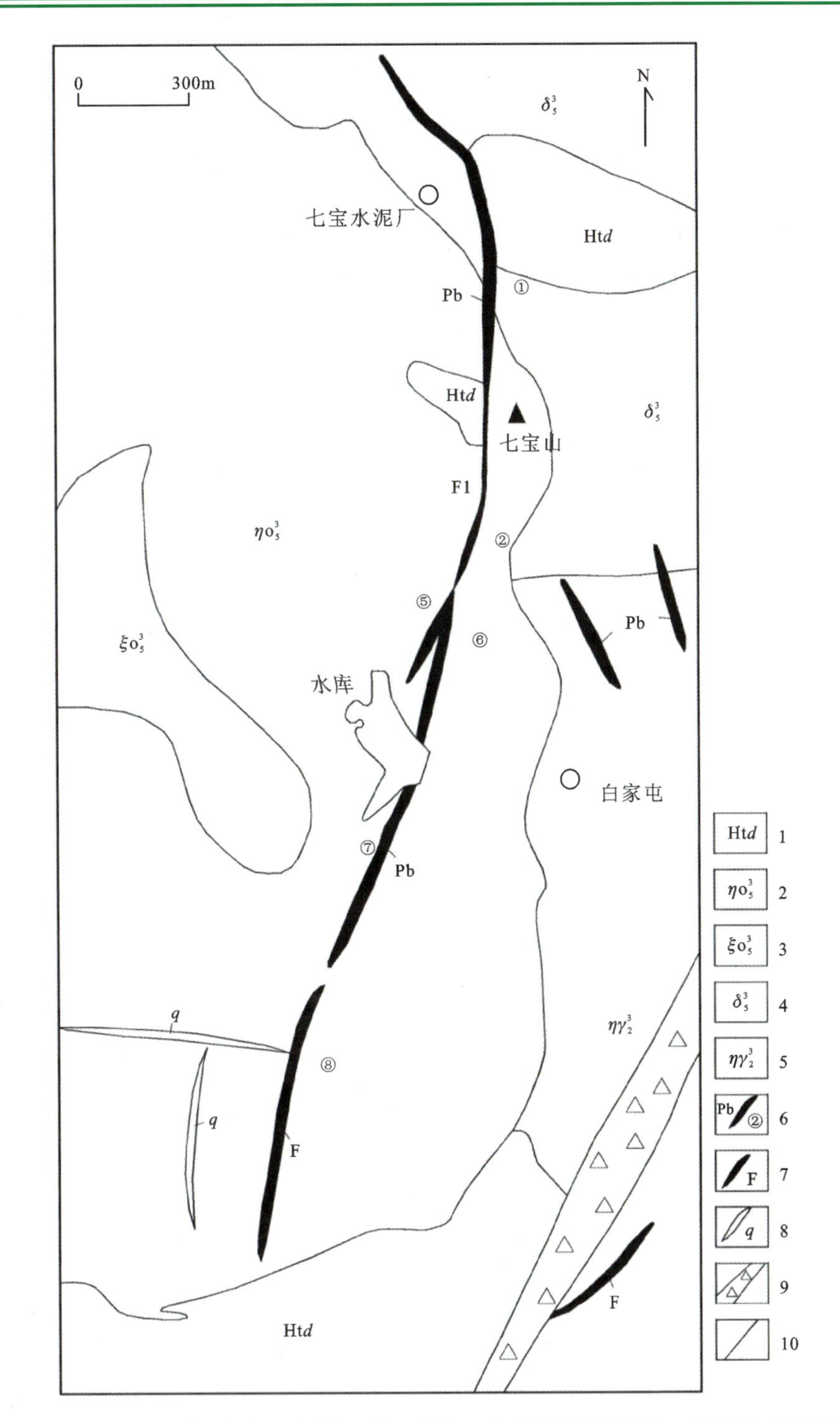

1.荆山群陡崖组;2.燕山晚期石英二长岩;3.印支期石英正长岩;4.印支期黑云母闪长岩;5.晋宁期二长花岗质片麻岩;6.铅矿体及编号;7.萤石石英脉;8.石英脉;9.破碎带;10.断层

图 2-9 七宝山铅锌矿床区域地质简图(据田京祥等,2005)

矿体夹石主要为达不到圈矿指标的铅矿化石英脉、铅矿化萤石石英脉、铅矿化方解石脉等。

6.成因模式

矿体均呈脉状赋存于侵入岩及变质岩构造裂隙中,并严格受构造裂隙控制,主矿脉有分叉,其次级裂隙发育并充填有矿脉。成矿表现为多期多阶段,矿石中见有早期石英角砾、方解石角砾,且角砾中含

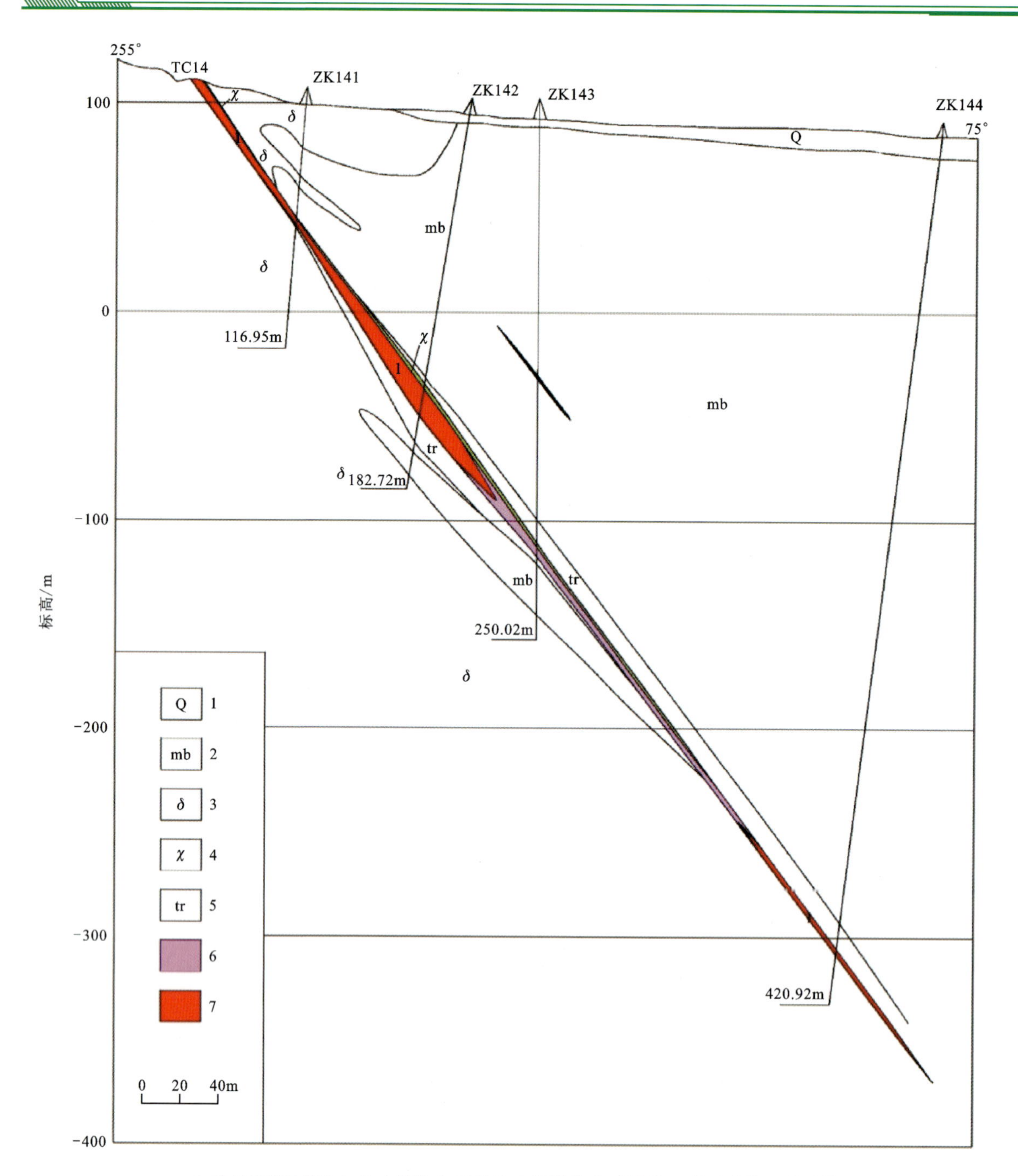

1. 残坡积砂砾亚砂土；2. 大理岩；3. 闪长岩；4. 煌斑岩；5. 碎裂岩；6. 铅矿化带；7. 铅矿体

图 2-10　七宝山铅锌矿床 14 勘查线地质剖面图(据刘汉栋等，2011)

有方铅矿。据目前的工作程度，成矿期主要有 3 个阶段。

第一阶段：石英-黄铁矿阶段，以石英脉为主，有少量黄铁矿，基本无其他硫化物；第二阶段：石英-方解石-方铅矿-黄铜矿阶段，为主成矿阶段之一，方铅矿、黄铜矿主要分布于矿脉两侧；第三阶段：石英-萤石-方铅矿阶段，为主成矿阶段，有含方铅矿的石英、方解石角砾，为主成矿阶段之一。

本区含萤石铅矿特征相同，区域上赋矿围岩崂山序列的形成时代为中生代燕山晚期，因此成矿应在崂山序列之后，即燕山晚期及其之后。矿床成因为低温热液充填型，该造山带上与铅、萤石共生的重晶石中硫同位素组成与蒸发岩系相近，与侵入岩硫同位素组成相差太远。成矿温度在 110～200℃之间，为低温矿床。综上认为矿床成因为低温热液充填脉型铅锌矿石。

7. 矿床系列标本简述

本次标本采自胶南七宝山矿床矿石堆及渣石堆，采集标本7块，岩性分别为萤石石英玉髓化方铅矿石、褐铁矿化微粒钾长石石英铅锌矿石、蛇纹大理岩、萤石化硅化花岗岩、中粒正长花岗岩、萤石石英脉、细粒正长花岗岩（表2-5），较全面地采集了七宝山铅锌矿床的矿石和围岩标本。

表2-5　七宝山铅锌矿采集标本一览表

序号	标本编号	光薄片编号	标本名称	标本类型
1	QBS-B1	QBS-g1/QBS-b1	萤石石英玉髓化方铅矿石	矿石
2	QBS-B2	QBS-g2/QBS-b2	褐铁矿化微粒钾长石石英铅锌矿石	矿石
3	QBS-B3	QBS-b3	蛇纹大理岩	围岩
4	QBS-B4	QBS-b4	萤石化硅化花岗岩	围岩
5	QBS-B5	QBS-b5	中粒正长花岗岩	围岩
6	QBS-B6	QBS-b6	萤石石英脉	围岩
7	QBS-B7	QBS-b7	细粒正长花岗岩	围岩

注：QBS-B代表七宝山铅锌矿标本，QBS-g代表该标本光片编号，QBS-b代表该标本薄片编号。

8. 图版

（1）标本照片及其特征描述

QBS-B1

萤石石英玉髓化方铅矿石。岩石呈铅灰色—灰黄色，块状构造，局部风化至蜂窝状构造。主要成分为方铅矿。方铅矿：铅灰色，呈粒状集合体，条痕灰黑色，金属光泽，粒径<1.0mm，含量约25%。脉石矿物为石英、钾长石、萤石。石英：无色，粒状，油脂光泽，发育晶洞，可见较为自形的石英颗粒，粒径<1.0mm，含量约20%。钾长石：浅肉红色，半自形—他形粒状，粒径<1.0mm，含量约15%。萤石：浅绿色，不规则粒状，粒径小于1.0mm，含量约15%。此外为隐晶质，多为硅质，较硬，含量约25%。

QBS-B2

褐铁矿化微粒钾长石石英硅质岩。岩石呈深灰色，致密块状构造。岩石表面受氧化作用发育褐铁矿化，呈棕黄色，新鲜面呈深灰色，主要成分为微粒结构硅质成分，主要为微粒的石英及钾长石，其次可见少量金属矿物，多为细粒闪锌矿，也可见自形的铅灰色方铅矿。石英：无色，他形粒状，油脂光泽，粒径<1.0mm，含量约70%。钾长石：肉红色，半自形—他形粒状，粒径<1.0mm，含量约30%。

QBS－B3

蛇纹大理岩。岩石呈灰绿色，半自形鳞片粒状变晶结构，块状构造。主要成分为方解石、蛇纹石。方解石：灰白色，半自形粒状，玻璃光泽，粒径<2.0mm，含量约65%。蛇纹石：浅绿色，冻胶状，蜡状光泽，粒径<0.6mm，含量约35%。

QBS－B4

萤石化硅化花岗岩。岩石呈灰白色，局部淡紫色的萤石分布集中，半自形粒状结构，块状构造。局部可见粒度粗大的石英集合体；主要成分为石英、斜长石、钾长石、萤石组成。石英：灰白色，半自形—他形粒状，玻璃光泽，粒径<2.0mm，含量约40%。斜长石：灰白色，半自形粒状，白色条痕，玻璃光泽，粒径<2.0mm，含量约30%。钾长石：肉红色，半自形粒状，白色条痕，玻璃光泽，粒径<2.0mm，含量约20%。萤石：淡紫色，白色条痕，玻璃光泽，粒径<1.5mm，含量约10%。

QBS－B5

中粒正长花岗岩。岩石呈肉红色，半自形粒状结构，块状构造。主要成分为钾长石、石英、斜长石、黑云母。钾长石：肉红色，半自形粒状，白色条痕，玻璃光泽，粒径<3.0mm，含量约50%。石英：灰白色，他形粒状，玻璃光泽，粒径<1.0mm，含量约20%。斜长石：灰白色，半自形粒状，白色条痕，玻璃光泽，粒径<2.0mm，含量约20%。黑云母：褐黑色，半自形片状，玻璃光泽，粒径<1.0mm，含量约10%。

QBS－B6

萤石石英脉。岩石呈略带淡红色的灰白色，半自形粒状变晶结构，块状构造。主要成分为石英、萤石。石英：灰白色，半自形粒状，玻璃光泽，粒径<1.0mm，含量约65%。萤石：浅红色，半自形粒状，白色条痕，玻璃光泽，粒径<1.0mm，含量约35%。

QBS - B7

细粒正长花岗岩。岩石呈肉红色，半自形粒状结构，块状构造。主要成分为钾长石、石英、斜长石、黑云母。钾长石：肉红色，半自形粒状，白色条痕，玻璃光泽，粒径＜1.0mm，含量约50%。石英：灰白色，他形粒状，玻璃光泽，粒径＜0.5mm，含量约30%。斜长石：灰白色，半自形粒状，白色条痕，玻璃光泽，粒径＜1.0mm，含量约10%。黑云母：褐色，半自形片状，玻璃光泽，粒径＜1.0mm，含量约10%。

(2)标本镜下鉴定照片及特征描述

QBS - g1

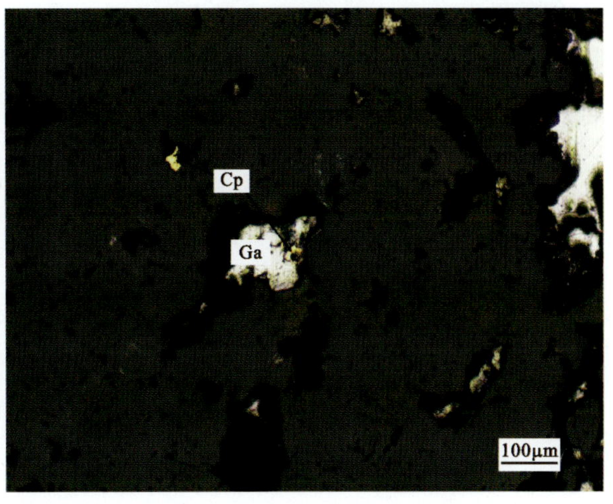

萤石石英玉髓化方铅矿石。自形—半自形粒状结构。金属矿物为方铅矿(Ga)、黄铜矿(Cp)、铜蓝(Cov)。方铅矿：纯白色，自形—半自形粒状，也可见他形粒状集合体，显均质性，易磨光，可见三组解理相交而呈黑三角孔，可见方铅矿交代黄铜矿颗粒，也可见后期形成的铜蓝交代方铅矿，自形晶粒径为0.1～0.4mm，集合体多＞0.5mm，含量25%～30%。黄铜矿：铜黄色，他形粒状，显均质性，较易磨光，黄铜矿颗粒多呈细小他形粒状零星分布，可见黄铜矿交代方铅矿颗粒，粒径0.02～0.50mm，含量较少。铜蓝：深蓝色，他形粒状，显多色性，强非均质性(橙黄色—橙红色)，可见解理发育，多位于方铅矿颗粒边部，交代方铅矿，粒径0.05～0.20mm，含量较少。

矿石矿物生成顺序：方铅矿→黄铜矿→铜蓝。

QBS－g2

褐铁矿化微粒钾长石石英硅质岩铅锌矿石。自形—半自形粒状结构。金属矿物为方铅矿(Ga)、闪锌矿(Sph)、黄铁矿(Py)。方铅矿：纯白色，自形—半自形粒状，也可见他形粒状集合体，显均质性，易磨光，可见三组解理相交而呈黑三角孔；多零星分布，局部可见透明矿物交代方铅矿颗粒，也可见表面受氧化作用形成的锖色，粒径0.02～0.05mm，含量较少。闪锌矿：灰色，呈他形粒状颗粒，显均质性，易磨光，具无色内反射色，粒径小于0.02mm，含量较少。黄铁矿：浅黄色，呈他形粒状颗粒，显均质性，硬度较高，不易磨光，黄铁矿颗粒较为细小，粒径<0.05mm，含量较少。

矿石矿物生成顺序：黄铁矿→方铅矿、闪锌矿。

QBS－b1

方铅萤石石英玉髓化岩。自形—半自形粒状结构，局部为显微晶质至隐晶质结构。主要成分为石英(Qz)、钾长石(Kf)、萤石(Fl)，可见隐晶质的硅质成分，多为玉髓(Chc)；岩石呈蜂窝状构造，表面可见由风化所致的褐铁矿化，可见方铅矿呈团块状或星点状分布。玉髓：无色，呈隐晶质，负低突起，无解理，一级灰白干涉色，粒径<0.02mm，含量45%～50%。石英：无色，可见他形粒状，也可见粒状、正多边形状自形、半自形晶体，正低突起，表面光洁，无解理，具波状消光现象，一级白干涉色，粒径0.2～0.4mm，含量15%～20%。钾长石：无色，他形粒状，表面多发生风化致表面浑浊不清，一级灰白干涉色，可见格子双晶，粒径0.2～0.4mm，含量10%～15%。萤石：褐色，且颜色分布不均，呈斑点状，呈不规则粒状填充于其他矿物之间，负中—高突起，显均质性，含量10%～15%。

QBS－b2

褐铁矿化微粒钾长石石英硅质岩。微粒结构。主要成分为微粒结构的石英(Qz)、钾长石(Kf)，岩石中可见石英脉穿插于微粒矿物颗粒中，可见粒状或板状自形—半自形石英颗粒，为硅化作用的产物。表面可见由风化所致的褐铁矿化，可见方铅矿呈团块状或星点状分布。石英：无色，可见他形粒状，也可见粒状、正多边形状自形、半自形晶体，正低突起，表面光洁，无解理，具波状消光现象，一级白干涉色，可见宽度约0.05mm的石英脉穿插于微粒结构矿物颗粒中，粒径0.02～0.10mm，含量65%～70%。钾长石：无色，他形粒状，表面多发生风化致表面浑浊不清，一级灰白干涉色，可见格子双晶，粒径0.02～0.10mm，含量25%～30%。

QBS－b3

蛇纹大理岩。半自形鳞片粒状变晶结构。主要成分为方解石(Cal)、蛇纹石(Sep)，其次为金云母(Phl)、金属矿物。方解石：无色，半自形—他形粒状，紧密镶嵌在一起，闪突起明显，高级白干涉色，略具定向分布特征，粒径0.2～2.2mm，含量65%～70%。蛇纹石：无色，半自形鳞片状集合体，一级灰干涉色，近于平行消光，呈团块状、似斑状的集合体分布在方解石集合体之中，粒径0.05～0.20mm，含量30%～35%。金云母：浅褐色，半自形片状，干涉色可达三级绿，近于平行消光，零星分布于方解石集合体之中，粒径0.1～0.2mm，含量较少。金属矿物：黑色，半自形粒状，零星分布在上述矿物之间，粒径0.05～0.10mm，含量较少。

QBS－b4

萤石化硅化花岗岩。半自形粒状结构。主要成分为石英(Qz)、斜长石(Pl)、钾长石(Kf)、萤石(Fl)、方解石(Cal)。石英：无色，半自形—他形粒状，表面光洁，具波状消光现象，一级黄白干涉色，镜下可见粗大的板条状半自形晶石英集合体，推测为硅化作用形成，粒径一般为0.2～2.0mm，个别可达4.0mm，含量40%～45%。斜长石：无色，半自形板状，一级灰白干涉色，中心具绢云母化蚀变，可见细密的聚片双晶，粒径0.6～2.2mm，含量25%～30%。钾长石：土化蚀变呈深褐色，半自形板状、他形粒状，一级灰白干涉色，粒径0.4～2.0mm，含量25%～30%。萤石：无色，半自形粒状，见有两组解理，显均质性，晶形较完整，粒径0.6～1.6mm，含量10%～15%。方解石：无色，他形粒状，闪突起明显，高级白干涉色，填隙于上述矿物之间，粒径0.2～1.0mm，含量较少。

QBS－b5

中粒正长花岗岩。半自形粒状结构。主要成分为钾长石(Kf)、石英(Qz)、斜长石(Pl)、黑云母(Bi)。钾长石：土化蚀变呈深褐色，半自形板状、粒状，一级灰白干涉色，粒径0.4～2.8mm，最大可达4.0mm，含量45%～50%。石英：无色，他形粒状，表面光洁，一级黄白干涉色，具波状消光现象，填隙分布于长石矿物之间，粒径0.2～1.2mm，含量25%～30%。斜长石：无色，半自形板状，一级灰白干涉色，表面普遍具绢云母化蚀变，隐约可见聚片双晶，粒径0.6～2.0mm，含量15%～20%。黑云母：浅褐色，半自形片状，可见一组完全解理，具绿泥石化蚀变，粒径0.6～1.2mm，含量5%～10%。

QBS－b6

萤石石英脉。半自形粒状结构。主要成分为石英(Qz)、萤石(Fl)。石英:无色,半自形板状、他形粒状,表面光洁,一级黄白干涉色,具波状消光现象,镜下可见呈板条状的石英和细小的他形粒状石英集合体,推测为硅化作用形成,粒径 0.1～1.0mm,最小不足 0.2mm,含量 60%～70%。萤石:无色,自形—半自形粒状,显均质性,分布于石英集合体之间,粒径 0.02～0.8mm,含量 30%～40%。镜下可见多条石英细脉穿插分布。

QSB－b7

细粒正长花岗岩。半自形粒状结构,局部为显微文象结构。主要成分为钾长石(Kf)、石英(Qz)、斜长石(Pl)、黑云母(Bi)。钾长石:土化蚀变呈深褐色,半自形粒状,一级灰白干涉色,粒径 0.2～0.8mm,含量 50%～55%。石英:无色,他形粒状,表面光洁,一级黄白干涉色,具波状消光现象,填隙分布于长石矿物之间,与钾长石接触处常见显微文象结构,粒径 0.1～0.4mm,含量 20%～25%。斜长石:无色,半自形板状,一级灰白干涉色,表面普遍具绢云母化蚀变,隐约可见聚片双晶,粒径 0.4～0.6mm,含量 15%～20%。黑云母:浅褐色,半自形片状,可见一组完全解理,局部蚀变为白云母,粒径 0.2～0.6mm,含量 5%～10%。

第三章　山东典型银矿床标本及光薄片

第一节　山东银矿概况

作为贵金属元素之一的银，其质地纯净为银白色，故又称白银。在所有金属中，银的导电性、导热性最高，具有较好的延展性、可锻性和可塑性，易于抛光和造型，并具有较强的抗腐蚀、耐有机酸和碱的能力，在普通温度和湿度下不易被氧化，还能与许多金属组合形成合金或假合金。由于银金属具备的上述优点，自古以来银就成为人类开发利用的重要金属元素。

长期以来，大量纯度较高的银用于制造钱币和装饰品。我国以银锭为主要形式的秤量货币始于汉代，盛行于明、清两代直至民国初期。随着科学技术的发展，金属银的消费已由铸币和银饰品的加工业，逐渐转至工业应用领域。

一、山东银矿的分布

山东银矿床及矿点较多，规模一般较小。截至2020年底，共查明银矿床235个，其中大型银矿1个，中型银矿15个，小型银矿219个；非伴生银矿13个(含6个共生银矿)，其中中型3个，小型10个；伴生银矿222个，其中大型1个，中型11个，小型210个。从地理分布看，银矿区主要分布在烟台市，共有174个，其次是威海市(29个)、临沂市(12个)、青岛市(11个)，其他地市有银矿9个。

山东银矿床的产出具有以下特点：①银矿规模以小型为主，但储量分布相对集中。15处中型以上银产地查明保有资源量5965t，占山东省总量(9375t)的63.6%。②银矿以伴生矿产为主。山东省共查明伴生银矿资源量11 338t，占全省总量(12 858t)的88.2%。③在伴生银矿床中，与金矿伴生的查明保有资源量6799t，占山东省保有总量8098t的84.0%；与铜、铅、锌矿伴生的查明保有资源量1299t，占山东省保有总量的16.0%。

二、山东银矿床类型

山东银矿以伴生银矿为主，其中以金矿中的伴生银矿最多，其次是铅锌矿及铜矿中的伴生银矿，这些银矿的形成均与燕山期岩浆活动有关。山东省内独立的银矿床，按其产出的地质环境及矿床特点，应属于与中生代燕山晚期浅火山岩及浅成侵入岩有关的热液脉型。

与中生代燕山晚期浅火山岩及浅成侵入岩有关的热液脉型银矿是山东重要的银矿类型，主要分布于胶东地区的烟台、威海两市所辖的招远、栖霞等县(市)。分布较为零星，胶西北地区中北部的招远十里堡、栖霞虎鹿夼地区、荣成市的老衡山和莱西市小东馆村均有分布。主要受北东东—北东向主断裂的次级断裂、裂隙控制，形成以热液充填方式为主的脉型银矿床。矿床赋矿围岩为中生代玲珑片麻状中粒二长花岗岩和中粗粒含黑云母二长花岗岩、新太古代栖霞含角闪黑云英云闪长质片麻岩。围岩蚀变主要为绢云母化、硅化、黄铁矿化、碳酸盐化及绿泥石化等。

第二节 栖霞虎鹿夼银矿

虎鹿夼银矿位于烟台栖霞市区东26km处，行政区划隶属于栖霞市桃村镇，大地构造位置位于华北板块（Ⅰ）胶辽隆起区（Ⅱ）胶北隆起（Ⅲ）胶北断隆（Ⅳ）栖霞-马连庄凸起（Ⅴ）东端。矿区累计查明银金属量174t，矿床规模属小型。

1.矿区地质特征

区内地层主要为古元古代滹沱纪荆山群禄格庄组安吉村段石榴子石矽线石黑云片岩、石墨片岩、大理岩、黑云变粒岩、透辉变粒岩和新生代第四系（图3-1）。

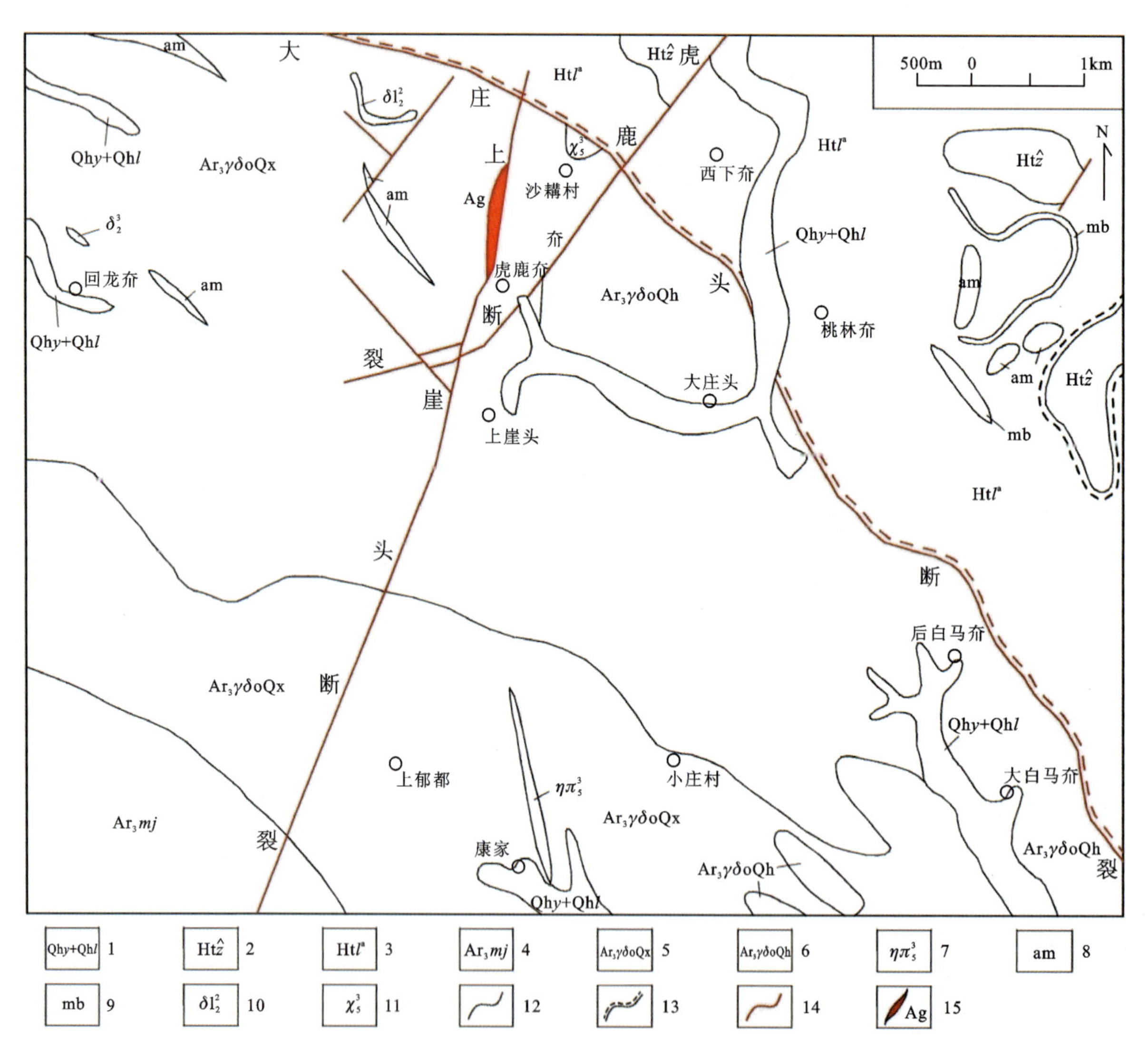

1.全新世沂河组+临沂组；2.滹沱纪粉子山群祝家夼组；3.滹沱纪荆山群禄格庄组；4.胶东岩群苗家庄组；5.栖霞序列新庄单元中细粒英云闪长质片麻岩；6.栖霞序列回龙夼单元条带状英云闪长质片麻岩；7.二长斑岩；8.斜长角闪岩；9.大理岩；10.榴闪岩；11.煌斑岩；12.地质界线；13.不整合界线；14.断层；15.银矿体

图3-1 虎鹿夼银矿床区域地质简图（据孙超等，2015）

区内断裂构造主要为北西向、北东向和北北东向3组。其中北北东向上崖头断裂为矿床控矿构造。该断裂具有两个主破碎带，相距5～55m，近上盘的主破碎带倾角较缓，一般为55°～65°，近下盘的主断裂带倾角较陡，一般为65°～75°，银铅矿体赋存于这两个主破碎带内的蚀变带。

区内岩浆岩主要为新太古代回龙夼单元细粒含角闪黑云英云闪长质片麻岩。另外脉岩较发育，主要为闪长玢岩，其次为辉绿玢岩、煌斑岩等，多沿断裂构造侵入，主要分布在回龙夼单元岩体内。

2. 矿体特征

矿区共圈出3个工业矿体，编号分别为Ⅰ号、Ⅱ号、Ⅲ号，其中Ⅰ号银铅矿体规模最大。

Ⅰ号矿体位于主破碎带底部靠近下盘的蚀变岩石中，呈脉状产出(图3-2)。矿体总体走向15°，倾向南东东，倾角67°。矿体长约700m，斜长120m左右，矿体略向北东侧伏。矿体厚度0.40～4.51m，平均厚度1.94m，平均品位232.43g/t。

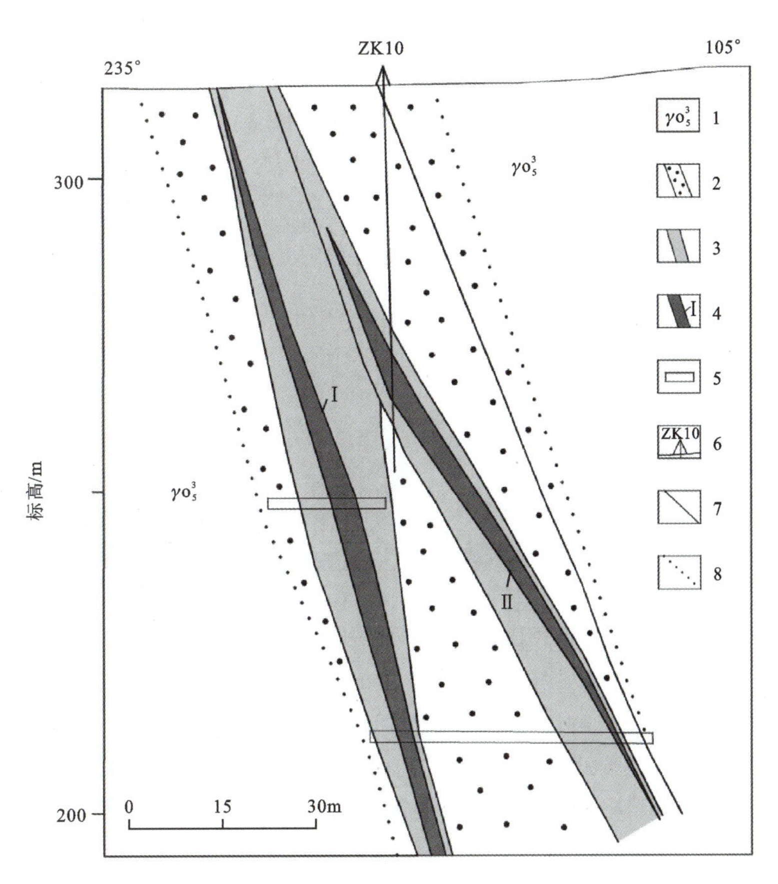

1. 新太古代黑云斜长片麻岩；2. 绢英岩化黑云斜长片麻岩；3. 绢英岩化碎裂岩；4. 银矿体及编号；5. 平巷；6. 钻孔及编号；7. 断裂面；8. 蚀变带界线

图3-2　虎鹿夼银矿床7号勘探线地质剖面简图(据孙超等，2015)

Ⅱ号矿体位于主破碎带靠近上盘附近的蚀变岩中，呈脉状产出，矿体总体走向15°左右，倾向南东东，倾角60°。矿体长约360m，沿走向及倾向局部膨大发育，整体向北东侧伏延深，延深长度约120m，矿体平均厚度为1.90m，银平均品位为308.17g/t。

Ⅲ号矿体规模很小，位于主破碎带靠近上盘的蚀变带内。矿体平均厚度0.7m，银平均品位139.71g/t。

3. 矿石特征

矿石中的金属矿物主要为辉银矿-螺状硫银矿、自然银、方铅矿，次为金银矿、黄铁矿、黄铜矿、角银矿、硫锑铜银矿、闪锌矿等。非金属矿物主要为石英，其次为绢云母、方解石、绿泥石等。

矿石结构主要为碎裂结构、填隙结构，次为包含结构、交代残余结构和假象结构等。矿石构造主要为脉状构造、角砾状构造、网脉状构造，其次为细脉状构造、细脉浸染状构造等。

矿石自然类型主要为脉状、网脉状金属硫化物石英脉型银铅矿石，其次为角砾状金属硫化物角砾岩型银铅矿石和细脉浸染状（黄铁）绢英岩质碎裂岩型银铅矿石。矿石工业类型为脉状低硫型铅矿石。

4. 共伴生矿产评价

矿石中有用组分除银以外，金、铜、铅、锌也达到伴生组分评价要求，可以综合利用。矿床伴生金矿石量65万t，金属量282kg，平均品位0.43g/t；伴生铜矿石量19万t，金属量342t，平均品位0.18%；伴生铅矿石量65万t，金属量27t，平均品位0.004%；伴生锌矿石量19万t，金属量1272t，平均品位0.67%。

5. 矿体围岩和夹石

矿体顶板围岩主要为绢英岩化碎裂岩，底板围岩多为闪长玢岩，次为绢英岩化碎裂岩。矿区内未见夹石。

6. 矿床成因

矿床产于新太古代回龙夼单元英云闪长质片麻岩侵入体内，并严格受断裂蚀变带控制。矿体与中生代闪长玢岩脉关系密切。

成矿物质来源具多源性。区内广泛分布新太古代胶东岩群、古元古代滹沱纪荆山群和粉子山群等老变质岩地层和岩体。从成矿机理来看，其物质来源于陆源和上地幔、下地壳有关的中基性—中酸性火山岩。而这些古老地层和岩体金、银、铅多金属丰度值较高，从而构成了广泛的铅、银、金多金属地球化学背景，给矿床的形成提供了丰厚的物质基础。因此有理由认为成矿物质来源主要来自古老的变质火山岩系和上地幔岩浆。

近矿围岩蚀变主要为硅化、绢英岩化、黄铁矿化及少量绿泥石化等，均为中低温蚀变产物，故本矿床成矿温度应属中低温，矿源层中的Pb、Ag、Au等元素经受长期的活化，以机械、化学等方式迁移。后期岩浆构造活动，为成矿热液提供了通道，且为铅、银、金的活化迁移提供了热源。闪长玢岩的岩浆是老变质岩局部选择性熔融的结果，它继承了老变质岩的物质成分，当然Pb、Ag、Au元素也随着岩浆的侵位结晶而保留在岩体中，而且由岩浆热液进一步作用，铅、银、金不断活化，不断富集，最后在有利的空间沉淀成矿。闪长玢岩为成矿提供了热源。

矿床由矿化石英脉及蚀变岩带组成，蚀变强烈，铅矿化与硅化关系密切，在含矿石英脉两侧发育绢英岩化。热液与矿化具有多阶段性。蚀变组分具有带入、带出性质。矿石矿物成分以石英脉和方铅矿为主。矿石具有脉状、细脉状、网脉状构造，填隙结构。

综上所述，矿床属与中生代岩脉有关的中低温热液银矿床。

7. 矿床系列标本简述

本次标本采自虎鹿夼银矿矿石堆及渣石堆，采集标本5块，岩性分别为灰绿色碳酸盐化绢英岩银矿石、灰白色碳酸盐化绢英岩银矿石、碳酸盐化绢英岩化角砾岩银矿石、蚀变辉绿玢岩和碳酸盐化绢英岩

(表 3－1),较全面地采集了虎鹿夼银矿床的矿石和围岩标本。

表 3－1 虎鹿夼银矿采集标本一览表

序号	标本编号	光薄片编号	标本名称	标本类型
1	HLK－B1	HLK－g1/HLK－b1	灰绿色碳酸盐化绢英岩银矿石	矿石
2	HLK－B2	HLK－g2/HLK－b2	灰白色碳酸盐化绢英岩银矿石	矿石
3	HLK－B3	HLK－g3/HLK－b3	碳酸盐化绢英岩化角砾岩银矿石	矿石
4	HLK－B4	HLK－b4	蚀变辉绿玢岩	围岩
5	HLK－B5	HLK－b5	碳酸盐化绢英岩	围岩

注:HLK－B代表虎鹿夼银矿标本,HLK－g代表该标本光片编号,HLK－b代表该标本薄片编号。

8. 图版

(1)标本照片及其特征描述

HLK－B1

灰绿色碳酸盐化绢英岩银矿石。岩石呈灰绿色,半自形鳞片粒状变晶结构,块状构造。主要成分为绢云母、石英,其次为方解石、黄铁矿。绢云母:浅绿色,极其细小鳞片状集合体,丝绢光泽,粒径细小,含量约50%。石英:灰白色,他形粒状,玻璃光泽,粒径<1.0mm,含量约25%。方解石:灰白色,半自形粒状,玻璃光泽,粒径<1.0mm,含量约15%。黄铁矿:浅铜黄色,自形—半自形晶粒状结构,金属光泽,粒径<0.5mm,含量约10%。

HLK－B2

灰白色碳酸盐化绢英岩银矿石。岩石呈灰白色,半自形鳞片粒状变晶结构,块状构造。主要成分为绢云母、石英,其次为方解石。绢云母:浅灰色,极其细小鳞片状集合体,丝绢光泽,粒径细小,含量约55%。石英:灰白色,他形粒状,玻璃光泽,粒径<1.0mm,含量约30%。方解石:灰白色,半自形粒状,玻璃光泽,粒径<1.0mm,含量约15%。

HLK－B3

碳酸盐化绢英岩化角砾岩银矿石。岩石呈灰白色，角砾结构，块状构造。角砾主要成分为石英岩，胶结物已矿化、碳酸盐化和绢英岩化，胶结物的矿物成分有石英、绢云母、方解石、闪锌矿。石英岩角砾呈次棱角状，灰白色，玻璃光泽，角砾粒径<5.0mm，含量约30%。绢云母：浅灰色，极其细小鳞片状集合体，丝绢光泽，粒径细小，含量约25%。方解石：灰白色，半自形粒状，玻璃光泽，粒径<0.5mm，含量约20%。石英：灰白色，他形粒状，玻璃光泽，粒径<0.5mm，含量约15%。闪锌矿：铁黑色，条痕为黄褐色，半金属光泽，粒径<0.5mm，含量约10%。

HLK－B4

蚀变辉绿玢岩。岩石呈浅绿色，斑状结构，块状构造。斑晶含量约35%，矿物成分为普通辉石、斜长石。普通辉石：浅绿色，半自形短柱状，玻璃光泽，粒径<1.0mm，含量约25%。斜长石：灰白色，半自形板状，白色条痕，玻璃光泽，粒径<1.0mm，含量约10%。基质含量约65%，主要成分为斜长石，粒径细小，肉眼不易分辨。

HLK－B5

碳酸盐化绢英岩。岩石呈灰绿色，半自形鳞片粒状变晶结构，块状构造。主要成分为绢云母、石英，其次为方解石。绢云母：浅绿色，极其细小鳞片状集合体，丝绢光泽，粒径细小，含量约45%。石英：灰白色，他形粒状，玻璃光泽，粒径<1.0mm，含量约35%。方解石：灰白色，半自形粒状，玻璃光泽，粒径<1.0mm，含量约20%。

HLK－g1

（2）标本镜下鉴定照片及特征描述

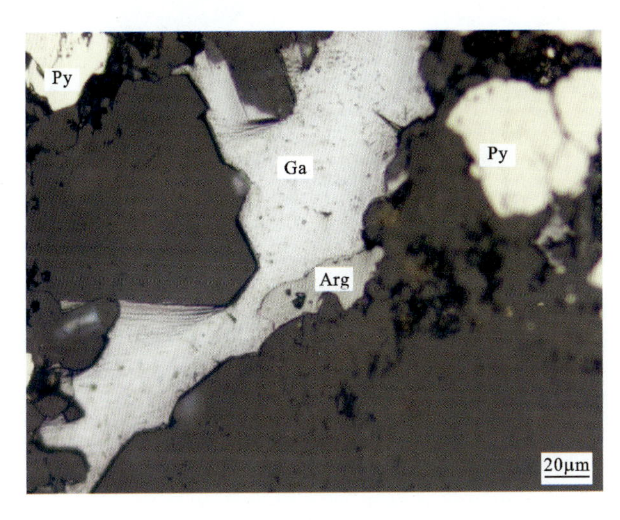

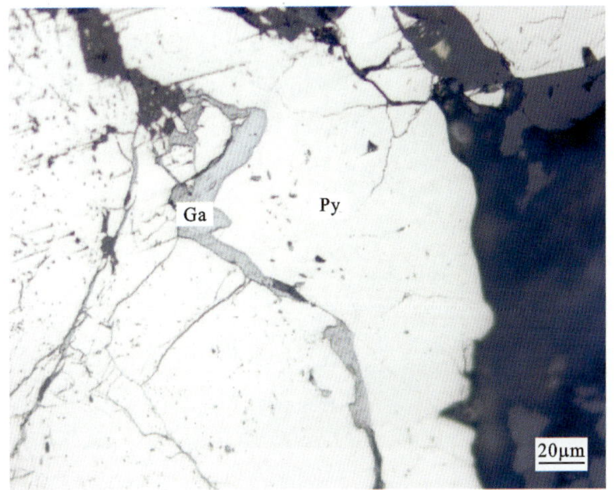

灰绿色碳酸盐化绢英岩银矿石。自形—半自形晶粒状结构，稀疏浸染状构造。金属矿物为黄铁矿（Py），其次为方铅矿（Ga）、辉银矿（Arg）。黄铁矿：黄白色，自形—半自形晶粒状，显均质性，较均匀分布于脉石矿物之间，粒径0.05～0.40mm，含量10％～15％。方铅矿：白色，半自形晶粒状，沿黄铁矿周边或沿其裂隙进行交代，粒径0.05～0.40mm，含量较少。辉银矿：绿灰色，他形粒状，沿方铅矿周边进行交代，粒径0.02～0.04mm，含量微少。

矿石矿物生成顺序：黄铁矿→方铅矿→辉银矿。

HLK－g2

灰白色碳酸盐化绢英岩矿石。自形—半自形晶粒状结构，星散状构造。金属矿物为黄铁矿（Py），其次为黄铜矿（Cp）。黄铁矿：黄白色，自形—半自形晶粒状，显均质性，较均匀分布于脉石矿物之间，粒径0.02～0.10mm，含量较少。黄铜矿：铜黄色，不规则粒状，显均质性，见零星几颗分布于脉石矿物之间，粒径0.02～0.06mm，含量微少。

矿石矿物生成顺序：黄铁矿→黄铜矿。

HLK－g3

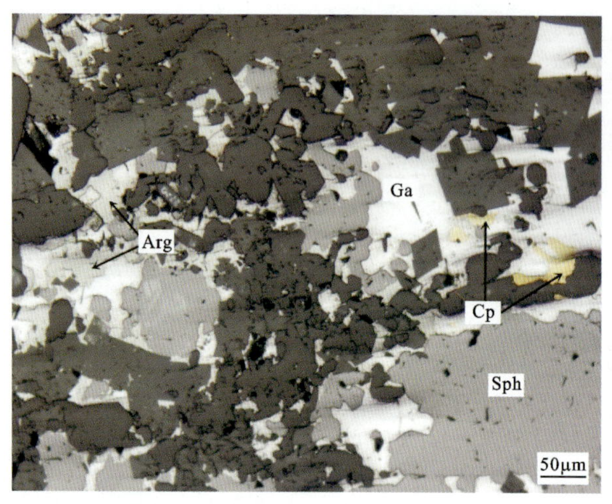

矿化碳酸盐化绢英岩化角砾岩。半自形晶粒状结构，稀疏浸染状构造。金属矿物为闪锌矿(Sph)、方铅矿(Ga)、黄铜矿(Cp)、辉银矿(Arg)、金银矿(Ku)。闪锌矿：灰色微带褐色调，呈半自形粒状集合体，显内反射，显均质性，集合体常呈滚圆状，周边被方铅矿交代，粒径0.05～0.50mm，集合体粒径可达2.4mm，含量10%～15%。方铅矿：白色，半自形晶粒状，沿闪锌矿周边或沿其裂隙进行交代，粒径0.05～0.8mm，含量约5%。黄铜矿：铜黄色，不规则粒状，零星分布于脉石矿物之间，或沿方铅矿周边交代，粒径0.02～0.08mm，含量较少。辉银矿：绿灰色，他形粒状，沿方铅矿周边进行交代，粒径0.02～0.06mm，含量较少。金银矿：乳黄白色，呈不规则粒状，分布于方铅矿中，或闪锌矿与方铅矿之间，粒径0.01～0.04mm，含量微少。

矿石矿物生成顺序：闪锌矿→方铅矿→黄铜矿、辉银矿→金银矿。

HLK－b1

灰绿色矿化碳酸盐化绢英岩。半自形鳞片粒状变晶结构。主要成分为绢云母(Ser)、石英(Qz)，其次为方解石(Cal)、金属矿物。绢云母：浅褐色，为细小鳞片状集合体，干涉色十分鲜艳，最高干涉色可达三级，粒径细小，含量45%～50%。石英：无色，半自形板条状或他形粒状，推测为硅化作用形成，表面光洁，一级黄白干涉色，板条状石英呈集合体，局部集中分布，粒径0.02～0.8mm，含量25%～30%。方解石：无色，半自形—他形粒状，闪突起明显，高级白干涉色，多集中分布在一起，粒径0.2～0.6mm，含量10%～15%。金属矿物：自形—半自形粒状，推测可能为黄铁矿(Py)，粒径0.06～0.30mm，含量约10%。

HLK - b2

灰白色矿化碳酸盐化绢英岩。半自形鳞片粒状变晶结构。主要成分为绢云母(Ser)、石英(Qz),其次为方解石(Cal)、金属矿物。绢云母:浅褐色,细小鳞片状集合体,干涉色十分鲜艳,最高干涉色可达三级,粒径细小,含量55%～60%。石英:无色,半自形板条状或他形粒状,推测为硅化作用形成,表面光洁,一级黄白干涉色,可见波状消光现象,局部呈细脉状分布,粒径0.02～1.2mm,含量25%～30%。方解石:无色,半自形—他形粒状,闪突起明显,高级白干涉色,多呈团块状或呈脉状分布,粒径0.2～1.2mm,脉宽可达6.0mm,含量10%～15%。金属矿物:推测可能为黄铁矿(Py),自形—半自形粒状,粒径0.06～0.15mm,含量较少。

HLK - b3

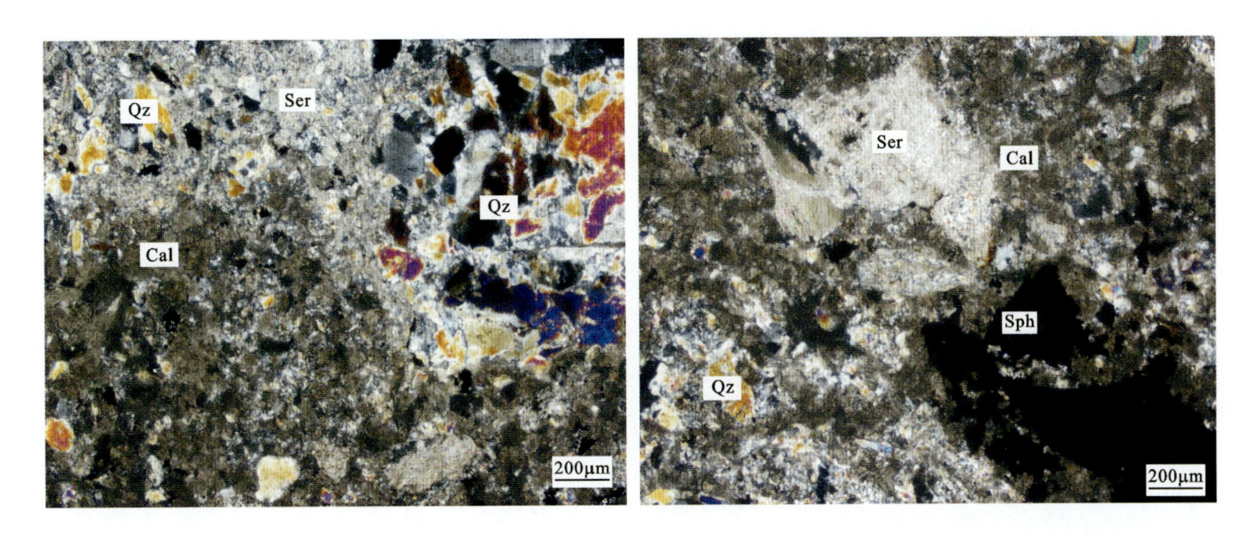

矿化碳酸盐化绢英岩化角砾岩。角砾结构。角砾含量30%～35%,主要为石英岩,其次为绢英岩,呈次棱角状—次圆状,粒径1.0～5.0mm。胶结物已矿化、碳酸盐化和绢英岩化,胶结物的矿物成分为绢云母(Ser)、方解石(Cal)、石英(Qz)、金属矿物。绢云母:浅褐色,细小鳞片状集合体,干涉色十分鲜艳,最高干涉色可达三级,粒径细小,含量25%～28%。方解石:无色,半自形—他形粒状,闪突起明显,高级白干涉色,颗粒之间紧密镶嵌在一起,粒径0.2～0.6mm,含量15%～17%。石英:无色,半自形板条状或他形粒状,推测为硅化作用形成,表面光洁,一级黄白干涉色,粒径0.02～0.40mm,含量10%～15%。金属矿物:推测为闪锌矿(Sph),为半自形粒状集合体,粒径0.06～0.35mm,含量10%～15%。

HLK－b4

蚀变辉绿玢岩。斑状结构，基质为辉绿结构。主要成分为斜长石(Pl)、普通辉石(Aug)，其次为金属矿物，其中斑晶成分主要为普通辉石、斜长石，斑晶粒径 0.2～1.0mm，基质由较细密的斜长石、普通辉石、金属矿物组成，粒径<0.2mm。斑晶含量 30%～40%。普通辉石：自形—半自形柱状、粒状，晶形较完整，具强碳酸盐化蚀变，粒径 0.4～1.0mm，含量 20%～25%。斜长石：半自形板状，晶形较完整，已完全碳酸盐化蚀变，粒径 0.2～0.6mm，含量 10%～15%。基质含量 60%～70%，基质中主要为细小板条状斜长石(含量 50%～53%)交错分布，构成三角形格架，在其中充填碳酸盐化的普通辉石(10%～12%)、金属矿物，构成辉绿结构。金属矿物：黑色，他形粒状，均匀分布于基质中，粒径 0.02～0.05mm，含量<5%。镜下可见方解石(Cal)细脉穿插分布。

HLK－b5

碳酸盐化绢英岩。半自形鳞片粒状变晶结构。主要成分为绢云母(Ser)、石英(Qz)，其次为方解石(Cal)、金属矿物。绢云母：浅褐色，细小鳞片状集合体，干涉色十分鲜艳，最高干涉色可达三级，粒径细小，含量 40%～50%。石英：无色，半自形板条状或他形粒状，推测为硅化作用形成，表面光洁，一级黄白干涉色，可见波状消光现象，粒径 0.02～0.60mm，含量 30%～35%。方解石：无色，半自形—他形粒状，闪突起明显，高级白干涉色，多呈团块状分布，粒径 0.2～1.2mm，集合体团块粒径可达 2.4mm，含量 20%～25%。金属矿物：推测可能为黄铁矿(Py)，自形—半自形粒状，粒径 0.06～0.25mm，含量较少。

第三节 荣成同家庄银矿

同家庄银矿位于荣成市区北约11km,行政区划隶属于荣成市崖西镇,大地构造位置位于秦岭-大别-苏鲁造山带(Ⅰ)胶南-威海隆起区(Ⅱ)威海隆起(Ⅲ)乳山-荣成断隆(Ⅳ)威海-荣成凸起(Ⅴ)东端。矿区累计查明银金属量90t,矿床规模属小型。

1. 矿区地质特征

区内出露地层主要为第四纪残坡积和冲洪积物。

区内断裂构造发育,主要为北西西向、近东西向和北北西向3组断裂,北西西向断裂是矿区内最发育的一组断裂构造,但规模较小,一般长仅达数十米至数百米。以隆峰村-马安埠断裂构造规模较大,控制长度1300m,宽15~30m,最宽可达40m,总体走向为290°~300°,倾向南西,倾角50°~70°。沿走向有分支现象,主断裂面呈舒缓波状,局部裂面光滑,并有明显的擦痕,带内岩石破碎,带内硅化带呈透镜状沿走向、倾向断续分布,断裂性质属压扭性断裂构造,为本区的控矿构造。

区内侵入岩主要为中生代燕山期伟德山序列崖西单元斑状中细粒含角闪二长花岗岩和中生代脉岩。脉岩主要为细粒花岗岩、花岗闪长斑岩、煌斑岩、石英脉等脉岩。

2. 矿体特征

区内共圈定7个银矿体和1个金矿体,编号分别为Ⅰ-1号、Ⅰ-1-1号、Ⅰ-2号、Ⅰ-3号、Ⅰ-4号、Ⅱ-1号和Ⅱ-2号银矿体,①号金矿体。其中以Ⅰ-1号矿体为主矿体,Ⅱ-1号矿体为次要矿体,其他矿体均为小矿体。

Ⅰ-1号银矿体总体呈透镜状、脉状,沿走向、倾向呈舒缓波状,有膨大收缩现象。矿体走向由于受F_1断裂构造的影响,近乎东西向;矿体倾向南西,倾角一般43°~58°。矿体长度427m,斜深330m。矿体厚度0.58~4.70m,平均厚度1.60m;银品位51.00~820g/t,平均品位126.50g/t。

Ⅱ-1号银矿体形态较简单,呈脉状,沿走向、倾向呈舒缓波状,有分支复合现象。矿体走向93°~105°,倾向南西,倾角73°~84°。矿体长度457m,斜深260m。矿体厚度0.91~2.35m,平均厚度1.93m。银品位52.40~621.10g/t,平均品位145.42g/t。

3. 矿石特征

矿石矿物主要为自然金属、金属硫化物和金属氧化物。其中自然金属矿物为自然银,金属硫化物主要为黄铁矿及少量的方铅矿、闪锌矿、黄铜矿、辉银矿。脉石矿物以石英、绢云母为主,并有少量长石和方解石等。

矿石结构为自形、半自形和他形粒状结构、碎裂结构、充填交代结构、充填结构、乳滴状结构等。矿石构造为角砾状、团块状、条带状、浸染状及块状构造。

矿石自然类型为原生矿石。矿石工业类型为低硫型银矿石。

4. 共伴生矿产评价

矿石中伴生有用组分为金,可综合回收利用。金在银矿体中分布不均匀,总体以伴生关系为主,局部品位较高,为同体共生关系。共生金矿石量11.08万t,金属量110.79kg,平均品位1.28g/t;伴生金矿石量54.24万t,金金属量380kg,平均品位0.7g/t。

5. 矿体围岩和夹石

矿体顶、底板围岩主要为碎裂状斑状花岗闪长岩,岩石受热液蚀变作用,形成了绢英岩化花岗岩、硅化花岗岩、绢英岩化蚀变岩石。晚期煌斑岩沿矿体顶底板平行分布，亦构成矿体围岩。

矿体夹石主要为硅化石英脉、绢英岩、煌斑岩，分布无规律，或切割矿体，或插于矿体分支间隙。

6. 矿床成因

该区近矿围岩为中生代伟德山序列崖西单元，为燕山晚期艾山阶段侵入岩，是由地幔玄武质熔浆和地壳部分熔融混和作用形成。本区在中生代伴随强烈的构造-岩浆活动，大量含矿热液沿断裂上升，同时与围岩发生广泛的交代作用，使围岩中的金、银等成矿元素活化、迁移。随着温度，压力等物理、化学条件的改变，在有利断裂构造部位聚集、沉淀，在低压扩容带富集形成矿床。

根据矿体产出部位、形态、矿物组合、围岩蚀变、矿石结构构造等特征，该矿床成因类型为中低温热液裂隙充填交代型银矿床。

7. 矿床系列标本简述

本次标本采自同家庄银矿巷道、矿石堆及渣石堆，采集标本 7 块，岩性分别为黄铁绢英岩银矿石、绢英岩银矿石、黄铁绢英岩化花岗闪长岩银矿石、似斑状石英正长岩银矿石、黄铁矿化硅化石英脉、绢云母化二长花岗岩和碳酸盐化云闪斜煌岩（表 3－2），较全面地采集了同家庄矿床的矿石和围岩标本。

表 3－2　同家庄银矿采集标本一览表

序号	标本编号	光薄片编号	标本名称	标本类型
1	TJZ－B1	TJZ－g1/TJZ－b1	黄铁绢英岩银矿石	矿石
2	TJZ－B2	TJZ－g2/TJZ－b2	绢英岩银矿石	矿石
3	TJZ－B3	TJZ－g3/TJZ－b3	黄铁绢英岩化花岗闪长岩银矿石	矿石
4	TJZ－B4	TJZ－g4/TJZ－b4	似斑状石英正长岩银矿石	矿石
5	TJZ－B5	TJZ－b5	黄铁矿化硅化石英脉	围岩
6	TJZ－B6	TJZ－b6	绢云母化二长花岗岩	围岩
7	TJZ－B7	TJZ－b7	碳酸盐化云闪斜煌岩	围岩

注：TJZ－B 代表同家庄铁矿标本，TJZ－g 代表该标本光片编号，TJZ－b 代表该标本薄片编号。

8. 图版

（1）标本照片及其特征描述

TJZ－B1

黄铁绢英岩银矿石。岩石新鲜面呈灰色—浅灰色，局部呈黄绿色，鳞片变晶结构，块状构造。主要成分为黄铁矿、石英、绢云母，其次为斜长石、钾长石。黄铁矿：呈浸染状分布于岩石中，可见少量黄铁矿自形晶发育，具强金属光泽，粒径<1.0mm，含量约 20％。石英：颗粒较为细小，呈油脂光泽，粒径 1.0～2.0mm，含量约 25％。绢云母：呈细小鳞片状，粒径<1.0mm，含量约 35％。钾长石及斜长石呈他形粒状，粒径<1.0mm，含量约为 10％。

TJZ－B2

绢英岩银矿石。岩石呈浅绿色，鳞片粒状变晶结构，块状构造。主要成分为石英、绢云母。石英：灰白色，他形粒状，玻璃光泽，粒径＜2.0mm，含量约70%。绢云母：浅绿色，细小鳞片状集合体，丝绢光泽，粒径细小，含量约30%。

TJZ－B3

黄铁绢英岩化花岗闪长岩银矿石。岩石新鲜面呈灰色—灰黑色，局部呈黄绿色，块状构造，局部为角砾状构造。主要成分为钾长石、石英、绢云母、斜长石、黄铁矿，其次为角闪石、黑云母。钾长石：浅肉红色，自形—半自形粒状，粒径0.8～1.5mm，含量约30%。石英：颗粒较为细小，呈油脂光泽，粒径＜1.0mm，含量约20%。绢云母：呈细小鳞片状，粒径＜1.0mm，含量约20%。斜长石：无色透明，他形粒状，粒径＜1.0mm，含量约15%。钾长石与斜长石可见呈角砾状。黄铁矿：星点状分布于岩石中，可见少量黄铁矿自形晶发育，具强金属光泽，粒径＜1.0mm，含量约10%。角闪石：褐色，长柱状，多呈他形，粒径＜1.0mm，含量约5%。黑云母：褐色，鳞片状，粒径＜1.0mm，含量较少。

TJZ－B4

似斑状石英正长岩银矿石。岩石新鲜面呈灰黑色—红褐色，似斑状结构，块状构造。主要由斑晶和基质组成。斑晶主要成分为正长石，浅肉红色或灰白色，粒径多＞1.0mm，含量约30%。基质主要成分为正长石及石英。正长石粒径＜1.0mm，含量约30%。石英颗粒较为细小，呈油脂光泽，粒径＜1.0mm，含量约20%；此外可见辉银矿，呈铅灰色，可见柱状、针状自形晶发育，条痕为铅灰色，具金属光泽，粒径＜1.0mm，含量约20%。正长石多见高岭土化蚀变而使岩石呈土红褐色。

TJZ－B5

黄铁矿化硅化石英脉。岩石呈灰白色，半自形粒状变晶结构，块状构造。主要成分为石英、斜长石、黄铁矿。石英：灰白色，他形粒状，玻璃光泽，粒径<1.0mm，含量约75%。斜长石：灰白色，半自形粒状，白色条痕，玻璃光泽，粒径<1.0mm，含量约20%。黄铁矿：浅铜黄色，自形—半自形晶粒状结构，金属光泽，粒径<0.5mm，含量约5%。

TJZ－B6

绢云母化二长花岗岩。岩石新鲜面呈浅肉红色—灰绿色，中细粒结构，块状构造。主要成分为钾长石、斜长石、石英、绢云母，其次可见黑云母，可见少量黄铁矿颗粒。钾长石为肉红色，斜长石为灰白色，两类长石含量大致相同，粒径多<1.0mm，偶尔可见1.0mm左右的钾长石颗粒，含量均为30%。石英：多呈他形，呈油脂光泽，粒径<1.0mm，含量约20%。绢云母：灰绿色，细小鳞片状，粒径<1.0mm，含量约15%。黑云母：褐色，他形片状，粒径<1.0mm，含量约5%。

TJZ－B7

碳酸盐化云闪斜煌岩。岩石新鲜面呈灰绿色—灰黑色，块状构造。暗色矿物主要为角闪石和黑云母，暗色矿物自形程度较好。角闪石：长柱状，粒径<1.0mm，含量约30%。黑云母：片状，粒径<1.0mm，含量约10%。浅色矿物主要为斜长石，也可见碳酸盐矿物。斜长石：半自形—他形粒状或板状，粒径<1.0mm，含量约40%。方解石：不规则粒状，粒径<1.0mm，含量约20%。可见暗色矿物呈斑晶，基质呈微晶结构。

(2)标本镜下鉴定照片及其特征描述

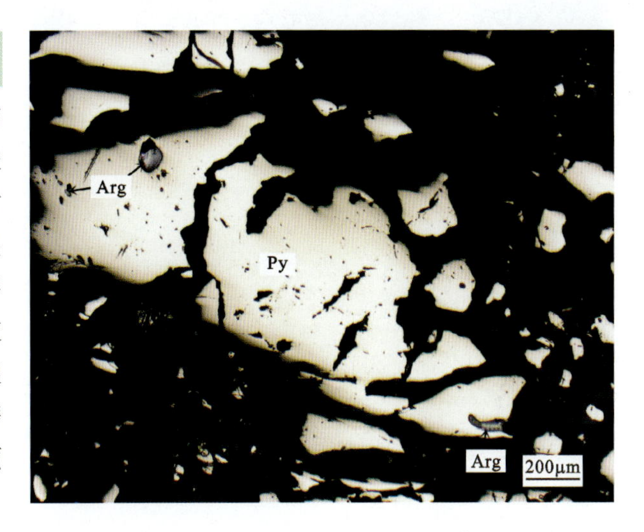

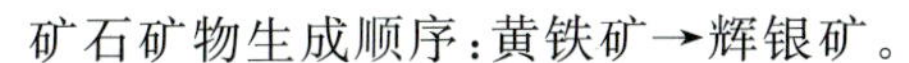

TJZ - g1

黄铁绢英岩银矿石。自形—半自形粒状结构。金属矿物为黄铁矿(Py)、辉银矿(Arg)。黄铁矿:浅黄色,多为自形—半自形晶粒状,具高反射率,硬度较高,不易磨光;黄铁矿自形程度较好,呈浸染状分布,黄铁矿颗粒发育裂隙,较为破碎,多被透明矿物交代,也可见辉银矿颗粒呈圆球状交代黄铁矿,粒径 0.1~0.5mm,含量约 35%。辉银矿:灰色带绿色,呈他形粒状,显均质性,不易磨光,无内反射,多呈圆球状或浑圆状交代黄铁矿颗粒,粒径 0.05~0.2mm,含量较少。

矿石矿物生成顺序:黄铁矿→辉银矿。

TJZ - g2

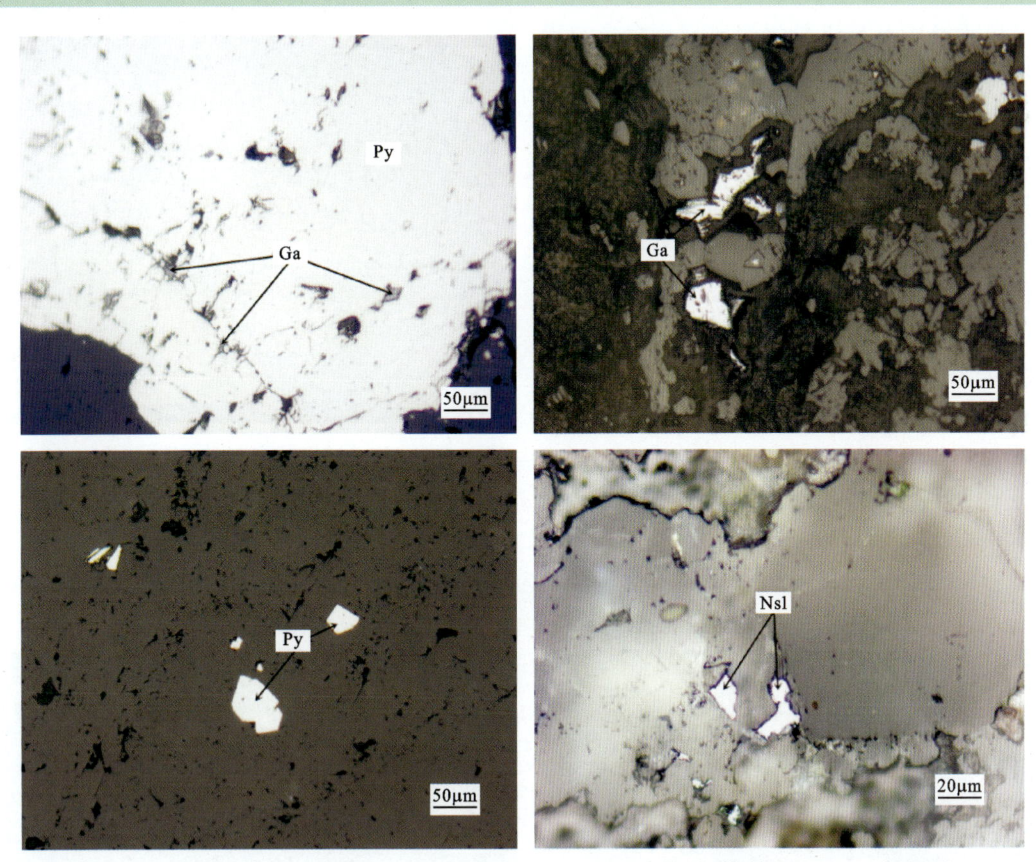

绢英岩银矿石。半自形晶粒状结构,星散状构造。金属矿物为黄铁矿(Py)、方铅矿(Ga)、自然银(Nsl)。黄铁矿:黄白色,自形—半自形晶粒状,显均质性,零星分布于脉石矿物之间,粒径 0.02~0.2mm,局部呈集合体分布,集合体粒径可达 2.0mm,含量较少。方铅矿:白色,呈不规则晶粒状,显均质性,零星分布于脉石矿物之间,或分布于黄铁矿裂隙中、黄铁矿集合体颗粒之间,粒径 0.005~0.02mm,含量较少。自然银:亮白色微带乳黄色,呈不规则粒状,零星分布于脉石矿物晶隙间,粒径 0.01~0.06mm,含量微少。

矿石矿物生成顺序:黄铁矿→方铅矿→自然银。

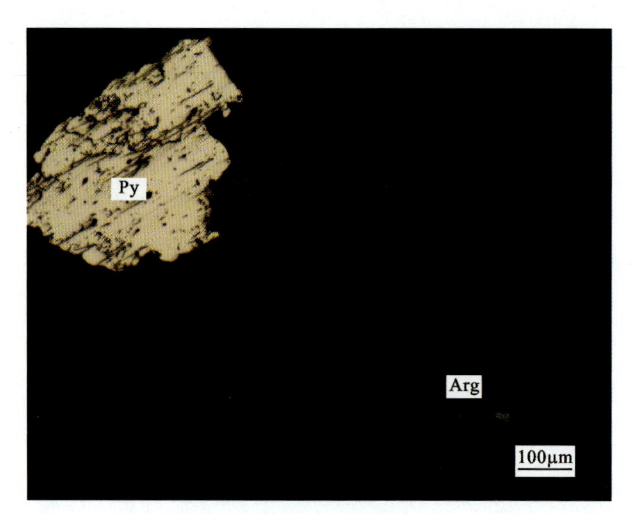

TJZ－g3

黄铁绢英岩化花岗闪长岩银矿石。自形—半自形粒状结构。金属矿物为黄铁矿(Py)、辉银矿(Arg)。黄铁矿：浅黄色，多为自形—半自形晶粒状，具高反射率，硬度较高，不易磨光，黄铁矿自形程度较好，呈星点状分布，黄铁矿颗粒发育裂隙，多被透明矿物交代，粒径 0.1～0.3mm，含量约1%。辉银矿：灰色带绿色，呈他形粒状，显均质性，不易磨光，无内反射，多沿透明矿物裂隙及晶隙发育，粒径 0.02～0.05mm，含量较少。

矿石矿物生成顺序：黄铁矿→辉银矿。

TJZ－g4

似斑状辉银矿石英正长岩银矿石。自形—半自形粒状结构。金属矿物为辉银矿(Arg)、黄铁矿(Py)。辉银矿：灰色带绿色，呈柱状、针状，显均质性，不易磨光，无内反射，多为自形—半自形晶颗粒，局部可见辉银矿受氧化作用表面呈浅黄色，多发育于透明矿物中，粒径 0.05～0.20mm，含量约20%。黄铁矿：浅黄色，多为自形—半自形晶粒状，具高反射率，硬度较高，不易磨光，黄铁矿自形程度较好，呈星点状分布，黄铁矿颗粒发育裂隙，多被透明矿物交代，也可见被辉银矿颗粒交代，粒径 0.05～0.10mm，含量约 1%。

矿石矿物生成顺序：黄铁矿→辉银矿。

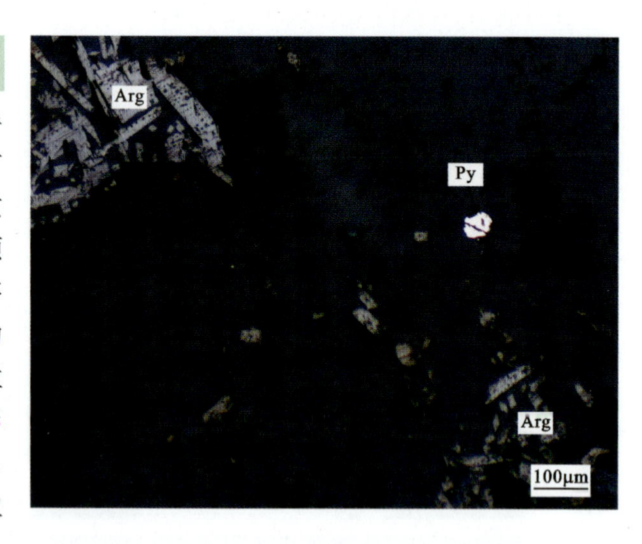

TJZ－b1

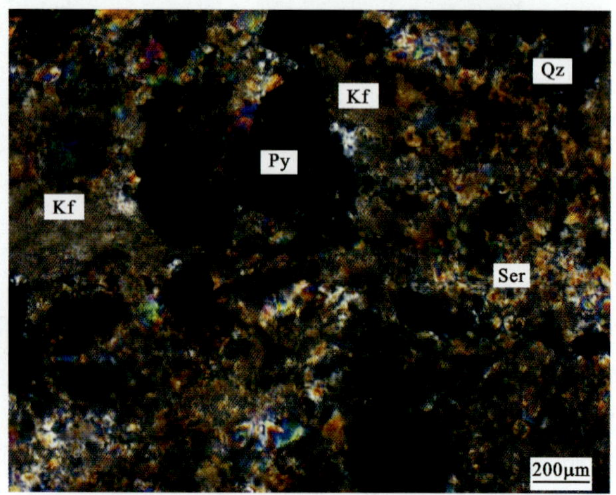

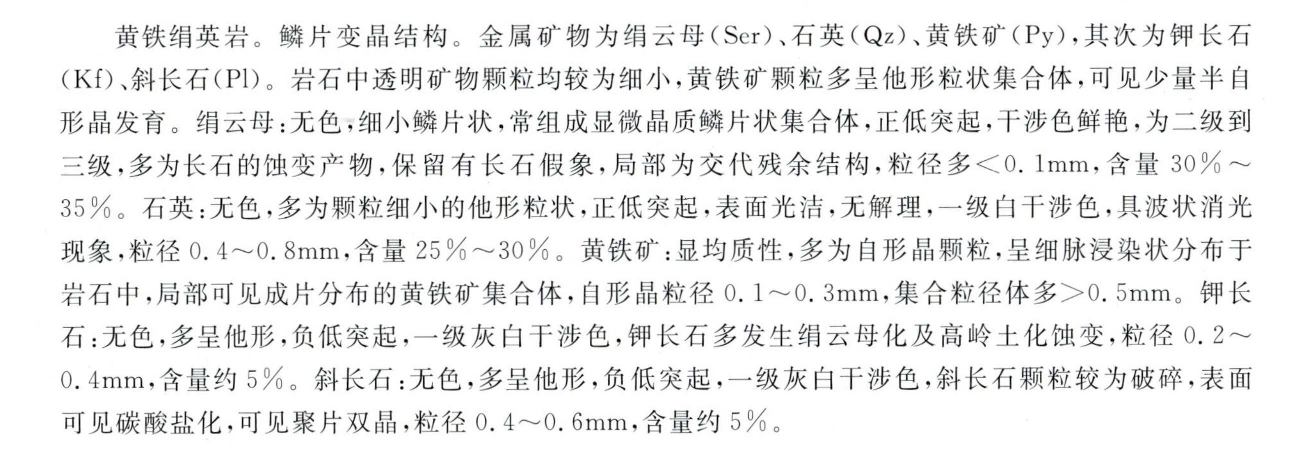

黄铁绢英岩。鳞片变晶结构。金属矿物为绢云母(Ser)、石英(Qz)、黄铁矿(Py),其次为钾长石(Kf)、斜长石(Pl)。岩石中透明矿物颗粒均较为细小,黄铁矿颗粒多呈他形粒状集合体,可见少量半自形晶发育。绢云母:无色,细小鳞片状,常组成显微晶质鳞片状集合体,正低突起,干涉色鲜艳,为二级到三级,多为长石的蚀变产物,保留有长石假象,局部为交代残余结构,粒径多<0.1mm,含量30%~35%。石英:无色,多为颗粒细小的他形粒状,正低突起,表面光洁,无解理,一级白干涉色,具波状消光现象,粒径0.4~0.8mm,含量25%~30%。黄铁矿:显均质性,多为自形晶颗粒,呈细脉浸染状分布于岩石中,局部可见成片分布的黄铁矿集合体,自形晶粒径0.1~0.3mm,集合粒径体多>0.5mm。钾长石:无色,多呈他形,负低突起,一级灰白干涉色,钾长石多发生绢云母化及高岭土化蚀变,粒径0.2~0.4mm,含量约5%。斜长石:无色,多呈他形,负低突起,一级灰白干涉色,斜长石颗粒较为破碎,表面可见碳酸盐化,可见聚片双晶,粒径0.4~0.6mm,含量约5%。

TJZ-b2

绢英岩。鳞片粒状变晶结构。该岩石普遍遭受较强的绢英岩化蚀变作用。主要成分为石英(Qz)、绢云母(Ser),其次为少量的金属矿物。石英:无色,呈半自形板状、他形粒状,表面光洁,一级黄白干涉色,具波状消光现象,较自形板条状石英之间分布隐晶质石英集合体,推测为硅化作用形成,板条状石英粒径0.2~1.6mm,含量70%~75%。绢云母:无色,为细小鳞片状集合体,干涉色十分鲜艳,最高干涉色可达三级绿,呈集合体不均匀分布,粒径细小,含量25%~30%。金属矿物:黑色,为半自形粒状,零星分布于上述矿物之间,粒径0.05~0.15mm,含量较少。

TJZ-b3

黄铁绢英岩化花岗闪长岩。鳞片变晶结构。主要成分为钾长石(Kf)、石英(Qz)、绢云母(Ser),其次为斜长石(Pl)、黄铁矿(Py)、角闪石(Hb)。岩石中透明矿物颗粒均较为细小,黄铁矿颗粒多呈他形粒状集合体,可见少量半自形晶发育。钾长石:无色,多呈他形,负低突起,一级灰白干涉色;钾长石多发生绢云母化及高岭土化蚀变,粒径0.6~1.2mm,含量25%~30%。石英:无色,多为颗粒细小的他形粒状,正低突起,表面光洁,无解理,一级白干涉色,具波状消光现象,粒径0.4~0.8mm,含量15%~20%。绢云母:无色,细小鳞片状,常组成显微晶质鳞片状集合体,正低突起,干涉色鲜艳,为二级到三级,多为长石的蚀变产物,保留有长石假象,局部为交代残余结构,粒径多<0.1mm,含量15%~20%。斜长石:

无色，多呈他形，负低突起，一级灰白干涉色；斜长石颗粒较为破碎，表面可见碳酸盐化，可见聚片双晶，粒径0.4～0.8mm，含量15%～20%。黄铁矿：显均质性，多为自形晶颗粒，为细脉浸染状分布于岩石中，局部可见成片分布的黄铁矿集合体，自形晶粒径0.2～0.4mm，集合体多>0.6mm，含量10%～15%。角闪石：多呈褐色，长柱状为主，半自形—他形，多色性明显，多数无解理，干涉色最高为一级红，粒径0.1～0.4mm，含量约5%。

TJZ－b4

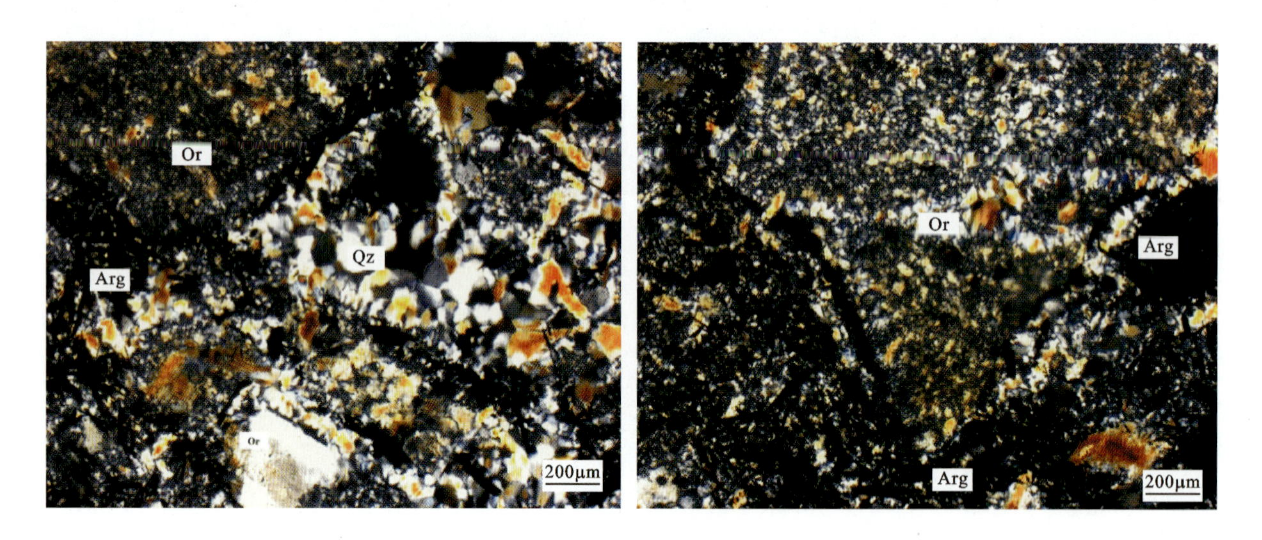

似斑状辉银矿石英正长岩。似斑状结构。岩石主要由斑晶(含量约30%)和基质(含量约70%)组成。斑晶主要成分为正长石(Or)。正长石：无色，多呈不规则粒状，负低突起，一级灰白干涉色，可见卡斯巴双晶，正长石多见高岭土化蚀变，致使表面浑浊不清，粒径0.5～1.5mm，含量30%～35%。基质主要成分为正长石(Or)、石英(Qz)。正长石：无色，多呈细小的不规则粒状，负低突起，一级灰白干涉色，正长石多见高岭土化蚀变，致使表面浑浊不清，粒径0.1～0.3mm，含量25%～30%。石英：无色，多为颗粒细小的他形粒状，正低突起，表面光洁，无解理，一级白干涉色，具波状消光现象，粒径0.1～0.3mm，含量15%～20%。此外可见辉银矿(Arg)。辉银矿：显均质性，多为柱状或针状自形晶颗粒，局部可见他形粒状集合体，自形晶粒径0.2～0.4mm，集合体多>0.8mm，含量15%～20%。

TJZ－b5

黄铁矿化硅化石英脉。半自形粒状变晶结构。主要成分为石英(Qz)、绢云母(Ser)、斜长石(Pl)、金属矿物。石英:无色,呈半自形板状、他形粒状,表面光洁,一级黄白干涉色,具波状消光现象,推测为硅化作用形成,粒径0.2～1.2mm,含量65%～70%。绢云母:无色,为细小鳞片状集合体,干涉色十分鲜艳,最高干涉色可达三级绿,呈集合体分布于石英之间,粒径细小,含量10%～15%。斜长石:无色,半自形—他形粒状,一级灰白干涉色,局部集中分布,粒径0.6～2.0mm,含量10%～15%。金属矿物:黑色,自形—半自形粒状,推测为黄铁矿(Py),局部集中分布,粒径0.05～0.35mm,含量5%～10%。镜下可见多条石英脉穿插分布。

TJZ－b6

绢云母化二长花岗岩。中细粒不等粒结构。主要成分为石英(Qz)、钾长石(Kf)、斜长石(Pl)、黑云母(Bi),可见绢云母(Ser)化及高岭土化蚀变。岩石中钾长石与斜长石含量相近,黑云母及长石多发生蚀变。石英:无色,多为颗粒细小的他形粒状,也可见板条状半自形—自形晶颗粒,正低突起,表面光洁,无解理,一级白干涉色,具波状消光现象,粒径0.2～0.6mm,含量25%～30%。钾长石:无色,多呈他形,负低突起,一级灰白干涉色,钾长石多发生绢云母化及高岭土化蚀变,部分钾长石强烈交代斜长石,斜长石在钾长石中呈不规则状,局部形成交代残余的条纹长石,粒径0.5～1.5mm,含量25%～30%。斜长石:无色,多呈他形,负低突起,一级灰白干涉色,斜长石颗粒较为破碎,表面因碳酸盐化及高岭土化

而浑浊不清，多被钾长石交代，可见聚片双晶，粒径 0.4～0.8mm，含量 25%～30%。绢云母：无色，细小鳞片状，常组成显微晶质鳞片状集合体，正低突起，干涉色鲜艳，为二到三级，多为黑云母及钾长石的蚀变产物，局部为交代残余结构，粒径<0.1mm，含量 15%～20%。黑云母：褐绿色，多为长条片状，具明显的多色性，正中突起，可见一组极完全解理；正交偏光镜下干涉色较为鲜艳，多发生绢云母化蚀变，粒径 0.2～0.4mm，含量约 5%。

TJZ－b7

碳酸盐化云闪斜煌岩。煌斑结构。主要成分为斜长石(Pl)、角闪石(Hb)、方解石(Cal)、黑云母(Bi)，具煌斑结构。斑晶主要为角闪石，可见少量黑云母斑晶。部分角闪石蚀变成绿泥石。基质主要由斜长石、黑云母组成，为微晶结构，黑云母自形程度较好，呈自形细长片状，斜长石次之，呈半自形长柱状。此外可见方解石颗粒呈不规则粒状发育。斜长石：无色，多呈半自形—他形粒状或板状，负低突起，最高干涉色为一级灰白，可见双晶，粒径 0.1～0.3mm，含量 35%～40%。角闪石：褐色，自形程度较好，呈自形长柱状，正中突起，可见多色性及吸收性，最高干涉色为二级，含量 35%～40%，部分角闪石受到蚀变成绿泥石，粒径 0.1～0.4mm，含量 25%～30%。方解石：无色，不规则粒状，闪突起，可见菱形解理，高级白干涉色，也可见聚片双晶，粒径 0.4～0.6mm，含量 15%～20%。黑云母：褐色，自形细长片状，褐色—黄色多色性明显，可见一组极完全解理，干涉色多被自身颜色所掩盖，粒径 0.1～0.2mm，含量 5%～10%。

第四节　临朐新升银矿

新升银矿位于潍坊市临朐县城西南约30km，行政区划隶属于寺头镇，大地构造位置位于华北板块(Ⅰ)鲁西隆起区(Ⅱ)鲁中隆起(Ⅲ)沂山-临朐断隆(Ⅳ)临朐凹陷(Ⅴ)西缘。矿区查明银金属量7.6t，矿床规模属小型。

1.矿区地质特征

区内地层主要为古生代寒武纪长清群朱砂洞组丁家庄白云岩段、馒头组，九龙群张夏组、崮山组、炒米店组及新生代第四系(图3-3)。

区内构造发育，以脆性断裂为主。按展布方向可分为北西向、北东向、近东西向、近南北向4组，其中的近南北向和北西向断裂与矿化关系较密切，是区内良好的导矿、控矿和容矿构造。

区内岩浆活动强烈，岩浆岩广布，主要分布于铁寨、西台、土门、王庄、杨桃等地，多呈岩株、岩床、岩脉、岩滴、岩瘤状产出。按其岩性、形成的先后顺序及成分演化规律等，划分为济南序列荫山单元细粒橄榄辉长岩，沂南序列东明生单元中细粒辉石闪长岩、核桃园单元细粒角闪石英闪长岩、铜汉庄单元石英闪长玢岩和苍山序列磨坑单元粗斑花岗闪长斑岩、柳河单元中斑石英闪长玢岩、嵩山单元巨斑角闪石英二长斑岩，形成时代为中生代燕山晚期。

区内脉岩主要为闪长玢岩脉、花岗斑岩脉等。

2.矿体特征

区内已查明银矿体6个，由西向东编号为Ⅰ～Ⅵ号，矿体走向多近南北向，个别矿体沿走向有转折现象，局部呈北北西走向，产状多陡倾，倾角在68°～82°之间，走向延伸长度25～165m不等，矿体厚度在1.28～2.12m之间。其中Ⅵ号矿体规模稍大，其余均较小。

Ⅵ号矿体赋存于南北向含银构造蚀变带中，严格受南北向断裂控制。矿体呈脉状产出，走向350°～360°，总体产状90°∠80°，长度165m，斜深25m。沿走向矿体有膨大收缩现象，矿体厚度0.97～2.91m，中段略厚，在1.96～2.91m之间，向两端变薄尖灭，矿体平均厚度1.74m；银品位最高225.86g/t，最低47.50g/t，平均品位132.37g/t，品位变化系数57.98%，有用组分分布均匀程度属均匀型。

3.矿石特征

矿石矿物主要为银金矿、自然银、黄铁矿、黄铜矿、磁铁矿等；脉石矿物为方解石、石英、钙铝榴石、绿泥石、绢云母及少量透辉石等。银主要以自然银状态产出。

矿石结构主要为不等粒粒状变晶结构、碎斑结构。矿石构造以条带状构造为主。

矿石自然类型为含银矽卡岩质碎裂岩、含银闪长玢岩质碎裂岩。矿石工业类型主要为(含金)条带细脉状、浸染状银矿石。

4.共伴生矿产评价

矿石主要有益组分为银，伴生有益组分为金，有害组分为铅、锌。矿体中银含量变化较大，平均品位122.62g/t。伴生金含量一般0.10～0.30g/t，平均0.13g/t。其他组分含量很低，达不到综合利用要求，有害组分对矿石的选冶性能影响很小。

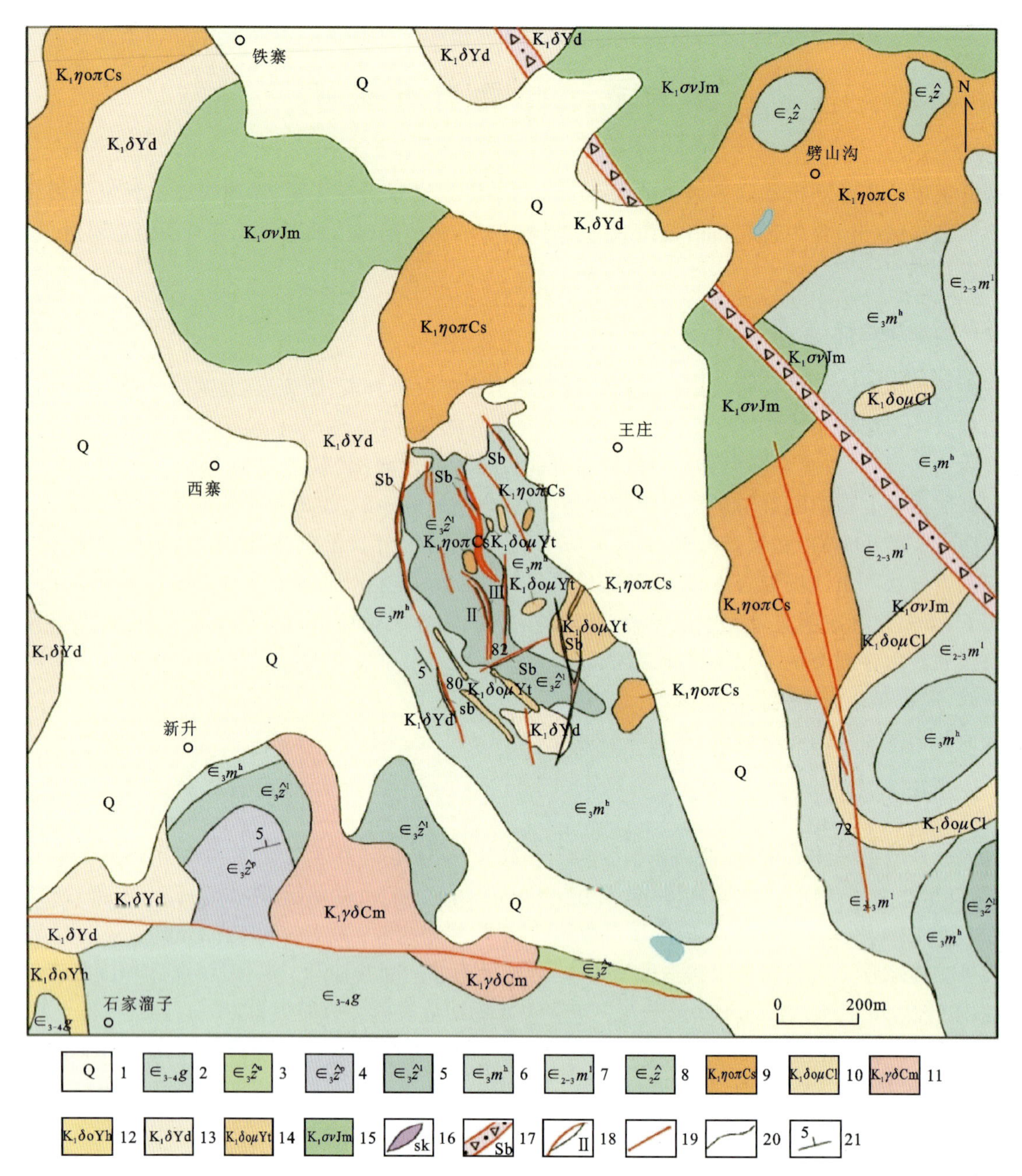

1. 第四系；2. 崮山组；3. 张夏组上灰岩段；4. 张夏组盘车沟段；5. 张夏组下灰岩段；6. 馒头组洪河段；7. 馒头组下页岩段；8. 朱砂洞组；9. 嵩山单元巨斑角闪石英二长斑岩；10. 柳河单元中斑石英闪长玢岩；11. 磨坑单元粗斑花岗闪长斑岩；12. 核桃园单元细粒角闪石英闪长岩；13. 东明生单元中细粒辉石闪长岩；14. 铜汉庄单元石英闪长玢岩；15. 萌山单元细粒橄榄辉长岩；16. 矽卡岩；17. 构造破碎带；18. 银矿体及编号；19. 性质不明断层；20. 实测地质界线；21. 地层产状

图 3-3　新升银矿区域地质简图(据孙靖等，2011)

5. 矿体围岩和夹石

矿体顶板主要为碎裂状灰岩、泥质灰岩、钙质砂岩、大理岩化灰岩、矽卡岩等(外接触带)。矿体底板主要为碎裂状闪长玢岩(内接触带)。矿体未见夹石。

6. 矿床成因模式

区内矿体赋存于寒武纪地层与中生代侵入杂岩接触带附近的南北向断裂构造中，热液蚀变现象明

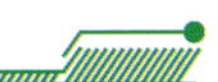

显。结合矿石结构构造，矿物组成等特征分析，区内矿床属中低温热液型。

据化探资料，在侵入杂岩与寒武纪地层内外接触带，岩石均具有较高的银丰度值；泥质灰岩、大理岩化灰岩银含量11.22～20.50g/t，闪长玢岩中银含量最高可达30.97g/t，均高于银地壳丰度值7g/t。由此说明，岩体在侵入过程中，伴随有成矿作用进行，使矿质趋于富集，从而为后期银的进一步富集成矿提供了矿质来源。

岩浆期后，伴随九山断裂的左引压扭活动，在其引张作用下，形成了区内近南北向次级断裂构造。为来源于深部富含硫、硼等挥发分及铜、铁、银等金属组分的岩浆期后热液提供了良好的运移通道，在其运移过程中，以扩散交代、渗透交代方式使围岩中银、金等元素被带入，形成"矿浆"。在一定物理化学条件下，在成矿有利部位沉淀、富集，形成了区内银矿体。

由上分析可知，区内银矿床是在具备有利的岩浆岩、地层、构造条件下于有利部位富集成矿的。其中近南北向断裂构造是区内良好的导矿、控矿、容矿构造。

7. 矿床系列标本简述

本次标本采自新升银矿床矿石堆及渣石堆，采集标本3块，岩性分别为灰绿色矽卡岩化辉银矿矿石、灰白色灰质白云岩、灰绿色阳起绿帘矽卡岩（表3-3），较全面地采集了新升银矿床的矿石和围岩标本。

表3-3　新升银矿采集标本一览表

序号	标本编号	光薄片编号	标本名称	标本类型
1	XS-B1	XS-g1/XS-b1	灰绿色矽卡岩化辉银矿矿石	矿石
2	XS-B2	XS-b2	灰白色灰质白云岩	围岩
3	XS-B3	XS-b3	灰绿色阳起绿帘矽卡岩	围岩

注：XS-B代表新升银矿标本，XS-g代表该标本光片编号，XS-b代表该标本薄片编号。

8. 图版

（1）标本照片及其特征描述

XS-B1

灰绿色矽卡岩化辉银矿矿石。岩石新鲜面呈灰绿色，碎裂结构，块状构造。主要成分为绢云母、方解石、阳起石、辉银矿、黄铁矿，可见少量绿泥石。绢云母：灰绿色，鳞片状，粒径<1.0mm，含量约30%。方解石：无色，自形晶粒状，可见菱形解理发育，粒径1.0～1.5mm，含量约25%。阳起石：浅绿色，针柱状，可见纤维状、放射状集合体，粒径<1.0mm，含量约20%。辉银矿：灰黑色，他形粒状，硬度极低，粒径<1.0mm，含量约20%。黄铁矿：浅铜黄色，局部可见氧化所致的锖色，强金属光泽，多呈他形晶粒状，也可见粒状集合体，粒径<1.0mm，含量约5%。

XS－B2

灰白色灰质白云岩。岩石呈灰白色，半自形粒状结构，块状构造。主要成分为白云石、方解石。白云石：灰白色，半自形粒状，玻璃光泽。方解石：灰白色，半自形粒状，玻璃光泽。二者肉眼不易区分，主要根据显微镜下观察判断。

XS－B3

灰绿色阳起绿帘矽卡岩。岩石新鲜面呈灰绿色，块状构造。主要成分为绿帘石、阳起石、硅灰石，可见蛇纹石化蚀变，也可见石英脉发育。绿帘石：草绿色，柱状或粒状，粒径<1.0mm，含量约35%。蛇纹石：深绿色，叶片状或鳞片状，常见蛇皮状青绿斑纹，粒径<1.0mm，含量约30%。阳起石：浅绿色，针柱状，可见纤维状、放射状集合体，粒径<1.0mm，含量约20%。硅灰石：白色，长柱状或板状，粒径<1.0mm，含量约15%。

(2)标本镜下鉴定照片及特征描述

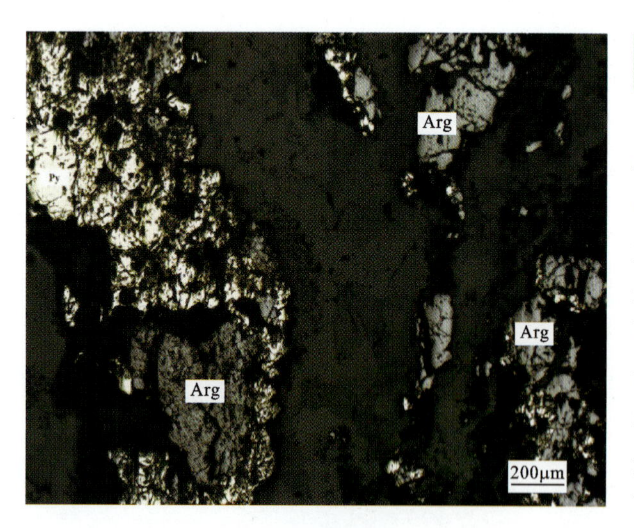

XS－g1

灰绿色矽卡岩化辉银矿矿石。半自形—他形粒状结构。金属矿物为辉银矿(Arg)、黄铁矿(Py)。辉银矿：灰色带绿色，呈他形粒状，不易磨光，无内反射，可见粒状集合体，局部可见辉银矿受氧化作用表面呈浅黄色，多发育于透明矿物中，可见辉银矿交代黄铁矿颗粒，粒径0.1～0.4mm，含量约20%。黄铁矿：浅黄色，多为半自形晶粒状，也可见集合体，具高反射率，硬度较高，不易磨光，黄铁矿呈星点状或团块状分布，黄铁矿颗粒发育裂隙，多被透明矿物交代，也可见被辉银矿颗粒交代，粒径0.1～0.5mm，含量约5%。

矿石矿物生成顺序：黄铁矿→辉银矿。

XS－b1

绢云母化方解石化阳起矽卡岩。柱状变晶结构、鳞片变晶结构。主要成分为金属矿物、方解石(Cal)、阳起石(Act)、绢云母(Ser)，可见绿泥石(Chl)化蚀变，也可见少量石英。岩石以阳起石、绿帘石等柱状矿物为主，呈柱状变晶结构。岩石中发育交代结构，形成交代残余结构。金属矿物：自形—半自形粒状，显均质性，多数填充于透明矿物之间，据其晶形判断为黄铁矿，粒径0.2～0.4mm，含量35%～40%。方解石：无色，不规则粒状，闪突起，高级白干涉色；可见菱形解理，也可见聚片双晶，方解石自形晶颗粒紧密镶嵌，粒径0.2～0.4mm，含量20%～25%。阳起石：暗绿及黄褐色，长柱状或针柱状，具黄绿色多色性，正中突起，干涉色为一级至二级中，可见双晶，为晚期矽卡岩矿物，粒径0.3～0.5mm，含量15%～20%。绢云母：无色，细小鳞片状，常组成显微晶质鳞片状集合体，正低突起，干涉色鲜艳，为二级到三级，多为长石的蚀变产物，保留有长石假象，局部为交代残余结构，粒径多<0.1mm，含量10%～15%。绿泥石：深绿色，呈鳞片状集合体，正低突起，可见明显多色性，干涉色为一级，可见异常干涉色，粒径0.1～0.2mm，含量较少。

XS－b2

灰质白云岩。半自形粒状结构。主要成分为白云石(Do)、方解石(Cal)、金属矿物。白云石：无色，半自形粒状，闪突起明显，高级白干涉色，颗粒之间紧密镶嵌在一起，粒径0.02～0.08mm，含量60%～65%。方解石：无色，半自形—他形粒状，闪突起明显，高级白干涉色，双晶纹平行于菱形解理长对角线，常呈团块状，粒径0.05～0.20mm，含量35%～40%。金属矿物：黑色，半自形—他形晶粒状，常呈集合体形式分布，粒径0.02～0.05mm，集合体可达0.6mm，含量较少。

XS－b3

蛇纹石化阳起绿帘矽卡岩。柱状变晶结构。主要成分为绿帘石(Ep)、硅灰石(Wl)、阳起石(Act),可见蛇纹石(Sep)化蚀变较为发育。岩石中发育交代结构,形成交代残余结构。绿帘石:浅黄色,长柱状,横切面呈假六边形,正高突起,可见解理发育,干涉色为一级,可见异常干涉色,粒径0.2～0.4mm,含量25%～30%。硅灰石:无色,部分具浅黄色多色性,长柱状或板状,正中突起,可见一组解理,一级灰白干涉色,表面可见由碳酸盐化导致的浑浊,多被阳起石、绿帘石等交代,粒径0.2～0.5mm,含量20%～25%。蛇纹石:无色,叶片状或鳞片状集合体,正低突起,干涉色为一级,有时呈波状消光,粒径0.2～0.4mm,含量15%～20%。阳起石:暗绿色及黄褐色,长柱状或针柱状,具黄绿色多色性,正中突起,干涉色为一级至二级中,可见双晶,为晚期矽卡岩矿物,常见交代硅灰石,粒径0.2～0.4mm,含量15%～20%。石英:无色,呈脉状穿插于岩石中,正低突起,干涉色为一级黄白,具波状消光,粒径<1.0mm,含量约5%。

第四章　山东典型钼矿床标本及光薄片

第一节　山东钼矿概况

钼是一种银白色金属，在常温下抗酸、耐氧化，具有良好的导电性和导热性，膨胀系数小，加工性能稳定，受压极易加工。这些性质决定了钼金属具有多种用途。

目前大部分钼用于钢铁工业，生产合金钢、不锈钢和高速工具钢等。钼的热中子俘获截面小及具高持久强度，还可用作核反应堆的结构材料。钼的化合物主要用作催化剂和催化剂的活化剂、润滑剂。此外，在染料、涂料、陶瓷、玻璃、农业肥料等方面也有广泛的用途。

一、山东钼矿的分布

山东省钼矿已查明资源储量主要分布于鲁东地区的福山、栖霞、莱山、牟平及荣成等地，鲁西地区仅在沂南县金厂金矿冶管墓矿床、邹平王家庄铜矿中伴(共)生有钼矿。截至目前在山东省16个市中仅有3个市5个县(区)发现有钼矿床。

山东省钼矿资源分布有两大特点：一是分布相对集中，山东省绝大多数钼矿资源储量分布在烟台地区；二是成因类型相似，在已发现的钼矿床中，不论是矽卡岩型还是斑岩型钼矿，均与中生代燕山晚期花岗岩类侵入体有关。在已查明资源储量的6个矿区中，有4个位于烟台市，资源储量占山东省总量的99.72%。特大型矿区1个，中型1个，小型4个。

二、山东钼矿床类型

山东省钼矿按成因类型分为两种：矽卡岩型钼矿和斑岩型钼矿，以矽卡岩型钼矿居多。矽卡岩型钼矿代表性矿床有福山邢家山、牟平冶头、牟平孔辛头及沂南金厂冶官墓等以铜为主的钼矿床和铜金矿等伴生钼矿床。斑岩型钼矿代表性矿床有栖霞尚家庄、牟平王家庄等以钼为主的钼矿床及铜矿伴生的钼矿床。

伴生钼只有两处，成因类型为矽卡岩型金矿伴生钼矿。

第二节　矽卡岩型(邢家山式)钼矿床

矽卡岩型(邢家山式)钼矿体产于中生代燕山晚期酸性侵入岩与古元古代或早古生代碳酸盐岩接触带处。典型矿床有烟台市福山邢家山、莱山金马山钼矿床。

一、福山邢家山钼矿

邢家山钼矿床位于烟台市福山区城西侧 2km，行政区划隶属于福山区福新街道办事处，大地构造位置位于华北板块（Ⅰ）胶辽隆起区（Ⅱ）胶北隆起（Ⅲ）胶北断隆（Ⅳ）烟台凸起（Ⅴ）。矿区累计查明钼金属量 9.3 万 t，矿床规模属中型。

1.矿区地质特征

区内广泛分布古元古代粉子山群张格庄组和巨屯组地层。张格庄组是主要的赋矿层位，以大理岩、白云石大理岩和透闪岩为主；巨屯组岩性主要为含石墨透辉岩、含石墨透闪透辉岩、大理岩等，二者呈整合接触（图 4－1）。

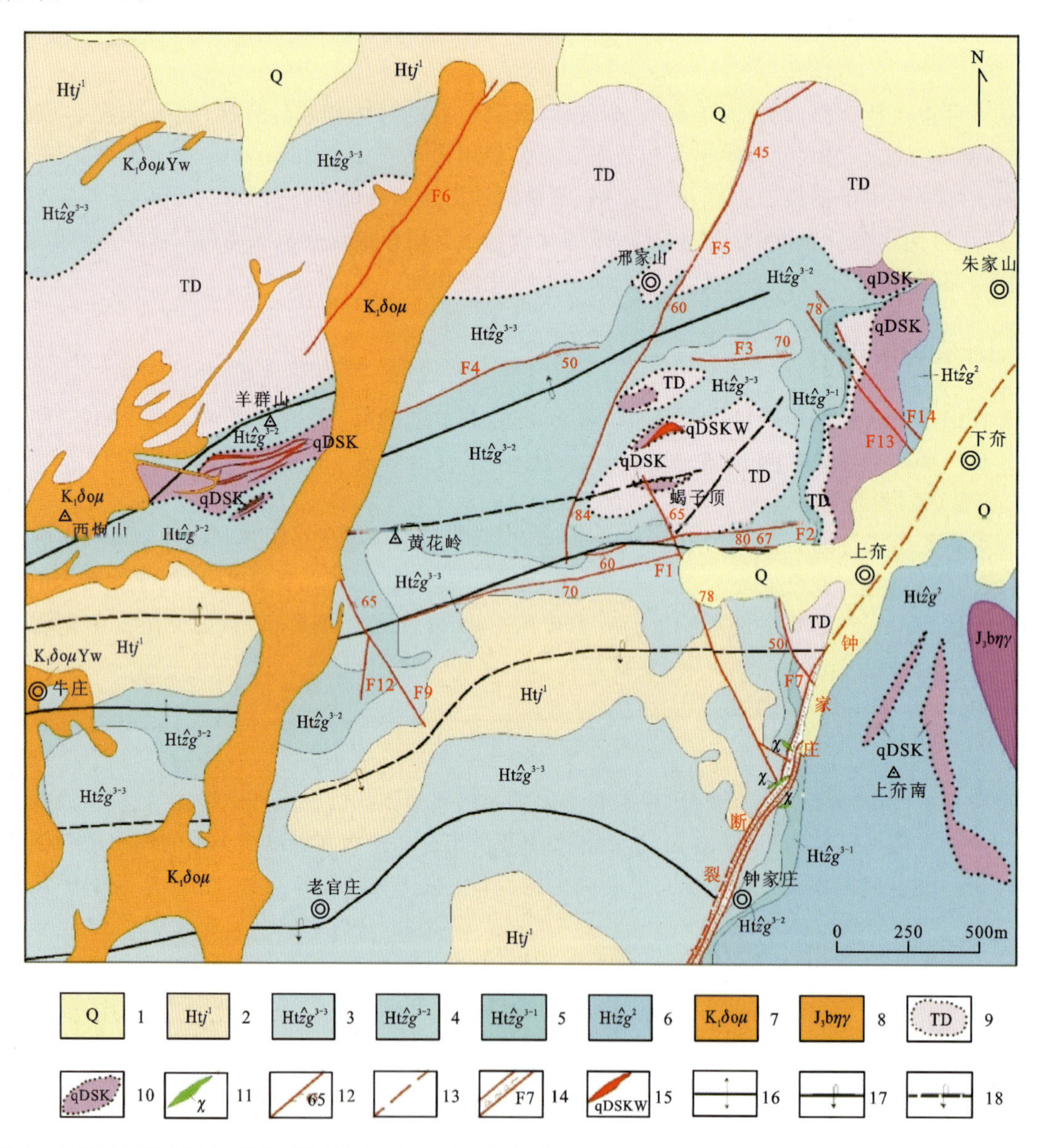

1.第四系；2.粉子山群巨屯组一段含石墨透闪透辉岩；3.粉子山群张格庄组三段青灰色薄层大理岩；4.粉子山群张格庄组三段厚层白云石大理岩；5.粉子山群张格庄组三段薄层白云石大理岩；6.粉子山群张格庄组二段透闪岩、斜长透闪岩夹黑云片岩；7.早白垩世石英闪长玢岩；8.晚侏罗世中细粒黑云母二长花岗岩（幸福山岩体）；9.透辉大理岩；10.石榴透辉矽卡岩；11.煌斑岩；12.压性断裂；13.推断断裂；14.断裂带；15.石榴透辉矽卡岩型钨矿（化）体；16.背斜；17.倒转背斜；18.倒转向斜

图 4－1　邢家山钼矿床区域地质简图（据邹键等，2020）

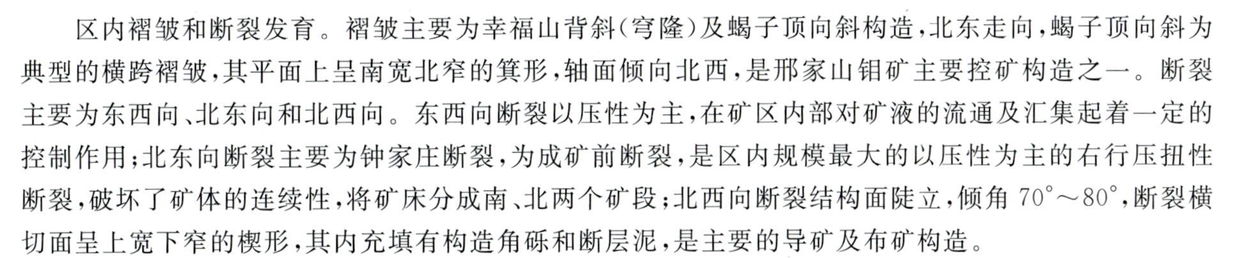

区内褶皱和断裂发育。褶皱主要为幸福山背斜(穹隆)及蝎子顶向斜构造,北东走向,蝎子顶向斜为典型的横跨褶皱,其平面上呈南宽北窄的箕形,轴面倾向北西,是邢家山钼矿主要控矿构造之一。断裂主要为东西向、北东向和北西向。东西向断裂以压性为主,在矿区内部对矿液的流通及汇集起着一定的控制作用;北东向断裂主要为钟家庄断裂,为成矿前断裂,是区内规模最大的以压性为主的右行压扭性断裂,破坏了矿体的连续性,将矿床分成南、北两个矿段;北西向断裂结构面陡立,倾角 70°～80°,断裂横切面呈上宽下窄的楔形,其内充填有构造角砾和断层泥,是主要的导矿及布矿构造。

区内岩浆岩主要为晚侏罗世斑状中细粒黑云母二长花岗岩,呈小岩株分布于矿区东南侧幸福山一带,岩体长轴走向 300°左右,向两侧倾斜,岩枝、岩脉十分发育,侵入体平面形如龟状,北西端外接触带矽卡岩化、硅化等蚀变普遍发育强烈,以钼为主的矿体赋存于蚀变地质体内;早白垩世石英闪长玢岩,呈岩墙、岩脉状分布于矿区中西部的西炮山—黄花岭一带,北东向展布,破坏矿体。

2. 矿体特征

邢家山矿区包括西矿段和北矿段,西矿段和北矿段以老官庄断裂(石英闪长玢岩墙)为界。矿区圈定钼矿体 17 个(西矿段 1 个,北矿段 16 个),钨矿体 110 个(西矿段 22 个,北矿段 88 个),钼钨共生矿体 2 个(西矿段 2 个)。矿体主要产于幸福山岩体外接触带的变质岩地层中。

矿区钼矿体多属隐伏矿体,矿体空间上呈平行重叠分布,大多数矿体埋藏不深,矿体上端距地表 20～100m。矿体规模大小不一,相差悬殊,长 200～2200m,倾向宽 75～1750m,厚度 1.00～153.57m。各矿体在空间上平行排列,呈似层状分布。矿体间距一般在 10m 以内,最大 101m,矿体总厚度 225.66m。矿体多呈似层状、透镜状,受矽卡岩化蚀变的地层和成矿期前的褶皱构造双重控制,其产状与矽卡岩化蚀变地层基本一致,因膨缩变化大,常有切层现象。矿体产状与地层基本一致,由于受近东西向和北东向幸福山横跨褶曲影响,产状变化较大。

矿内具有代表性的主要钼矿体为北矿段的 9 号钼矿体,它为隐伏矿体,呈似层状,赋存于张格庄组二段和三段地层中。矿体长 2200m,宽 1900m,总体走向 80°左右,倾向北西,中间受蟹子顶向斜影响,大部分近水平产出,倾角 0°～5°,局部倾角 10°左右。矿体最小厚度 1.25m,最大厚度 132.08m,平均厚度 19.62m,厚度变化系数 81%,厚度稳定程度属较稳定型;单工程钼平均品位最低 0.050%,最高 0.440%,矿体平均品位 0.11%,品位变化系数 121%,有用组分分布均匀程度属较均匀型。

3. 矿石特征

矿石矿物成分复杂,主要为辉钼矿、磁黄铁矿,少量黄铁矿、白钨矿、黄铜矿、赤铁矿、褐铁矿、磁铁矿。非金属矿物主要为透辉石、石英、方解石、透闪石、钾长石、白云石,少量石榴子石、符山石、绿泥石、绢云母、白云母、黑云母、金云母、黝帘石类、绿帘石、钠-更长石、葡萄石等。

矿石结构以自形晶粒状结构、半自形粒状结构、他形晶粒状结构为主,其次为填隙结构、交代蚕蚀结构、残余—孤岛结构、乳滴状结构、粒状变晶结构、柱状—纤维状变晶结构、鳞片变晶结构、碎裂结构。矿石构造主要为浸染状、脉状和细脉状构造,还有少量为条带状、角砾状和块状构造。

矿石自然类型为原生矿。矿石工业类型按金属矿物组分分为钼矿石、钨矿石、钼钨矿石;按含矿岩石类型分为透闪透辉岩型、石榴透辉矽卡岩型、大理岩型、二云片岩型、斑状花岗闪长岩型。

4. 共伴生矿产评价

矿区内主要矿产为钼,钨矿体赋存于钼矿的外带,多数单独构成工业矿体,为异体共生,少数与钼矿形成同体共生的钼钨矿体。

邢家山钨矿的伴生有益组分为钼,平均品位为 0.046%,大于钨矿床伴生有益组分评价的含量要求。钼矿的伴生有益组分为钨,但只为局部伴生,且钨在块段中的含量皆达不到伴生组分综合利用指标。

5. 矿体围岩和夹石

矿体围岩主要为透闪透辉岩，其次为白云石大理岩和石榴透辉矽卡岩。因有用矿物分散而稀少，矿体与围岩或夹石无明显界限，为渐变过渡关系。

6. 成因模式

区内古元古代粉子山群张格庄组二段岩性以透闪片岩、透闪岩为主，属钙镁硅酸盐岩建造，在岩浆侵位时，接触部位易形成透辉石角岩；张格庄组三段第一岩性带岩性为薄层硅质白云石大理岩、透闪大理岩夹透闪片岩，属不纯碳酸盐岩建造，组构不均匀，易与岩浆期后热液交代生成矽卡岩，为成矿作用提供了良好的围岩条件。这些岩石物理性质既脆又硬，呈叠层状，易碎，在构造应力条件下，极易形成层间构造、剥离构造、节理裂隙和矿物碎裂隙，为之后含矿热液的活动提供了沉淀场所。另外张格庄组三段第二和第一岩性带均以白云石大理岩为主，呈厚层致密状，形成了天然的屏蔽层，矿液不易渗透，对矿液的集中沉淀起到了保护作用。

区内发育东西向和北东向两大构造体系，由于北东向褶皱横跨东西向褶皱，叠加形成了"幸福山穹隆"，为上升的岩浆提供了十分理想的岩浆房，晚侏罗世岩浆沿吴阳泉断裂和门楼-福山断裂交会处上升，岩浆进入岩浆房后慢慢冷却形成了幸福山岩体，在冷凝过程中含矿气液沿北西向张扭性断裂向围岩扩散，在层间裂隙、节理和矿物间隙中沉淀成矿。由于岩体自南东向北西斜上方侵入，含矿气液也沿同一方向运移，所以在岩体西北端及构造和岩性条件适当的围岩中形成了规模巨大的钼矿体和钨矿体。

幸福山斑状中细粒含黑云二长花岗岩西北端发育钾化、硅化和绢云母化蚀变，岩石中形成的工业矿体与围岩中的矿体连成一体，岩体中 Mo、W、Cu、Zn、Pb 含量皆高于中国东部花岗岩平均丰度值，其中 Mo 含量高出 31 倍，W 含量高出 21 倍，对钼钨矿的形成有利。幸福山岩体锆石与矿床辉钼矿形成年龄基本一致，皆为 160Ma 左右，形成于中生代燕山晚期。矿床矿石中单矿物硫同位素 $\delta^{34}S$ 值 6.5‰～10.8‰、6.7‰～13.2‰与晚侏罗世花岗岩硫 $\delta^{34}S$ 值 4.2‰～14.9‰接近，说明矿床硫源于岩浆。总体表明幸福山岩体为邢家山钼矿的成矿母岩。

胶东幸福山岩体形成于晚侏罗世，与岩石圈增厚有关，其侵位时间与邢家山钼矿床的形成时间同步。岩浆上涌与围岩接触发生了交代反应，形成了矽卡岩，同时含矿流体进一步富集沿接触带、层间构造和裂隙形成辉钼矿和钨矿体。邢家山矿床含矿流体主要源于岩浆，后期有大气降水的加入，具有高温高盐度向低温低盐度方向演化的趋势，有用矿物沉淀的主因为流体沸腾，矿床属岩浆期后热液型，矿床工业类型属斑岩-矽卡岩复合型，矿石建造属钨钼建造。

7. 矿床系列标本简述

本次标本采自邢家山钼钨矿床巷道、矿石堆及渣石堆，采集标本 5 块，岩性分别为灰绿色块状石榴透辉矽卡岩钼矿石、灰绿色块状透辉矽卡岩钼矿石、灰白色块状透辉矽卡岩钼矿石、灰绿色块状透辉透闪石岩、灰白色块状透辉大理岩（表 4－1），较全面地采集了邢家山钼钨矿床的矿石和围岩标本。

表 4－1　邢家山钼钨矿采集标本一览表

序号	标本编号	光薄片编号	标本名称	标本类型
1	XJS－B1	XJS－g1/XJS－b1	灰绿色块状石榴透辉矽卡岩钼矿石	矿石
2	XJS－B2	XJS－g2/XJS－b2	灰绿色块状透辉矽卡岩钼矿石	矿石
3	XJS－B3	XJS－g3/XJS－b3	灰白色块状透辉矽卡岩钼矿石	矿石
4	XJS－B4	XJS－b4	灰绿色块状透辉透闪石岩	围岩
5	XJS－B5	XJS－b5	灰白色块状透辉大理岩	围岩

注：XJS－B 代表邢家山钼钨矿矿标本，XJS－g 代表该标本光片编号，XJS－b 代表该标本薄片编号。

8. 图版

（1）标本照片及其特征描述

XJS－B1

石榴透辉矽卡岩钼矿石。岩石呈灰绿色，局部红褐色的石榴子石集中分布，灰白色石英粗脉与岩石接触处见金属矿物分布。半自形粒状变晶结构，块状构造。主要成分为透辉石、石榴子石、金属矿物。透辉石：灰绿色，半自形短柱状，白色条痕，玻璃光泽，粒径＜1.0mm，含量约50%。石榴子石：红褐色，淡黄褐色条痕，玻璃光泽，粒径＜0.5mm，含量约35%。金属矿物：铅灰色，片状集合体，条痕亮灰色，金属光泽，多分布在与石英脉接触处，粒径＜0.5mm，含量约15%。可见灰白色的石英脉，脉宽可达8.0mm。

XJS－B2

透辉矽卡岩钼矿石。岩石呈灰绿色，半自形柱状粒状变晶结构，块状构造。主要成分为透辉石，方解石呈细脉状分布。透辉石：灰绿色，半自形短柱状，白色条痕，玻璃光泽，粒径＜2.0mm，含量约75%。方解石：灰白色，半自形粒状，玻璃光泽，呈脉状分布，粒径＜1.0mm，含量约25%。

XJS－B3

大理岩化透辉矽卡岩钼矿石。岩石呈灰白色，半自形粒状变晶结构，块状构造。主要成分为透辉石，方解石呈细脉状分布。透辉石：灰绿色，半自形短柱状，白色条痕，玻璃光泽，粒径＜1.0mm，含量约80%。方解石：灰白色，半自形粒状，玻璃光泽，呈脉状分布，粒径＜1.0mm，含量约20%。

XJS－B4

透辉透闪石岩。岩石新鲜面呈灰绿色—墨绿色，块状构造。主要成分为透闪石、透辉石、方解石，可见绿泥石化蚀变。透闪石：灰色，长柱状，粒径约1.0mm，含量约55%。透辉石：灰绿色，半自形柱状、粒状，粒径约1.0mm，含量约20%。方解石：无色，自形晶粒状，可见菱形解理发育，粒径1.0～1.5mm，含量约15%。绿泥石：灰绿色—墨绿色，板状及鳞片状集合体，粒径约1.0mm，含量约10%。

XJS－B5

透辉大理岩。岩石呈灰白色，半自形粒状变晶结构，块状构造。主要成分为方解石、透辉石。方解石：灰白色，半自形粒状，玻璃光泽，粒径<1.0mm，含量约75%。透辉石：浅绿色，半自形粒状，白色条痕，玻璃光泽，粒径<1.0mm，含量约25%。

(2)标本镜下鉴定照片及特征描述

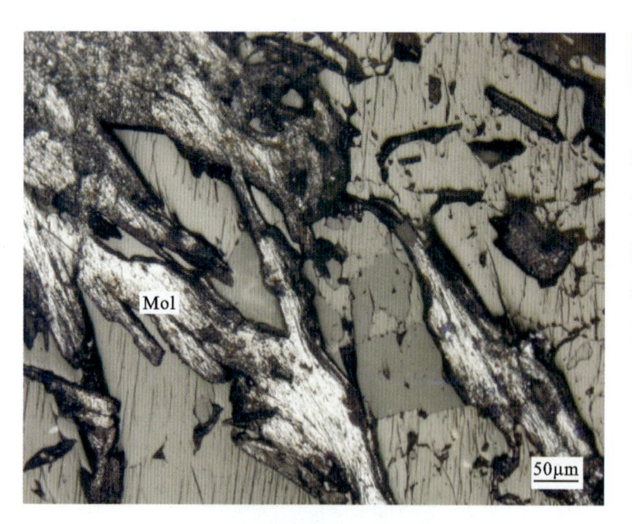

XJS－g1

石榴透辉矽卡岩。半自形晶片状结构，稀疏浸染状构造。金属矿物为辉钼矿(Mol)。辉钼矿：灰白色，反射多色性显著，呈弯曲叶片状或呈束状集合体，具强非均质性，多集中分布在一起，粒径0.1～0.4mm，集合体粒径可达1.2mm，含量10%～15%。

XJS - g2

透辉矽卡岩。半自形晶片状结构，星散状构造。金属矿物为辉钼矿（Mol）。辉钼矿：灰白色，反射多色性显著，呈束状集合体，具强非均质性，仅局部集中分布，粒径 0.1～0.35mm，含量较少。

XJS - g3

透辉矽卡岩。半自形晶片状结构，脉状构造。金属矿物为辉钼矿（Mol）。辉钼矿：灰白色，反射多色性显著，呈束状集合体，具强非均质性，分布于方解石脉中，与方解石呈脉状分布，粒径 0.1～0.4mm，集合体粒径可达 1.0mm，含量较少。

XJS - b1

石榴透辉矽卡岩。半自形粒状变晶结构。主要成分为透辉石(Di)、石榴子石(Gr)、金属矿物、硅灰石(Wo),粗大的石英脉与岩石接触处,金属矿物分布较集中。透辉石:近无色,半自形柱状、粒状,见有两组近于直交的解理,干涉色二级蓝绿,颗粒之间紧密镶嵌在一起,粒径 0.1～0.8mm,含量 45%～50%。石榴子石:无色,半自形粒状,显均质性,局部具异常干涉色,多集中分布在一起,粒径 0.2～0.6mm,含量 30%～35%。金属矿物:黑色,半自形片状,集合体呈束状,推测为辉钼矿(Mol),粒径 0.1～0.4mm,含量 10%～15%。硅灰石:无色,半自形柱状,颗粒紧密镶嵌在一起,柱面近平行消光,一级黄白干涉色,呈集合体分布于透辉石之间,粒径 0.2～0.6mm,含量约 5%。石英粗脉中分布细小透辉石颗粒,石英脉宽可达 8.0mm。

XJS - b2

透辉矽卡岩。半自形柱状粒状变晶结构。主要成分为透辉石(Di),其次为方解石(Cal)、石英(Qz)、金属矿物。透辉石:浅绿色,半自形短柱状、粒状,有较弱的多色性,干涉色最高二级,见有两组近于直交的解理,常成群集中分布在一起,粒径 0.6～2.4mm,含量 70%～80%。方解石:无色,半自形粒状,呈细脉状分布在透辉石之间,为后期次生矿物,高级白干涉色,粒径 0.2～0.6mm,含量 15%～20%。石英:无色,半自形—他形粒状,表面光洁,一级黄白干涉色,常与方解石分布在一起呈细脉状,粒径 0.2～0.6mm,含量 5%～10%。金属矿物:黑色,半自形粒状,零星分布在透辉石集合体中,含量甚少。

XJS - b3

透辉矽卡岩。半自形粒状变晶结构。主要成分为透辉石(Di)、钾长石(Kf),其次为方解石(Cal)、石英(Qz)、金属矿物。透辉石:近无色,半自形粒状,干涉色最高二级,见有两组近于直交的解理,常成群集中分布在一起,粒径0.1～0.8mm,含量80%～85%。钾长石:半自形粒状,因土化显得浑浊不净,负低突起,一级灰白干涉色,呈脉状分布于透辉石集合体之间,粒径0.2～0.6mm,含量15%～20%。方解石:无色,半自形粒状,呈细脉状分布在透辉石之间,为后期次生矿物,高级白干涉色,粒径0.1～0.4mm,含量较少。石英:无色,他形粒状,表面光洁,一级黄白干涉色,常与钾长石分布在一起呈细脉状,粒径0.1～0.4mm,含量较少。金属矿物:黑色,半自形粒状,零星分布在透辉石集合体中,含量甚少。

XJS - b4

透辉透闪石岩。柱状粒状变晶结构。主要成分为透闪石(Tl)、透辉石(Di)、方解石(Cal),其次为绿泥石(Chl)。岩石中发育交代结构,形成交代残余结构。透闪石:无色,半自形长柱状,可见针柱状晶体组成的放射状集合体,正中突起,干涉色二级蓝,斜消光;可见两组菱形解理,为辉石蚀变产物,粒径0.3～0.6mm,含量50%～55%。透辉石:无色,半自形柱状或粒状,正高突起,可见辉石式解理,干涉色二级蓝绿,多被透闪石、方解石等交代,粒径0.2～0.4mm,含量20%～25%。方解石:无色,不规则粒状,闪突起,高级白干涉色,可见菱形解理,也可见聚片双晶,方解石呈不规则颗粒紧密镶嵌,也可见方解石集合体,粒径0.2～0.5mm,含量10%～15%。绿泥石:深绿色,呈鳞片状集合体,正低突起,干涉色为一级,可见异常干涉色,具明显多色性,粒径0.1～0.2mm,含量5%～10%。

XJS－b5

透辉大理岩。半自形粒状变晶结构。主要成分为方解石(Cal)，其次为透辉石(Di)、金云母(Phl)、金属矿物。方解石：无色，半自形粒状，颗粒之间紧密镶嵌在一起，高级白干涉色，粒径0.2～1.0mm，含量70%～75%。透辉石：近无色，半自形粒状，见有两组近于直交的解理，干涉色最高二级，均匀分布于方解石集合体之间，粒径0.1～0.8mm，含量15%～20%。金云母：半自形片状，浅褐色，干涉色鲜艳，均匀分布于方解石集合体之间，粒径0.2～0.6mm，含量5%～10%。金属矿物：黑色，半自形粒状，零星分布在透辉石集合体中，含量甚少。

二、莱山金马山钼矿

金马山钼矿原名为福山铜矿总矿孔辛头分矿，矿区位于烟台市莱山区东南约24km，行政区划隶属于莱山区解甲庄镇，大地构造位置位于华北板块(Ⅰ)胶辽隆起区(Ⅱ)胶北隆起(Ⅲ)回里-养马岛断隆(Ⅳ)冶头凹陷(Ⅴ)的东北部。矿区累计查明钼金属量1555t，矿床规模属小型。

1.矿区地质特征

区内出露地层由老至新有古元古代荆山群、中生代白垩纪莱阳群和新生代第四系。与成矿有关的地层为荆山群陡崖组徐村石墨岩系段，岩性为含石墨斜长片麻岩、云母片岩、斜长角闪岩、变粒岩、大理岩等。

区内断裂构造发育，按其走向分布可分为北西西向、北西向、北北东向、北东向4组。其中北西西向断裂以孔辛头-金马山断裂(F_5)最为发育，为孔辛头铜钼矿床的储矿构造，矿床内Ⅰ、Ⅲ矿带沿此断裂带分布。

区内岩浆岩以侵入岩为主，主要分布在矿区中部及西部，为中生代燕山期伟德山序列崖西单元斑状中粒含角闪二长花岗岩。区内中生代脉岩较发育(图4－2)。

2.矿体特征

矿区内共有钼矿体15个，其中Ⅴ－1号、Ⅴ－2号、Ⅵ号、Ⅶ号矿体为主矿体。

Ⅴ－1号矿体长50m，斜长109m。矿体走向100°，倾向北，倾角57°～63°。矿体呈不规则状。矿体厚度2.04～10.77m，平均厚度6.95m，厚度变化系数53%，厚度稳定程度属稳定型；矿体品位一般0.032%～0.563%，平均品位0.109%，品位变化系数114%，有用组分分布均匀程度属较均匀型。

Ⅴ－2号矿体长110m，斜长98m。矿体走向110°，倾向北，倾角58°～69°。矿体呈不规则状。矿体厚度0.81～28.95m，平均厚度16.57m，厚度变化系数76%，厚度稳定程度属较稳定型；矿体品位一般0.031%～0.514%，平均品位0.116%，品位变化系数61%，有用组分分布均匀程度属均匀型。

Ⅵ号矿体长75m，斜长160m。矿体走向110°，倾向北，倾角47°～58°。矿体呈不规则状、透镜状。矿体厚度2.95～13.33m，平均厚度4.58m，厚度变化系数118%，厚度稳定程度属不稳定型；矿体品位一般0.028 5%～0.543%，平均品位0.121%，品位变化系数86%，有用组分分布均匀程度属较均匀型。

Ⅶ号矿体长50m，斜长185m。矿体走向110°，倾向北，倾角45°～56°。矿体呈不规则状、透镜状。

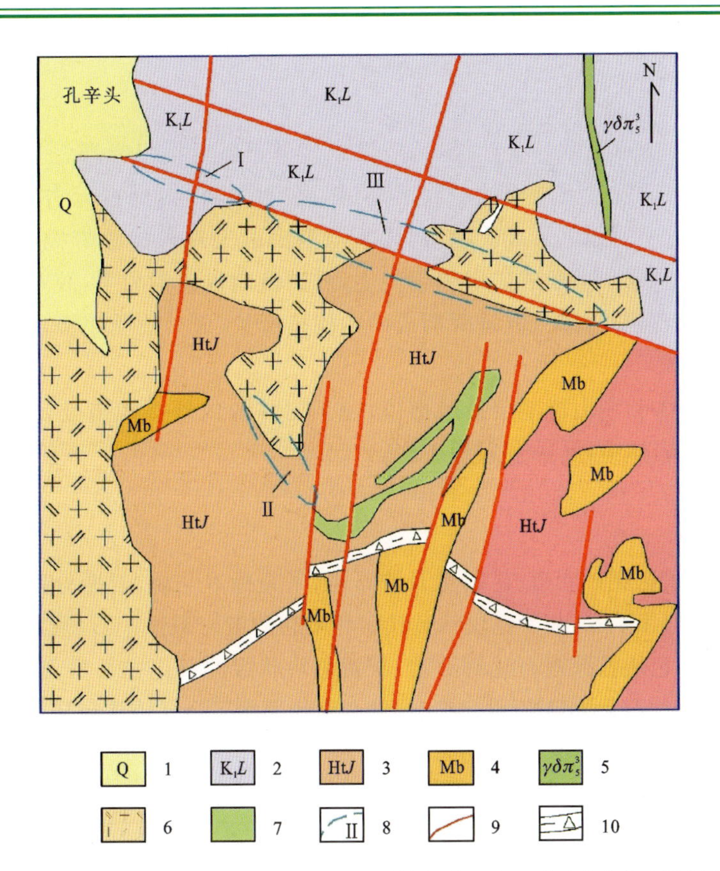

1.第四系;2.白垩纪莱阳群;3.古元古代荆山群;4.野头组大理岩;5.中生代燕山晚期花岗闪长斑岩;
6.燕山晚期二长花岗岩;7.矽卡岩;8.矿化带大致边界线及编号;9.断裂;10.破碎带

图 4-2　金马山钼矿床区域地质简图(据李超等,2016)

矿体厚度 1.21～8.65m,平均厚度 3.35m,厚度变化系数 69%,厚度稳定程度属较稳定型;矿体品位一般 0.033%～0.135%,最高 0.435%,平均品位 0.118%,品位变化系数 105%,有用组分分布均匀程度属较均匀型。

3.矿石特征

矿石中金属矿物有黄铜矿、辉钼矿、磁铁矿、黄铁矿、磁黄铁矿等。非金属矿物有透辉石、石榴子石、方柱石、绿帘石、阳起石、斜长石、石英、方解石、绿泥石、绢云母等。

矿石结构为半自形—他形粒状结构及交代结构。矿石构造为块状、浸染状、薄膜状、细脉状及角砾状构造。

矿石自然类型为原生矿石。矿石工业类型为含铜磁铁矿矿石、矽卡岩钼矿石、矽卡岩铜矿石、磁铁矿矿石、矽卡岩化斑状花岗岩钼矿石、矽卡岩化砾岩钼矿石。

4.共伴生矿产评价

矿石中有用组分为钼、铜、铁。其中钼平均品位 0.13%;铜平均品位 0.77%,探明铜矿石量 139.76 万 t,铜金属量 8932t;全铁平均品位 34.98%,探明铁矿石量 134.8 万 t。

5.矿体围岩和夹石

矿体围岩为斜长角闪岩、大理岩和斜长片麻岩。矿体中未见夹石。

6. 成因模式

早白垩世，太平洋板块继续向欧亚大陆俯冲，胶东地区处于弧后拉张背景之下，岩石圈减薄、软流圈上涌，强烈的壳幔相互作用诱发了大规模的岩浆活动，伟德山序列侵入到古元古代荆山群大理岩中，发生了相互交代作用，伟德山序列提供了成矿物质，岩浆与荆山群大理岩接触带提供了赋矿空间，从而形成了金马山矽卡岩型铜钼矿床。早期成矿以钨钼为主，成矿晚期以铜钼为主，胶东地区两期钼成矿作用均与太平洋板块向欧亚大陆俯冲有关，但是两期成矿的构造背景、成矿物质来源以及矿种组合都具有较大差别。

金马山钼矿体位于岩体和荆山群地层接触部位，位于岩体的内外接触带处，且受北西向、北西西向构造控制。矿体产于矽卡岩体中，属矽卡岩型矿床。

7. 矿床系列标本简述

本次标本采自金马山矿区钼矿巷道、矿石堆及渣石堆，采集标本 7 块，岩性分别为灰绿色块状黄铜矿化磁铁矿化阳起绿帘矽卡岩钼矿石、灰黑色块状黄铁矿化阳起矽卡岩磁铁矿石、灰绿色块状黄铁矿化硅灰阳起矽卡岩磁铁矿石、灰绿色块状绿帘石化辉石岩、灰黄色块状绿泥石化二长岩、肉红色片状黑云糜棱片岩、灰黑色块状磁铁矿化蛇纹石化大理岩（表 4－2），较全面地采集了金马山钼矿床的矿石和围岩标本。

表 4－2　金马山钼矿采集标本一览表

序号	标本编号	光薄片编号	标本名称	标本类型
1	JMS－B1	JMS－g1/JMS－b1	灰绿色块状黄铜矿化磁铁矿化阳起绿帘矽卡岩钼矿石	矿石
2	JMS－B2	JMS－g2/JMS－b2	灰黑色块状黄铁矿化阳起矽卡岩磁铁矿石	矿石
3	JMS－B3	JMS－g3/JMS－b3	灰绿色块状黄铁矿化硅灰阳起矽卡岩磁铁矿石	矿石
4	JMS－B4	JMS－b4	灰绿色块状绿帘石化辉石岩	围岩
5	JMS－B5	JMS－b5	灰黄色块状绿泥石化二长岩	围岩
6	JMS－B6	JMS－b6	肉红色片状黑云糜棱片岩	围岩
7	JMS－B7	JMS－b7	灰黑色块状磁铁矿化蛇纹石化大理岩	围岩

注：JMS－B 代表金马山矿区钼矿标本，JMS－g 代表该标本光片编号，JMS－b 代表该标本薄片编号。

8. 图版

（1）标本照片及其特征描述

JMS－B1

黄铜矿化磁铁矿化阳起绿帘矽卡岩钼矿石。岩石新鲜面呈灰绿色—墨绿色，块状构造。主要成分为阳起石、绿帘石、磁铁矿、普通辉石，可见少量绿泥石。阳起石：浅绿色，针柱状，可见纤维状、放射状集合体，粒径＜1.0mm，含量约 40％。绿帘石：草绿色，长柱状，粒径＜1.0mm，含量约 25％。磁铁矿：灰黑色，强金属光泽，多呈自形晶粒状，粒径约 1.0mm，含量约 20％。普通辉石：灰绿色，短柱状，粒径＜1.0mm，含量约 15％。

JMS - B2

黄铁矿化阳起矽卡岩磁铁矿石。岩石新鲜面呈灰黑色，块状构造。主要成分为磁铁矿、阳起石、普通辉石、绿帘石，可见少量绿泥石。磁铁矿：灰黑色，强金属光泽，多呈自形晶粒状，粒径约1.0mm，含量约65%。阳起石：浅绿色，针柱状，可见纤维状、放射状集合体，粒径<1.0mm，含量约20%。普通辉石：灰绿色，短柱状，粒径<1.0mm，含量约10%。绿帘石：草绿色，长柱状，粒径<1.0mm，含量约5%。

JMS - B3

黄铁矿化硅灰阳起矽卡岩磁铁矿石。岩石新鲜面呈灰绿色，表面见褐色风化层，块状构造。主要成分为阳起石、黄铁矿、硅灰石、透闪石，其次为方解石。阳起石：浅绿色，针柱状，可见纤维状、放射状集合体，粒径<1.0mm，含量约25%。黄铁矿：浅铜黄色，半自形粒状，金属光泽，硬度高，粒径<1.0mm，含量约20%。硅灰石：浅灰色，长柱状，粒径<1.0mm，含量约20%。辉石：灰绿色，短柱状，粒径<1.0mm，含量约10%。透闪石：无色，长柱状，粒径约1.0mm，含量约20%。方解石：无色，自形晶粒状，可见菱形解理发育，粒径1.0～1.5mm，含量约5%。

JMS - B4

绿帘石化辉石岩。岩石呈灰绿色，半自形粒状结构，块状构造。主要成分为普通辉石。普通辉石具绿帘石化蚀变。普通辉石：黑色，半自形粒柱状，玻璃光泽，粒径<1.0mm，含量约99%。绿帘石：黄绿色，半自形粒状，玻璃光泽，为普通辉石蚀变产物。

JMS－B5

绿泥石化二长岩。岩石新鲜面呈灰黄色，块状构造。主要成分为钾长石、斜长石、绿泥石，长石中可见绢云母化及绿泥石化蚀变。钾长石：灰黄色，他形粒状，粒径约1.0mm，含量约40%。斜长石：半自形长柱状，粒径约1.0mm，含量约40%。绿泥石：灰绿色—墨绿色，板状及鳞片状集合体，粒径约1.0mm，含量约20%。

JMS－B6

黑云糜棱片岩。岩石具肉红色的土黄色，变余碎斑结构，片状构造。主要成分为石英、钾长石和定向分布的黑云母。石英：灰白色，他形粒状，玻璃光泽，粒径＜1.0mm，含量约50%。钾长石：肉红色，眼球状，白色条痕，玻璃光泽，粒径＜3.0mm，含量约15%。黑云母：浅褐色，半自形片状，玻璃光泽，连续定向分布，粒径＜1.0mm，含量约35%。

JMS－B7

磁铁矿化蛇纹石化大理岩。岩石新鲜面呈灰黑色，块状构造。主要成分为方解石、磁铁矿、蛇纹石。方解石：无色，自形晶粒状，可见菱形解理发育，粒径约1.0～1.5mm，含量约65%。磁铁矿：黑色，粒状集合体，条痕为黑色，半金属光泽，具强磁性，粒径约1.0mm，含量约20%。蛇纹石：黄绿色，片状或鳞片状集合体，蜡状光泽，粒径约1.0mm，含量约15%。

(2)标本镜下鉴定照片及特征描述

JMS - g1

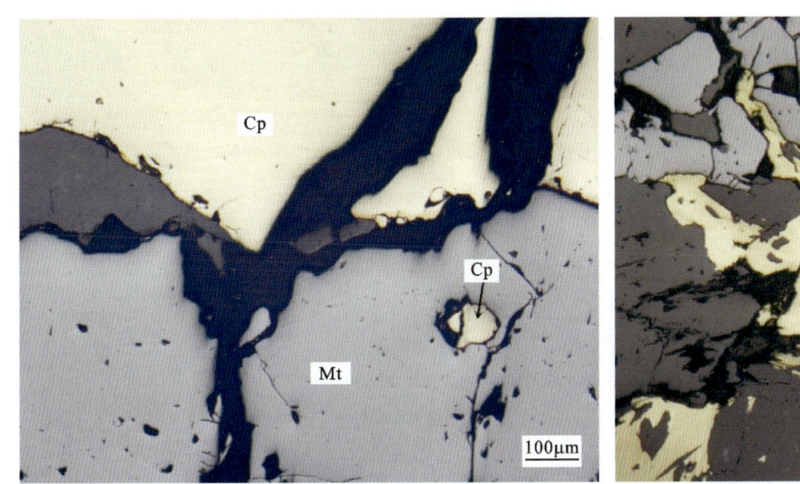

磁铁矿化阳起绿帘矽卡岩。半自形晶粒状结构,稠密浸染状构造。金属矿物为磁铁矿(Mt)、黄铜矿(Cp)、辉钼矿(Mol)。磁铁矿:灰色微带棕色,半自形晶粒状,显均质性,黄铜矿沿其周边进行交代,偶见黄铜矿分布于磁铁矿晶粒中,粒径0.2～2.0mm,含量25%～30%。黄铜矿:铜黄色,半自形晶粒状,显均质性,多数集中分布在一起,少数沿磁铁矿周边进行交代,粒径0.6～2.4mm,集合体粒径可达8.0mm,含量20%～25%。辉钼矿:灰白色,反射多色性变化显著,呈束状集合体,仅局部可见,具强非均质性,粒径0.05～0.15mm,集合体为0.3mm,含量较少。

矿石矿物生成顺序:磁铁矿→辉钼矿→黄铜矿。

JMS - g2

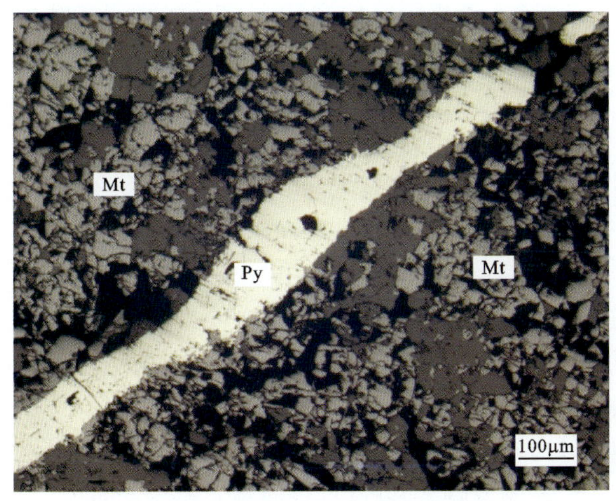

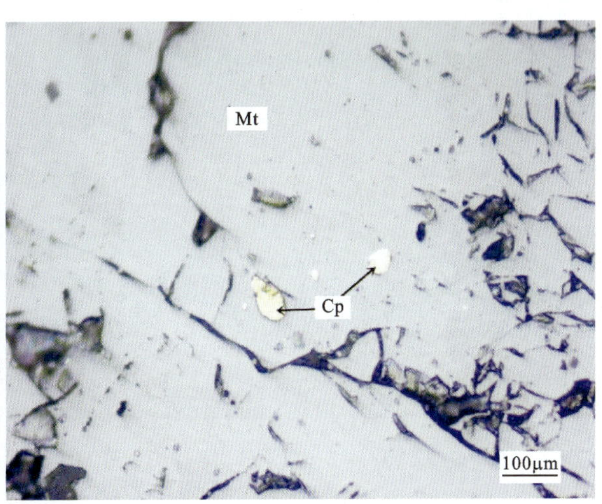

磁铁矿化阳起矽卡岩。半自形晶粒状结构,块状构造,脉状构造。金属矿物为磁铁矿(Mt)、黄铁矿(Py)、黄铜矿(Cp)。磁铁矿:灰色微带棕色,半自形晶粒状,显均质性,颗粒之间紧密镶嵌在一起,偶见黄铜矿分布于磁铁矿晶粒中,粒径0.2～0.8mm,含量75%～80%。黄铁矿:黄白色,半自形晶粒状,显均质性,常呈细脉状分布,粒径0.02～0.06mm,脉宽一般0.12mm,含量5%～10%。黄铜矿:铜黄色,不规则粒状,显均质性,零星分布于磁铁矿晶粒中,粒径0.02～0.06mm,含量微少。

矿石矿物生成顺序：磁铁矿→黄铜矿→黄铁矿。

JMS－g3

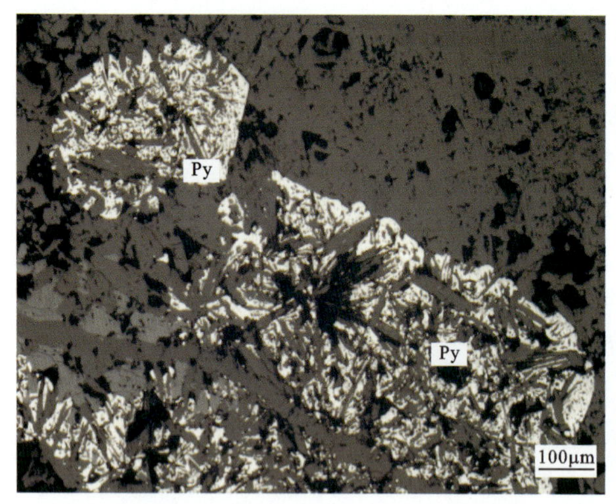

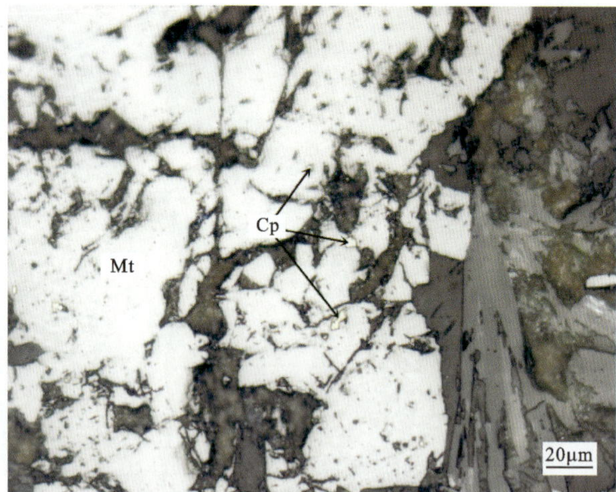

辉钼矿化硅灰阳起矽卡岩。半自形晶粒状结构，稀疏浸染状构造。金属矿物为磁铁矿（Mt）、黄铁矿（Py）、黄铜矿（Cp）。磁铁矿：灰色微带棕色，半自形晶粒状，显均质性，常常聚集分布在一起，颗粒之间紧密镶嵌，可见黄铜矿分布于磁铁矿晶粒中，粒径0.2～0.6mm，含量15%～20%。黄铁矿：黄白色，半自形晶粒状，显均质性，局部集中分布，被板条状透明矿物交代呈骸晶结构，粒径0.1～1.0mm，含量约5%。黄铜矿：铜黄色，不规则粒状，显均质性，零星分布于磁铁矿晶粒中，粒径0.02～0.06mm，含量微少。

矿石矿物生成顺序：黄铁矿→磁铁矿→黄铜矿。

JMS－b1

磁铁矿化阳起绿帘矽卡岩。柱状变晶结构。主要成分为阳起石（Act）、绿帘石（Ep）、普通辉石（Aug），其次为金属矿物，可见绿泥石（Chl）化蚀变。岩石中发育交代结构，形成交代残余结构。阳起石：暗绿色及黄褐色，长柱状或针柱状，具黄绿色多色性，正中突起，干涉色为一至二级中，为晚期矽卡岩矿物，常见交代普通辉石，粒径0.3～0.5mm，含量35%～40%。绿帘石：浅黄色，长柱状，正高突起，可见解理发育，干涉色为一级，可见异常干涉色，粒径0.2～0.4mm，含量20%～25%。普通辉石：无色—淡绿色，短柱状，可见近六边形切面；正高突起，可见两组解理，干涉色为二级，多发生纤闪石化和绿泥石化蚀变，部分颗粒被完全取代，表现为假晶，也可见普通辉石被阳起石及绿帘石交代，粒径0.3～0.6mm，含量15%～20%。绿泥石：深绿色，呈鳞片状集合体，正低突起，可见明显多色性，干涉色为一级，可见异常干涉色，粒径0.1～0.2mm，含量10%～15%。金属矿物：自形—半自形粒状，多数填充于透明矿物之间，据其晶形判断为磁铁矿（Mag），粒径0.2～0.4mm，含量约5%。

JMS－b2

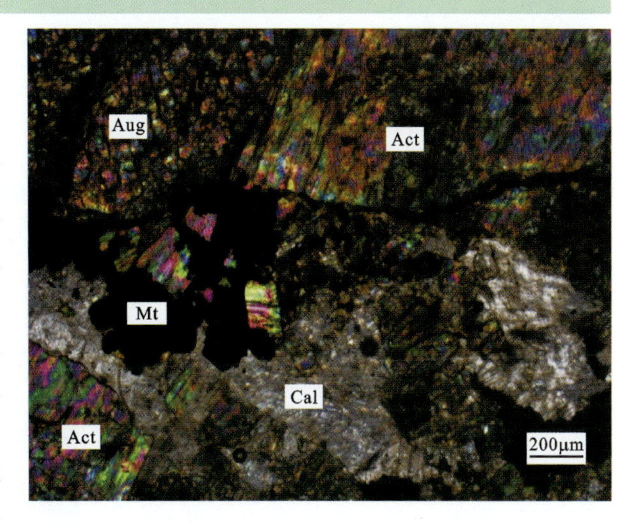

磁铁矿化阳起矽卡岩。柱状变晶结构。主要成分为磁铁矿(Mt)、阳起石(Act)、方解石(Cal)、普通辉石(Aug)、绿帘石(Ep),可见绿泥石(Chl)化蚀变。岩石中发育交代结构,形成交代残余结构。磁铁矿:自形—半自形粒状,显均质性,多具不规则破碎现象,矿物边缘呈不规则状,多数填充于透明矿物之间,粒径0.1～0.3mm,含量45%～50%。阳起石:暗绿色及黄褐色,长柱状或针柱状,具黄绿色多色性,正中突起,干涉色为一级至二级中,为晚期矽卡岩矿物,常见交代普通辉石,粒径0.3～0.5mm,含量20%～25%。方解石:无色,不规则粒状,闪突起,高级白干涉色,可见菱形解理,也可见聚片双晶,粒径0.2～0.6mm,含量10%～15%。普通辉石:无色—淡绿色,短柱状,可见近六边形切面;正高突起,可见两组解理,干涉色为二级,多发生绿泥石化蚀变,部分颗粒被完全取代,表现为假晶,也可见普通辉石被阳起石及绿帘石交代,粒径0.3～0.6mm,含量5%～10%。绿帘石:浅黄色,长柱状,正高突起,干涉色为一级,可见解理发育,可见异常干涉色,粒径0.1～0.3mm,含量约5%。绿泥石:深绿色,呈鳞片状集合体,正低突起,可见明显多色性,干涉色为一级,可见异常干涉色,粒径为0.1～0.2mm,含量较少。

JMS－b3

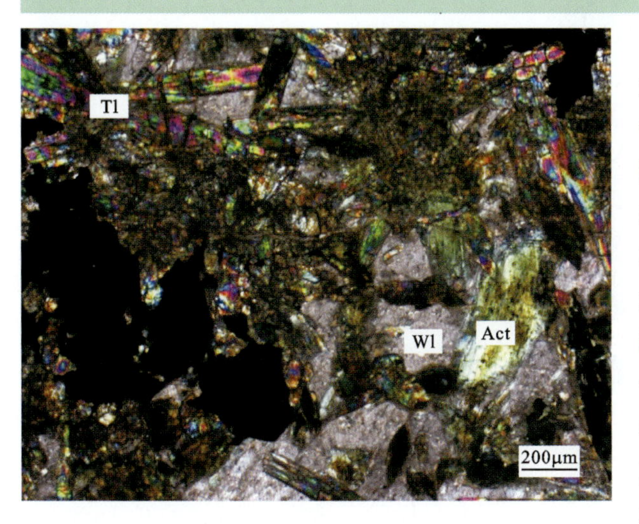

辉钼矿化硅灰阳起矽卡岩。柱状变晶结构。主要成分为阳起石(Act)、透闪石(Tl)、硅灰石(Wl)、金属矿物、方解石(Cal),可见石英绢云母细脉穿插。辉石多发生蚀变,蚀变产物为透闪石。岩石中发育交代结构,形成交代残余结构。阳起石:暗绿色及黄褐色,长柱状或针柱状,具黄绿色多色性,正中突起,干涉色为一级至二级,为晚期矽卡岩矿物,常见交代硅灰石,粒径0.2～0.5mm,含量25%～30%。透闪石:无色,长柱状,可见针柱状晶体组成的放射状集合体,为辉石蚀变产物,正中突起,可见两组菱形解理,干涉色二级蓝,斜消光,粒径0.3～0.5mm,含量20%～25%。硅灰石:无色,部分具浅黄色多色性,长柱状或板状,正中突起,可见两组解理,一级灰白干涉色,表面可见由碳酸盐化导致的浑浊,多被透闪石、阳起石等交代,粒径0.2～0.5mm,含量15%～20%。金属矿物:半自形粒状,据其晶形判断为黄铁矿(Py),多数填充于透明矿物之间,粒径0.2～0.5mm,含量15%～20%。方解石:无色,不规则粒状,闪突起,高级白干涉色,可见菱形解理,也可见聚片双晶,方解石呈不规则颗粒紧密镶嵌,粒径0.2～0.4mm,含量5%～10%。

JMS - b4

绿帘石化辉石岩。半自形粒状结构。主要成分为普通辉石(Aug),其次为普通角闪石(Hb)、金属矿物。普通辉石:黄绿色,半自形粒状、柱状,常成群集中分布在一起,见有两组直交解理,干涉色较高,最高可达二级,紧密镶嵌在一起,普遍具绿帘石(Ep)化蚀变,粒径0.4~1.2mm,含量85%~90%。普通角闪石:褐色,半自形柱状、粒状,多色性明显,见有两组斜交解理,干涉色可达二级蓝绿,分布于普通辉石之间,粒径0.4~0.6mm,含量10%~15%。金属矿物:黑色,零星分布于普通辉石之间,含量微少。

JMS - b5

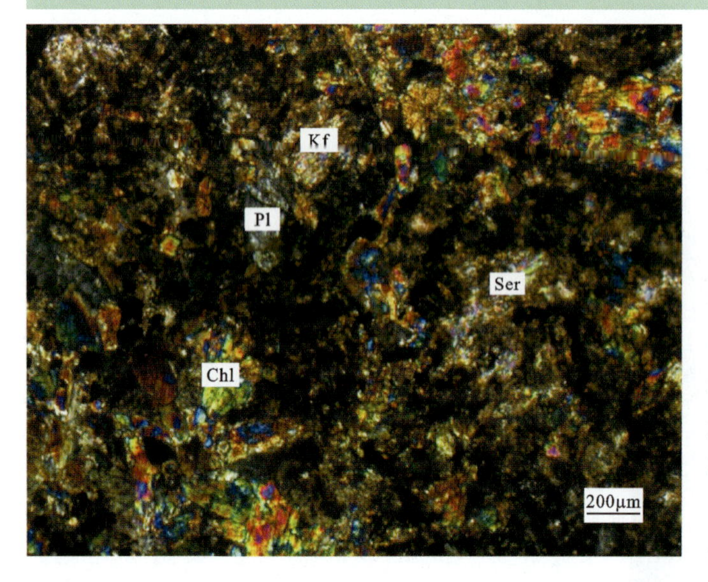

绿泥石化二长岩。细粒结构。主要成分为钾长石(Kf)、斜长石(Pl)、绿泥石(Chl)、绢云母(Ser)。钾长石常呈他形粒状包裹半自形斜长石,呈二长结构。钾长石:无色,多呈他形粒状,负低突起,一级灰白干涉色,钾长石可见绢云母化蚀变及高岭土化,部分颗粒具残留结构,可见聚片双晶,粒径0.3~0.6mm,含量30%~35%。斜长石:无色,多呈半自形长柱状,负低突起,一级灰白干涉色,斜长石颗粒较为破碎,部分可见拉长、弯折现象,表面可见绢云母化,可见聚片双晶,粒径0.2~0.4mm,含量30%~35%。绿泥石:深绿色,呈鳞片状集合体,正低突起,干涉色为一级,可见异常干涉色,可见明显多色性,粒径0.1~0.2mm,含量15%~20%。绢云母:无色,细小鳞片状,常组成显微晶质鳞片状集合体,正低突起,干涉色鲜艳,为二级到三级,多为斜长石的蚀变产物,保留有斜长石假象,局部为交代残余结构,粒径多<0.1mm,含量5%~10%。

JMS－b6

黑云糜棱片岩。变余碎斑结构，片状构造。主要成分为石英(Qz)、黑云母(Bi)、钾长石(Kf)，副矿物有磷灰石(Ap)。钾长石呈眼球状，石英集合体呈透镜状，沿其周围分布长英质矿物和黑云母，黑云母呈连续定向分布。石英：无色透明，波状消光显著，石英集合体呈透镜状，或围绕碎斑分布，干涉色一级黄白，粒径0.2～0.6mm，含量50%～55%。黑云母：半自形片状，因受应力作用局部发生显微弯曲变形，围绕石英碎斑周围连续定向分布，多褪色为白云母，粒径0.6～1.2mm，含量30%～35%。钾长石：无色，负低突起，干涉色一级灰白，呈粗大的眼球状碎斑，粒径0.8～3.2mm，含量10%～15%。磷灰石：无色，柱状、粒状，正中突起，干涉色一级灰，以包体形式存在，粒径0.05～0.15mm，含量微少。

JMS－b7

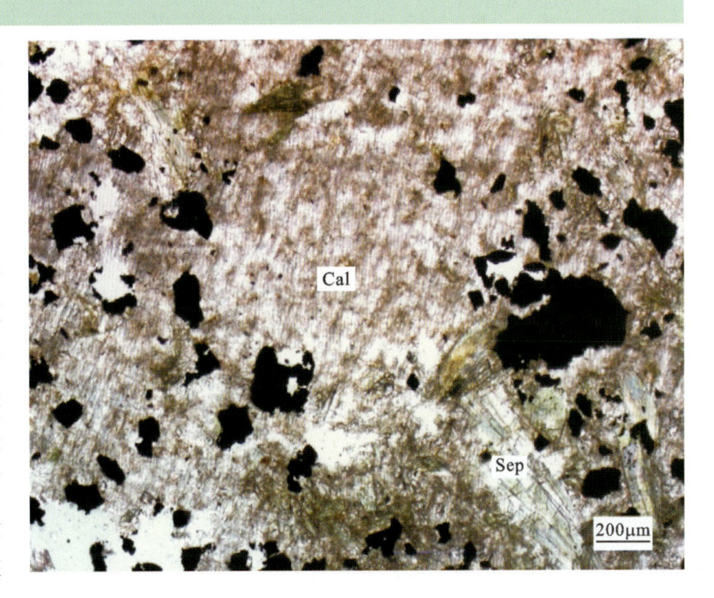

磁铁矿化蛇纹石化大理岩。粒状、柱状变晶结构。主要成分为方解石(Cal)、蛇纹石(Sep)、磁铁矿(Mt)，其次为阳起石(Act)、透闪石(Tl)。岩石中发育交代结构，形成交代残余结构。方解石：无色，不规则粒状，闪突起，高级白干涉色，可见菱形解理，也可见聚片双晶，方解石呈不规则颗粒紧密镶嵌，也可见方解石集合体，粒径0.2～1.0mm，含量55%～60%。蛇纹石：淡绿色，半自形鳞片状集合体，一级灰干涉色，近于平行消光，呈团块状集合体分布在方解石集合体之中，粒径0.2～0.4mm，含量10%～15%。磁铁矿：半自形粒状，多数填充于透明矿物之间，据其晶形判断为磁铁矿，粒径0.1～0.3mm，含量10%～15%。阳起石：暗绿色及黄褐色，长柱状或针柱状，具黄绿色多色性，正中突起，干涉色为一级至二级，为晚期矽卡岩矿物，常见其交代硅灰石，粒径0.2～0.4mm，含量约5%。透闪石：无色，长柱状，可见针柱状晶体组成的放射状集合体，正中突起，可见两组菱形解理，干涉色二级蓝，斜消光，为辉石蚀变产物，粒径0.1～0.3mm，含量约5%。

第三节　斑岩型(尚家庄式)钼矿

斑岩型(尚家庄式)钼矿体产于中生代燕山晚期斑岩体内。典型矿床为烟台市栖霞尚家庄钼矿。

尚家庄钼矿床位于烟台栖霞市城东约27km,行政区划隶属于栖霞市桃村镇,大地构造位置位于华北板块(Ⅰ)胶辽隆起区(Ⅱ)胶莱盆地西部(Ⅲ)莱阳断陷(Ⅳ)桃村凹陷(Ⅴ)接壤部位。矿区累计探明钼金属量5.6万t,矿床规模属中型。

1.矿区地质特征

区内地层主要为中生代白垩纪青山群八亩地组基性—中基性火山碎屑岩、火山熔岩和新生代第四纪临沂组、山前组。

区内构造以断裂为主。北东向断裂比较发育,次为北西向断裂。北东向断裂以桃村断裂为主(图4-3),与该钼矿床的形成关系密切,其余断裂规模比较小,主要为成矿后断裂。桃村断裂长3150m,宽60～140m,呈膨缩带状展布;断裂总体走向45°,倾向南东,倾角75°～85°,多为75°左右;断裂由断层角砾岩和碎裂岩组成,主裂面发育,呈舒缓波状展布于碎裂岩中;角砾岩、碎裂岩成分与上下盘围岩有关。

区内岩浆岩主要为中生代牙山杂岩体的营盘单元和西上寨单元,岩性为含斑中细粒花岗闪长岩和斑状中粒花岗闪长岩,其次为各类脉岩。牙山杂岩体侵位于新太古代栖霞序列回龙夼单元条纹条带状中细粒英云闪长岩和中生代白垩纪青山群八亩地组安山玄武质凝灰岩、火山角砾岩及其熔岩地层之间。

2.矿体特征

矿区共圈定钼矿体106个,其中主矿体15个,主矿体中15号、17号、18号、19号矿体规模较大,其资源量占矿床资源总量的57%。

15个主矿体走向长度为100～1010m,平均225～754m;斜深80～1050m,平均199～582m。矿体走向318°～6°,平均337°～344°,倾角10°～37°,平均20°～26°。单工程厚度0.89～54.64m,平均4.98～19.37m,厚度变化系数69%～107%,绝大部分属厚度变化较稳定型,仅2个矿体属厚度变化不稳定型;单工程品位0.03%～0.314%,平均0.051%～0.151%,品位变化系数20%～132%,绝大部分属品位变化均匀型,仅2个矿体属品位变化较均匀型。矿体赋存于含斑中细粒花岗闪长岩、斑状中粒花岗闪长岩及绢英岩化花岗闪长质碎裂岩中,呈似层状、大脉状,具分支复合、膨胀夹缩等特点。其他次要矿体均呈透镜状产出(图4-4)。

3.矿石特征

矿石主要金属矿物为辉钼矿、黄铜矿、黄铁矿,次为磁黄铁矿、闪锌矿,少量黝铜矿、方铅矿、白铁矿等;非金属矿物主要为长石、石英,次为黑云母、角闪石、绢云母,少量方解石、绿泥石、磷灰石、锆石、榍石等;表生矿物见少量褐铁矿、孔雀石、软锰矿。

矿石结构主要为填隙结构、叶片状结构,其次为自形—他形晶粒状结构、乳滴状结构、包含结构。矿石构造为浸染状构造,且多呈细脉状,少量呈星点状。

矿石自然类型为原生矿石。根据矿石矿物成分、结构构造、破碎蚀变程度等因素,将原生矿石划分为3种:细脉—网脉状(绢英岩化)花岗闪长岩型、细脉浸染状(绢英岩化)花岗闪长岩型和网脉浸染状绢英岩化花岗闪长质碎裂岩型。矿石工业类型为含铜低品位钼矿石。

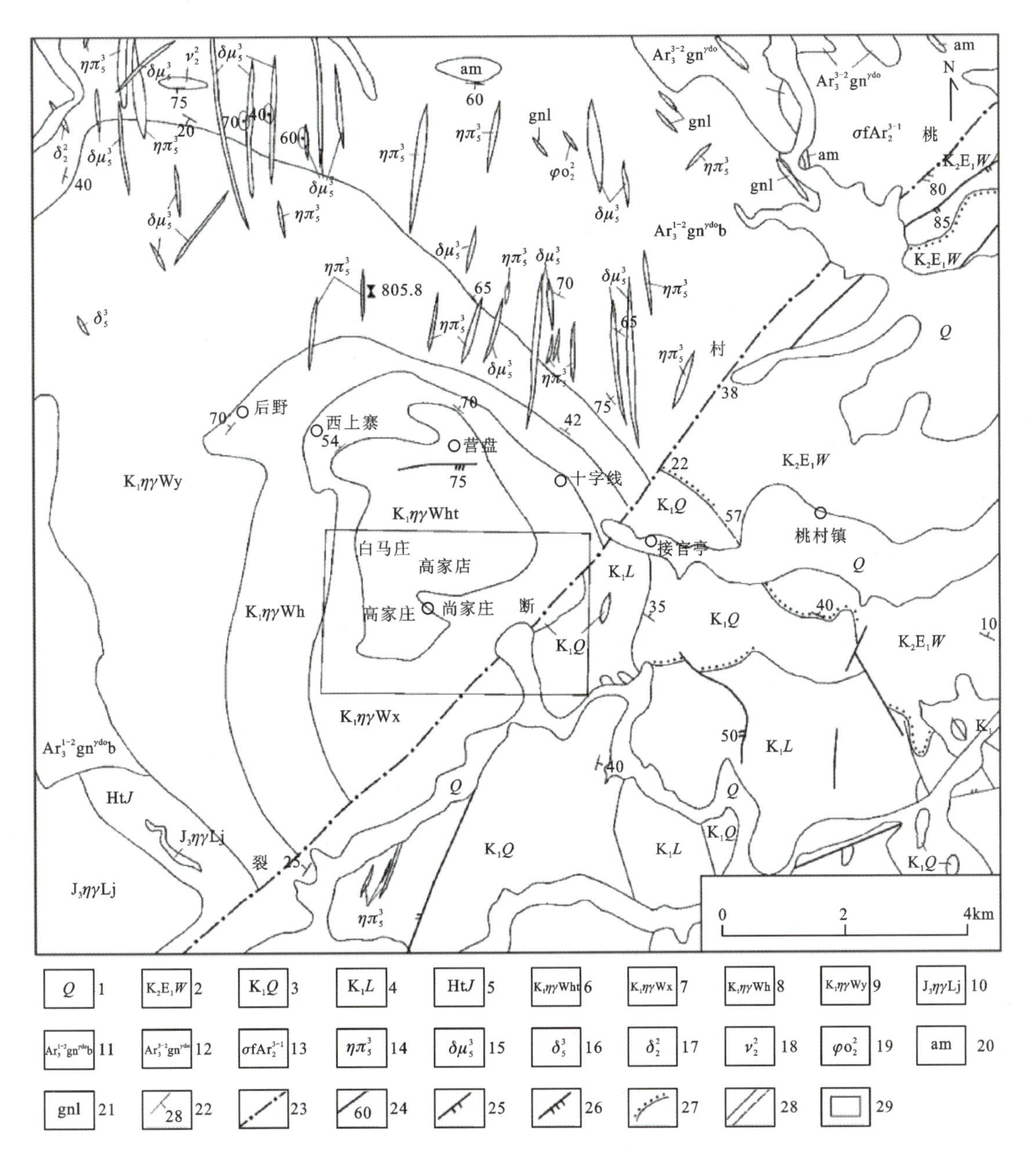

1. 第四系；2. 王氏群；3. 青山群；4. 莱阳群；5. 荆山群；6. 白垩纪伟德山花岗岩营盘单元；7. 白垩纪伟德山花岗岩西上寨单元；8. 白垩纪伟德山花岗岩后野单元；9. 白垩纪伟德山花岗岩崖西单元；10. 侏罗纪玲珑花岗岩九曲单元；11. 新太古代栖霞片麻岩套回龙夼岩体；12. 新太古代西朱崔岩体；13. 中太古代官地洼组合黎儿埠岩体；14. 二长斑岩；15. 闪长玢岩；16. 闪长岩；17. 变闪长岩；18. 变辉长岩；19. 变橄榄岩；20. 斜长角闪岩；21. 麻粒岩；22. 地层产状；23. 断裂破碎带；24. 实测断裂；25. 张性断裂；26. 压性断裂；27. 实测及推测不整合地质界线；28. 实测及推测地质界线；29. 尚家庄矿区范围

图 4－3　尚家庄钼矿床区域地质简图(据孔庆友等，2006)

4. 共伴生矿产评价

矿石中伴生有益组分铜平均含量 0.04%，可综合回收利用；铼属痕量元素，主要以类质同象混入物形式存在于辉钼矿中，原矿基本分析报不出有效数据，品位从钼精矿中分析得出，其平均品位为 71g/t。铜在选矿时可获得品位 13.19%的铜精矿，铼在钼精矿冶炼时可回收，矿石综合利用价值较高。

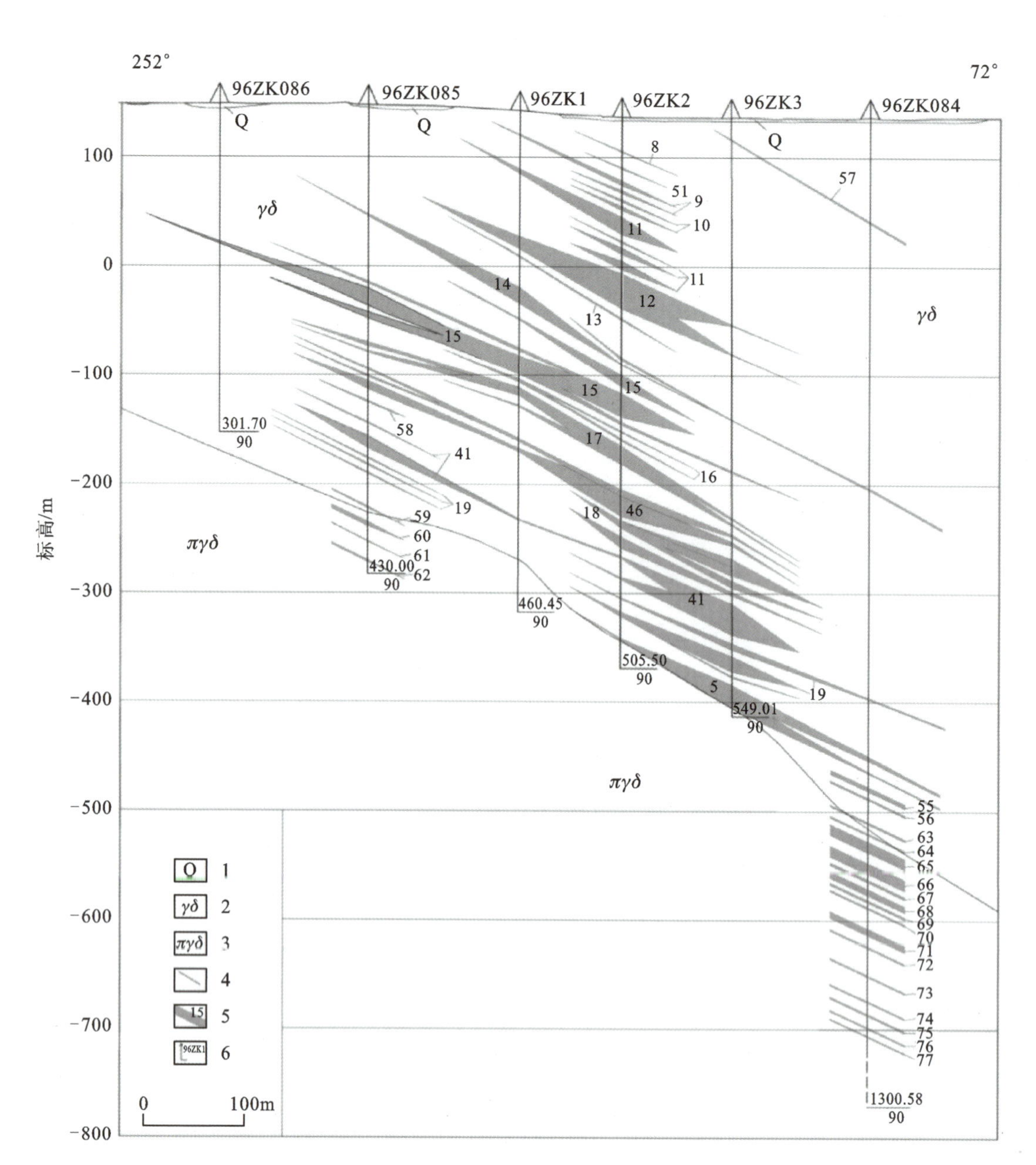

1.第四系;2.中粒花岗闪长岩;3.斑状中粒花岗闪长岩;4.地质界线;5.矿体及编号;6.钻孔及编号

图 4-4　尚家庄钼矿区 96 号勘探线剖面图(据孔庆友等,2006)

5.矿体围岩和夹石

矿体围岩主要为(绢英岩化)中细粒花岗闪长岩,次为钾长石化(绢英岩化)斑状中粒花岗闪长岩,局部为绢英岩化碎裂状花岗闪长岩或绢英岩化花岗闪长质碎裂岩,少见煌斑岩。

矿体夹石主要分布在矿体厚大及分支部位,形态多呈透镜状、脉状、似层状等,产状与矿体一致,岩性特征与矿石相似,夹石与矿体呈渐变过渡关系,矿体靠样品分析结果圈定。

6.成因模式

栖霞尚家庄钼矿分布于中生代燕山晚期含斑中细粒二长花岗岩中,其分布与斑状中粒二长花岗岩、含斑中细粒二长花岗岩及其后形成的花岗闪长斑岩脉具有紧密的空间与时间联系。矿化具有明显的分带性，在剖面上，由深至浅，金属矿物依次为磁铁矿＋辉钼矿-黄铜矿＋辉钼矿-黄铁矿＋方铅矿＋闪锌矿；在平面上，由矿化中心向外依次为辉钼矿＋黄铜矿-黄铁矿＋方铅矿＋闪锌矿。成矿温度显示着由高温至中温递变的特点。鉴于矿化及围岩蚀变等特征及取得的赋矿岩体——含斑中细粒二长花岗岩K－Ar法测得的同位素年龄值(166.3Ma)认为，该矿床应属于与燕山晚期斑岩有关的中高温热液型钼矿床。

中生代燕山早期，太平洋板块向欧亚板块俯冲，于本区形成北西-南东向区域压应力，桃村断裂形成于此构造背景。随着应力的释放，桃村断裂由压扭性演变为张扭性，南东盘斜落，形成胶莱断陷盆地——桃村凹陷。桃村断裂为区域性断裂，可能延深至上地幔。幔源玄武岩浆沿断裂上升、分异，并熔化地壳部分硅铝层，逐渐演化成安山玄武岩浆喷出地表，先是喷发，后是喷溢，在盆地内形成了一套沉火山岩地层——青山群。

中生代燕山晚期，区域上为艾山期，太平洋板块与欧亚板块碰撞激烈，太平洋板块深度俯冲熔融，在牙山地区地下深处地壳硅铝与硅镁层附近，由于受应力及热力的持续作用而完全熔融形成原始花岗闪长岩浆。岩浆受内部张应力及外部压应力相互作用，向上脉动侵位冷凝，逐渐形成了牙山杂岩体。牙山杂岩体平面呈环带状分布，由外向内，由早到晚分崖西、后野、西上寨和营盘4个单元，各单元之间为脉动式接触。4个单元岩体为同一原始岩浆分异演化、分期次侵位而成。岩浆分异末期，含矿热液大量聚集，于构造有利部位沉淀成矿。营盘单元岩浆结晶晚期，北西-南东向压应力持续作用，岩体内形成一组北西向断续分布近直立的张性裂隙带。同时桃村断裂左行位移，使其下盘岩体中北西向裂隙，由张性演变成张扭性。由于上下物质运动的不均衡性，使该组裂隙稍向东倾。岩浆分异的热液沿该组张扭性裂隙充填交代，部分成矿物质沉淀富集。由于岩浆尚未完全冷凝，热液温度高、压力大，各组分活动性强，矿脉与围岩交代充分，界线不清晰，中间常形成厚度0.5cm左右的钾长石化带或黑云母化带，矿脉伴随岩浆分异而成。此阶段形成的矿脉不发育，以辉钼矿石英脉为主，常伴有磁黄铁矿等，具高温热液特点。营盘单元岩体冷凝末期，聚集了大量含矿热液，热液温度较低，成分复杂，各组分活动性较差。岩体冷凝，在岩体内部形成了一组总体与岩体接触界线、流线流面平行的张裂隙，同时桃村断裂受区域北西-南东向压应力作用进一步左行位移，使下盘岩体冷凝形成的一组产状平缓的裂隙演化，由张性变为张扭性，局部形成层间破碎带。岩浆聚集的大量热液沿其充填交代，成矿物质再次沉淀富集。此阶段成矿作用以充填为主，交代为辅，矿脉与围岩界线多较清晰。矿脉发育，矿化以辉钼矿化为主，次为黄铜矿化、黝铜矿化、黄铁矿化、闪锌矿化等，蚀变以硅化为主，次为绢云母化。矿物组合显示中高温热液特点。

此外，牙山杂岩体侵入序次明显，流动构造多较平缓；各岩体岩石基质粒度较粗、结构均匀，钾长石斑晶自形程度较高，条纹构造发育，斜长石环带构造多见。这些特征显示，岩浆分异充分，矿物结晶充分，岩体为中深成侵入体。

综上所述，尚家庄钼矿床的成矿，经历了一个复杂而漫长的演化过程，其成矿物质主要来源于原始花岗闪长岩浆，热液的水源主要是岩浆水，热源为1.02亿年前形成的岩体。矿床成因类型属深熔中深成岩浆中高温热液型钼矿床。

7. 矿床系列标本简述

本次标本采自栖霞尚家庄钼矿床矿石堆，采集标本8块，岩性分别为灰白色黄铁矿化网脉浸染状花岗闪长岩钼矿石、灰白色细脉状花岗闪长岩钼矿石、灰白色硅化浸染状花岗闪长岩钼矿石、灰白色浸染状花岗闪长岩钼矿石、肉红色网脉状二长花岗岩、灰绿色中细粒花岗闪长岩、灰白色中粒花岗闪长岩和深绿色蚀变安山岩(表4－3)，较全面地采集了矿床的矿石和围岩标本。

表4-3 尚家庄钼矿床采集标本一览表

序号	标本编号	光薄片编号	标本名称	标本类型
1	SJZ-B1	SJZ-g1/SJZ-b1	灰白色黄铁矿化网脉浸染状花岗闪长岩钼矿石	矿石
2	SJZ-B2	SJZ-g2/SJZ-b2	灰白色细脉状花岗闪长岩钼矿石	矿石
3	SJZ-B3	SJZ-g3/SJZ-b3	灰白色硅化浸染状花岗闪长岩钼矿石	矿石
4	SJZ-B4	SJZ-b4	灰白色浸染状花岗闪长岩钼矿石	矿石
5	SJZ-B5	SJZ-b5	肉红色网脉状二长花岗岩	围岩
6	SJZ-B6	SJZ-b6	灰绿色中细粒花岗闪长岩	围岩
7	SJZ-B7	SJZ-b7	灰白色中粒花岗闪长岩	围岩
8	SJZ-B8	SJZ-b8	深绿色蚀变安山岩	围岩

注:SJZ-B代表尚家庄钼矿标本,SJZ-g代表该标本光片编号,SJZ-b代表该标本薄片编号。

8.图版

(1)标本照片及其特征描述

SJZ-B1

灰白色黄铁矿化网脉浸染状花岗闪长岩钼矿石。岩石呈灰白色,半自形粒状结构,块状构造。主要成分为斜长石、石英,其次为钾长石、黑云母。斜长石:灰白色,半自形粒状,白色条痕,玻璃光泽,粒径<2.0mm,含量约45%。石英:灰白色,他形粒状,玻璃光泽,粒径<2.0mm,含量约35%。钾长石:浅肉红色,半自形粒状,白色条痕,玻璃光泽,粒径<2.0mm,含量约10%。黑云母:浅黄褐色,半自形片状,玻璃光泽,粒径<1.0mm,含量约10%。

SJZ-B2

灰白色细脉状花岗闪长岩钼矿石。岩石呈灰白色,半自形粒状结构,块状构造,可见石英脉穿插分布,石英脉中分布辉钼矿。主要成分为斜长石、石英,其次为钾长石、黑云母、辉钼矿。斜长石:灰白色,半自形粒状,白色条痕,玻璃光泽,粒径<2.0mm,含量约45%。石英:灰白色,他形粒状,玻璃光泽,粒径<2.0mm,含量约30%。钾长石:浅肉红色,半自形粒状,白色条痕,玻璃光泽,粒径<2.0mm,含量约10%。黑云母:浅黄褐色,半自形片状,玻璃光泽,粒径<1.0mm,含量约为10%。辉钼矿:铅灰色,片状集合体,呈脉状分布,条痕亮灰色,金属光泽,粒径<1.0mm,含量约5%。

SJZ－B3

灰白色硅化浸染状花岗闪长岩钼矿石。岩石呈灰白色，半自形粒状结构，块状构造。主要成分为斜长石、石英，其次为钾长石、黑云母。斜长石：灰白色，半自形粒状，白色条痕，玻璃光泽，粒径＜2.0mm，含量约55%。石英：灰白色，他形粒状，玻璃光泽，粒径＜3.0mm，含量约25%。钾长石：浅肉红色，半自形粒状，白色条痕，玻璃光泽，粒径＜3.0mm，含量约10%。黑云母：浅黄褐色，半自形片状，玻璃光泽，粒径＜1.0mm，含量约10%。

SJZ－B4

灰白色浸染状花岗闪长岩钼矿石。岩石呈灰白色，半自形粒状结构，块状构造。主要成分为斜长石、石英，其次为钾长石、黑云母。斜长石：灰白色，半自形粒状，白色条痕，玻璃光泽，粒径＜2.0mm，含量约55%。石英：灰白色，他形粒状，玻璃光泽，粒径＜2.0mm，含量约25%。钾长石：浅肉红色，半自形粒状，白色条痕，玻璃光泽，粒径＜2.0mm，含量约10%。黑云母：深褐色，半自形片状，玻璃光泽，粒径＜1.0mm，含量约10%。

SJZ－B5

肉红色网脉状二长花岗岩。岩石呈肉红色，半自形粒状结构，块状构造。主要成分为斜长石、钾长石、石英，其次为黑云母。斜长石：灰白色，半自形粒状，白色条痕，玻璃光泽，粒径＜2.5mm，含量约35%。钾长石：浅肉红色，半自形粒状，白色条痕，玻璃光泽，粒径＜4.0mm，含量约30%。石英：灰白色，他形粒状，玻璃光泽，粒径＜1.0mm，含量约20%。黑云母：浅绿色，半自形片状，玻璃光泽，粒径＜1.0mm，含量约15%。

SJZ－B6

灰绿色中细粒花岗闪长岩。岩石呈灰绿色，半自形粒状结构，块状构造。主要成分为斜长石、石英，其次为普通角闪石、钾长石、黑云母。斜长石：灰白色，半自形粒状，白色条痕，玻璃光泽，粒径<1.0mm，含量约35%。石英：灰白色，他形粒状，玻璃光泽，粒径<1.0mm，含量约25%。普通角闪石：黑绿色，半自形柱状，玻璃光泽，粒径<1.0mm，含量约20%。钾长石：浅肉红色，半自形粒状，白色条痕，玻璃光泽，粒径<1.0mm，含量约10%。黑云母：深褐色，半自形片状，玻璃光泽，粒径<1.0mm，含量约10%。

SJZ－B7

灰白色中粒花岗闪长岩。岩石呈灰白色，半自形粒状结构，块状构造。主要成分为斜长石、石英，其次为黑云母、钾长石。斜长石：灰白色，半自形粒状，白色条痕，玻璃光泽，粒径<3.0mm，含量约50%。石英：灰白色，他形粒状，玻璃光泽，粒径<2.0mm，含量约25%。黑云母：深褐色，半自形片状，玻璃光泽，粒径<1.0mm，含量约15%。钾长石：浅肉红色，半自形粒状，白色条痕，玻璃光泽，粒径<4.0mm，含量约10%。

SJZ－B8

深绿色蚀变安山岩。岩石呈深绿色，斑状结构，块状构造。斑晶为普通角闪石和斜长石。普通角闪石：因绿泥石化蚀变呈浅绿色，半自形柱状，粒径<1.0mm，含量约20%。斜长石：灰白色，半自形粒状，白色条痕，玻璃光泽，粒径<1.0mm，含量约10%。基质含量约70%，粒径细小，肉眼不易分辨。

(2)标本镜下鉴定照片及特征描述

SJZ-g1

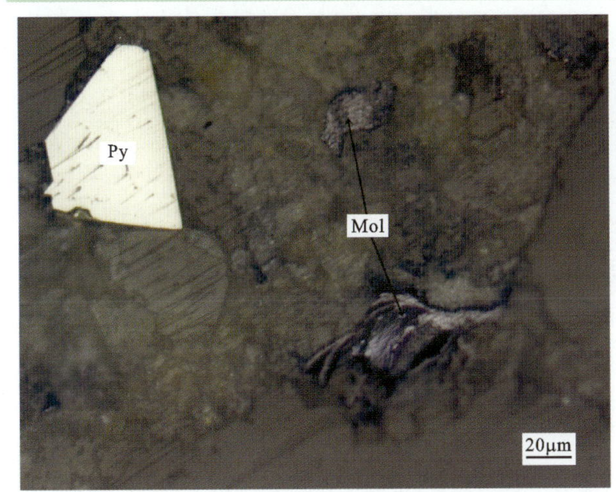

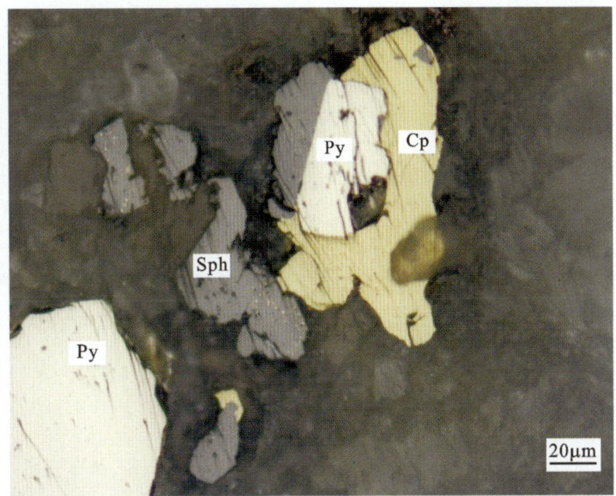

花岗闪长岩。半自形晶粒状结构，星散状构造。金属矿物为黄铁矿(Py)、闪锌矿(Sph)、黄铜矿(Cp)、辉钼矿(Mol)。黄铁矿：黄白色，为自形—半自形晶粒状，显均质性，零星分布于脉石矿物之间，局部可见闪锌矿沿黄铁矿边缘进行交代，粒径0.05～0.8mm，含量<2%。闪锌矿：灰色，他形晶粒状，沿黄铁矿边缘进行交代，显均质性，粒径0.02～0.10mm，含量较少。黄铜矿：铜黄色，他形晶粒状，显均质性，沿黄铁矿、闪锌矿边缘进行交代，粒径0.02～0.40mm，含量较少。辉钼矿：灰白色，半自形片状集合体，晶形较完整，强非均质性，具波状消光，零星分布在脉石矿物之中，粒径0.1～0.6mm，含量较少。

矿石矿物生成顺序：黄铁矿→闪锌矿→辉钼矿→黄铜矿。

SJZ-g2

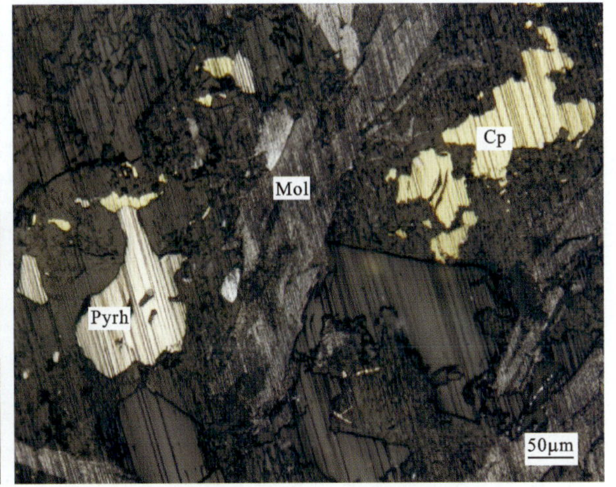

硅化花岗闪长岩。半自形片状结构，脉状构造。金属矿物为辉钼矿(Mol)、黄铁矿(Py)、闪锌矿(Sph)、黄铜矿(Cp)、磁黄铁矿(Pyrh)。辉钼矿：灰白色，半自形片状集合体，晶形较完整，强非均质性，具波状消光，呈细脉状分布在脉石矿物之中，粒径0.2～0.8mm，含量约5%。黄铁矿：黄白色，自形—半自形晶粒状，显均质性，多聚集分布在一起，闪锌矿沿黄铁矿裂隙进行交代，粒径0.02～0.40mm，含量<2%。闪锌矿：灰色，他形晶粒状，沿黄铁矿裂隙进行交代，含量很少，显均质性，粒径0.02～0.15mm，含量较少。黄铜矿：铜黄色，他形晶粒状，显均质性，多与辉钼矿呈脉状分布，少数零星分布于脉石矿物之间，粒径0.02～0.20mm，含量较少。磁黄铁矿：乳黄色微带粉褐色，他形晶粒状，强非均质性，多与辉钼矿呈脉状分布，粒径0.02～0.2mm，含量较少。

矿石矿物生成顺序：黄铁矿→闪锌矿→辉钼矿→黄铜矿→磁黄铁矿。

SJZ－g3

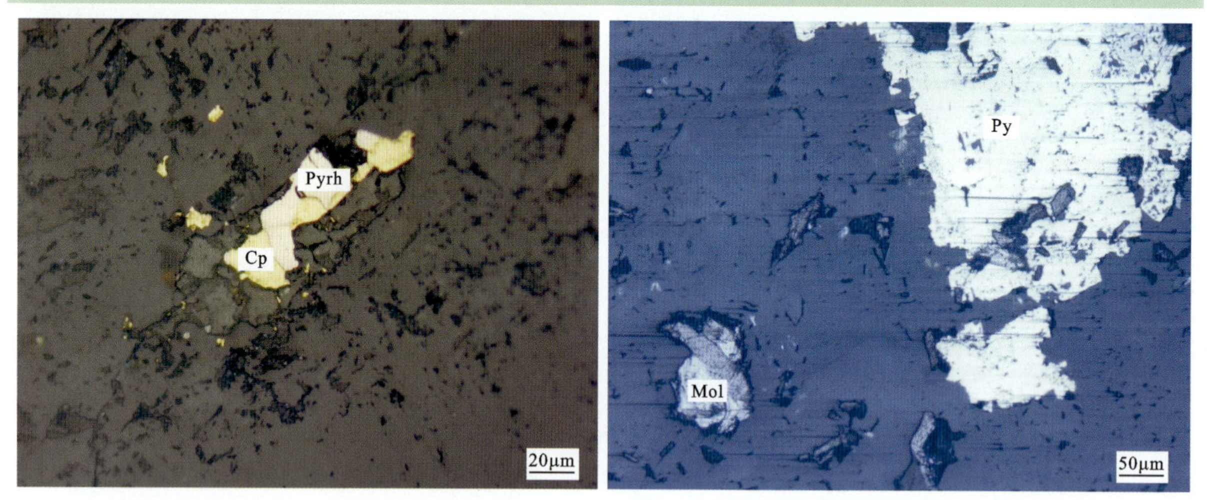

中细粒花岗闪长岩。半自形片状结构，星散状构造。金属矿物为辉钼矿(Mol)、黄铁矿(Py)、黄铜矿(Cp)、磁黄铁矿(Pyrh)。辉钼矿：灰白色，半自形片状集合体，晶形较完整，强非均质性，具波状消光，零星分布在脉石矿物之中，粒径0.08～0.20mm，含量约1%。黄铁矿：黄白色，为半自形—他形晶粒状，显均质性，多聚集分布在一起，可见辉钼矿沿其裂隙进行交代，粒径0.02～0.40mm，含量较少。黄铜矿：铜黄色，他形晶粒状，显均质性，零星分布于脉石矿物之间，局部被磁黄铁矿交代，粒径0.02～0.10mm，含量较少。磁黄铁矿：乳黄色微带粉褐色，他形晶粒状，强非均质性，多沿黄铜矿边缘进行交代，粒径0.02～0.06mm，含量较少。

矿石矿物生成顺序：辉钼矿→黄铁矿→黄铜矿→磁黄铁矿。

SJZ－b1

花岗闪长岩。半自形粒状结构。主要成分为斜长石(Pl)、石英(Qz)，其次为黑云母(Bi)、钾长石(Kf)、金属矿物。斜长石：无色，为半自形板状，见有较细密的聚片双晶，一级灰白干涉色，具强烈绢云母化、碳酸盐化蚀变而显得浑浊，粒径0.4～1.6mm，含量40%～43%。石英：无色，半自形—他形粒状，一级黄白干涉色，表面光洁，有波状消光现象，粒径0.4～1.6mm，含量35%～40%。黑云母：浅黄褐色，半自形片状，多具碳酸盐化蚀变，粒径0.2～1.0mm，含量10%～15%。钾长石：无色，半自形板状，负低突起，一级灰白干涉色，表面具较强黏土矿化蚀变，粒径0.4～1.4mm，含量5%～10%。金属矿物：黑色，自形—半自形粒状，零星分布于上述矿物之间，粒径0.05～0.80mm，含量<2%。

SJZ - b2

硅化花岗闪长岩。半自形粒状结构。主要成分为斜长石(Pl)、石英(Qz),其次为钾长石(Kf)、黑云母(Bi)、金属矿物。斜长石:无色,为半自形板状,见有较细密的聚片双晶,一级灰白干涉色,具强烈绢云母化蚀变而显得浑浊,粒径0.4~2.2mm,含量45%~50%。石英:无色,为他形粒状,一级黄白干涉色,表面光洁,有波状消光现象,镜下可见多条石英脉穿插分布,石英脉中常常分布较多的金属矿物,粒径0.4~2.0mm,含量20%~25%。钾长石:无色,半自形板状,负低突起,一级灰白干涉色,表面具轻微黏土矿化蚀变,粒径0.6~2.4mm,含量10%~15%。黑云母:浅黄褐色,半自形片状集合体,干涉色级别较高,多具绿泥石化蚀变,粒径0.2~1.0mm,含量10%~15%。金属矿物:黑色,可见自形—半自形粒状,或半自形片状,片状金属矿物多分布于石英脉中,粒径0.05~0.8mm,含量约5%。

SJZ - b3

中细粒花岗闪长岩。半自形粒状结构。主要成分为斜长石(Pl)、石英(Qz),其次为黑云母(Bi)、钾长石(Kf)、金属矿物。斜长石:无色,半自形板状,见有较细密的聚片双晶,一级灰白干涉色,具强烈绢云母化蚀变而显得浑浊,粒径0.4~2.2mm,含量50%~55%。石英:无色,半自形—他形粒状,一级黄白干涉色,表面光洁,有波状消光现象,粒径0.4~2.6mm,含量20%~25%。黑云母:浅黄褐色,为半自形片状,多具绿泥石化蚀变,粒径0.4~1.2mm,含量10%~15%。钾长石:无色,半自形板状,负低突起,一级灰白干涉色,表面具较强黏土矿化蚀变,粒径0.8~2.8mm,含量10%~15%。金属矿物:黑色,半自形粒状,零星分布于上述矿物之间,粒径0.05~0.2mm,含量较少。

SJZ-b4

细粒花岗闪长岩。半自形粒状结构。主要成分为斜长石(Pl)、石英(Qz),其次为钾长石(Kf)、黑云母(Bi)、金属矿物。斜长石:无色,为半自形板状,见有较细密的聚片双晶,具环带结构,一级灰白干涉色,中心部位具轻微绢云母化蚀变,粒径0.2~2.2mm,含量50%~55%。石英:无色,他形粒状,一级黄白干涉色,表面光洁,有波状消光现象,粒径0.2~1.6mm,含量20%~25%。钾长石:无色,为半自形板状,负低突起,一级灰白干涉色,表面具轻微黏土矿化蚀变,粒径0.4~1.4mm,含量10%~15%。黑云母:黄褐色,半自形片状,干涉色受自身颜色影响不明显,局部具轻微绿泥石化蚀变,粒径0.2~1.0mm,含量10%~13%。金属矿物:黑色,可见半自形粒状,或半自形片状,多分布于石英细脉中,粒径0.05~0.25mm,含量<2%。

SJZ-b5

中细粒二长花岗岩。半自形粒状结构。主要成分为斜长石(Pl)、钾长石(Kf)、石英(Qz),其次为黑云母(Bi)、金属矿物。斜长石:无色,半自形板状,见有较细密的聚片双晶,一级灰白干涉色,具强烈绢云母化蚀变而显得浑浊,粒径0.4~2.4mm,含量30%~35%。钾长石:无色,半自形板状,负低突起,一级灰白干涉色,粗大的钾长石中包含较自形的斜长石,粒径0.8~2.8mm,最大可达4.0mm,含量25%~30%。石英:无色,他形粒状,一级黄白干涉色,表面光洁,有波状消光现象,粒径0.2~1.2mm,含量20%~25%。黑云母:半自形片状,多具绿泥石化蚀变,且普遍褪色为白云母,干涉色较鲜艳,粒径0.4~1.2mm,含量15%~20%。金属矿物:黑色,呈他形粒状,零星分布于上述矿物之间,粒径0.02~0.06mm,含量较少。

SJZ - b6

细粒花岗闪长岩。半自形粒状结构。主要成分为斜长石(Pl)、石英(Qz),其次为普通角闪石(Hb)、黑云母(Bi)、钾长石(Kf)、金属矿物。斜长石:无色,半自形板状,见有较细密的聚片双晶,具环带结构,一级灰白干涉色,中心部位具绢云母化蚀变,粒径0.2～1.2mm,含量32%～35%。石英:无色,他形粒状,表面光洁,有波状消光现象,一级黄白干涉色,粒径0.2～1.0mm,含量20%～25%。普通角闪石:浅绿色,半自形柱状、粒状,可见闪石式解理,干涉色为二级蓝绿,粒径0.4～1.2mm,含量20%～22%。黑云母:浅黄褐色,半自形片状,干涉色较高,局部具轻微绿泥石化蚀变,粒径0.2～1.0mm,含量10%～13%。钾长石:无色,为半自形板状,负低突起,一级灰白干涉色,表面具轻微黏土矿化蚀变,粒径0.2～1.2mm,含量8%～10%。金属矿物:黑色,可见自形—半自形粒状,或半自形片状,片状金属矿物多分布于石英脉中,粒径0.05～0.15mm,含量较少。

SJZ - b7

中细粒花岗闪长岩。半自形粒状结构。主要成分为斜长石(Pl)、石英(Qz),其次为钾长石(Kf)、黑云母(Bi)、金属矿物。斜长石:无色,半自形板状,见有较细密的聚片双晶,具环带结构,一级灰白干涉色,因绢云母化、黏土化蚀变而显得浑浊不净,粒径0.2～2.8mm,含量50%～55%。石英:无色,他形粒状,表面光洁,有波状消光现象,一级黄白干涉色,粒径0.2～2.0mm,含量20%～25%。钾长石:无色,半自形板状,负低突起,一级灰白干涉色,表面具轻微黏土矿化蚀变,粒径0.4～2.4mm,最大可达3.6mm,含量10%～15%。黑云母:黄褐色,半自形片状,干涉色受自身颜色影响而不明显,局部具轻微绿泥石化蚀变,粒径0.2～1.2mm,含量10%～15%。金属矿物:黑色,可见半自形粒状,或半自形片状,多分布于石英细脉中,粒径0.05～0.25mm,含量较少。

SJZ－b8

蚀变安山岩。斑状结构。斑晶含量30%～40%，主要为斜长石(Pl)、普通角闪石(Hb)。斑晶斜长石完全碳酸盐化蚀变，普通角闪石完全绿泥石化蚀变。普通角闪石：半自形柱状，已完全蚀变为绿泥石，仅能根据晶形判断其矿物成分，粒径0.4～1.2mm，含量20%～25%。斜长石：半自形板状，已完全碳酸盐化、绢云母化蚀变，仅能根据晶形判断其矿物成分，粒径0.4～1.0mm，含量10%～15%。基质含量60%～70%，主要由碳酸盐化的板条状斜长石(含量55%～60%)组成，呈交织状分布，其间均匀分布褐色角闪石(含量5%～10%)和少量细小他形石英及金属矿物，粒径<0.2mm。

主要参考文献

迟洪纪,1992.山东栖霞地区金、银矿床类型及找矿方向[J].山东地质(1):94-100.

丁正江,2014.胶东中生代贵金属及有色金属矿床成矿规律研究[D].长春:吉林大学.

董树义,2008.山东沂南金矿床成因与成矿规律和成矿预测[D].北京:中国地质大学(北京).

郭中,2020.山东省伟德山西缘雨夼断裂金铜矿成矿地质规律浅析[J].世界有色金属(13):114-115.

郝建军,黄文山,焦秀美,等,2001.山东省栖霞市虎鹿夼银铅矿床地质特征[J].山东地质(1):30-34.

孔庆友,张天祯,于学锋,等,2006.山东矿床[M].济南:山东科学技术出版社.

李超,裴浩翔,王登红,等,2016.山东孔辛头铜钼矿成矿时代及物质来源:来自黄铜矿、辉钼矿Re-Os同位素证据[J].地质学报,90(2):240-249.

李春稼,王子圣,邵珠睿,等,2021.山东栖霞地区虎鹿夼银铅矿控矿条件分析[J].资源信息与工程,35(5):5-8.

李杰,2012.胶东地区钼-铜-铅锌多金属矿成矿作用及成矿模式:兼论与胶东金成矿作用的关系[D].成都:成都理工大学.

李杰,李世勇,毕明光,等,2014.胶东地区与花岗岩有关的金-钼-铜-铅锌矿床成矿作用及成矿模式[M].北京:地质出版社.

马明,高继雷,2018.莱芜铁铜沟铁金矿床的发现及其特征[J].山东国土资源,34(10):43-48.

沈昆,舒磊,刘鹏瑞,等,2018. 山东邹平王家庄铜(钼)矿床蚀变围岩中含云母流体包裹体的成因及其意义[J].岩石学报, 2018,34(12):3509-3524.

王奎峰,李文平,杨德平,等,2013.山东省铜矿床类型、时空分布、典型矿床特征及成矿远景[J].地质学报,83(4):565-576.

王奎峰,李文平,杨德平,等,2013.山东省铜矿床类型、时空分布、典型矿床特征及成矿远景[J].地质学报,83(4):565-576.

肖丙建,2015.莱芜市铁铜沟金铜铁矿地质特征及其成因探讨[J].山东国土资源,31(1):1-7.

于学峰,张天祯,王虹,2015.山东矿床成矿系列[M].北京:地质出版社.

于学锋,张天祯,李大鹏,等,2018.鲁西金矿床[M].北京:地质出版社.

张国刚,2008.山东栖霞区域地质特征及找矿标志和方向[J].黄金科学技术 16(4):54-57.

张淼,2016. 山东省五莲县七宝山铁氧化物-金-铜(IOCG)型矿床地质特征及矿床成因[D].长春:吉林大学.

张增奇,张成基,王世进,等,2014.山东省地层侵入岩构造单元划分对比意见[J].山东国土资源,30(3):1-23.

祝德成,王娟,王丽娟,等,2013.山东安丘市白石岭铅锌矿地质特征及找矿前景[J].矿业工程,11(5):6-8.

邹键,李志强,刘治,等,2020.胶东邢家山钼钨矿床地质特征及成因研究[J]. 山东国土资源,36(9):1-9.

内部参考资料

常裕林,黄震,孙璐伟,等,2011.山东省栖霞市香夼矿区硫-铜多金属矿资源储量核实报告[R].济南:山东正元地质资源勘查有限责任公司.

戴金和,贾彬,邱介玲,等,2010.山东省烟台市福山区王家庄矿区深部及外围铜、锌矿普查报告[R].烟台:山东省第三地质矿产勘查院.

戴金和,周会青,姜志幸,等,2010.山东省烟台市福山区北矿段钼、钨矿资源储量核实(分割)报告[R].烟台:山东省第三地质矿产勘查院.

郭树仁,崔树亭,1979.山东省烟台市莱山区孔辛头铜钼矿床深部普查评价报告[R].烟台:山东省冶金地质勘探公司第三勘探队.

郭中,刘书锋,王铮,等,2018.山东省荣成伟德山地区金及多金属矿远景调查报告[R].济南:山东省第一地质矿产勘查院.

郝建军,付东叶,阎佐政,等,1998.山东省莱芜市铜山矿区铜矿普查报告[R].济南:山东省第一地质矿产勘查院.

贾明云,田平,赵强,等,2016.山东省烟台市莱山区金马山矿区铜、钼矿资源储量核实报告[R].烟台:烟台利金矿产勘查有限公司.

李世勇,李杰,毕明光,等,2014.胶东地区与花岗岩有关的金-钼-铜-铅锌矿床成矿作用及成矿模式[R].威海:山东省第六地质矿产勘查院.

李秀章,祝培刚,高华丽,等,2005.山东省沂源县金家山地区金及多金属矿普查报告[R].济南:山东省地质调查院.

李秀章,祝培刚,高华丽,等,2011.山东省沂源县金家山地区金及多金属矿普查报告[R].济南:山东省地质调查院.

刘广伟,王夕予,姚雷,等,2015.山东省荣成市同家庄矿区银银矿资源储量核实报告[R].山东金山地质勘探股份有限公司.

刘汉栋,田京祥,李秀章,等,2011.山东省胶南市七宝山-高城现地区铅矿普查[R].济南:山东省地质调查院.

倪振平,李庆平,李洪奎,等,2013.山东省矿产资源潜力评价成果报告[R].济南:山东省地质调查院.

邵寿生,吴秀玲,杜长学,等,1958.山东历城桃科铜镍矿地质勘探总结报告[R].济南:山东省冶金工业局五〇二队.

孙超,李春稼,王子圣,等,2015.山东省栖霞市虎鹿夼地区银多金属矿普查报告[R].济南:山东省第一地质矿产勘查院.

孙靖,梅贞华,邓秀荣,等,2011.山东省临朐县新升矿区银矿资源储量核实报告 [R].济南:山东正元地质资源勘查有限责任公司.

徐海成,张海峰,刘加枚,等,2015.山东省莱芜市铁铜沟金铜矿床Ⅹ、Ⅸ、Ⅳ号矿体铁矿资源储量核实报告[R].泰安:山东省第五地质矿产勘查院.

杨天民,杨正常,柏承政,等,1982.山东莱芜县铜冶店铜矿床深部控制及其外围物化探普查地质报告[R].济南: 山东省冶金地质勘探公司第二勘探队.

叶育清,李评,韩宝荣,等,1973.山东泗水北孙徐铜矿普查报告[R].济南:山东革委地质局第二地质队.

赵长春,窦鲁文,马路东,等,2015.山东省沂南县铜井矿区金铜矿资源储量核实报告[R].济南:中国冶金地质总局山东正元地质勘查院.

邹键,姜志幸,刘旸,等,2013.山东省烟台市邢家山矿区外围钼钨矿详查报告[R].烟台:山东省第三地质矿产勘查院.